农业气象观测与试验

主编：李东林

副主编：李　强　杨庆怡

内容提要

本书以农业气象观测服务工作为主线，编写思路采用基于工作过程的项目化教材模式，力求以操作性、可读性、实用性为主，语言叙述力求简明扼要、通俗易懂、图文并茂，适用于大专层次农业气象专业、生态与农业气象专业、应用气象专业教学，同时也可供台站农气测报人员、气象服务人员阅读参考。

图书在版编目(CIP)数据

农业气象观测与试验/李东林主编. —北京：气象出版社，2014.4

ISBN 978-7-5029-5904-3

Ⅰ.①气… Ⅱ.①李… Ⅲ.①气象观测 ②气象试验 Ⅳ.①P41 ②P437

中国版本图书馆 CIP 数据核字(2014)第 053610 号

出版发行：气象出版社

地　　址：北京市海淀区中关村南大街 46 号　　邮政编码：100081

总 编 室：010-68407112　　发 行 部：010-68406961

网　　址：http://www.cmp.cma.gov.cn　　E-mail：qxcbs@cma.gov.cn

策划编辑：蔺学东　　终　　审：汪勤模

责任编辑：王元庆　　责任技编：吴庭芳

封面设计：易普锐　　责任校对：华　鲁

印　　刷：北京奥鑫印刷厂

开　　本：787 mm×1092 mm　1/16　　印　　张：16

字　　数：409 千字

版　　次：2014 年 4 月第 1 版　　印　　次：2014 年 4 月第 1 次印刷

定　　价：38.00 元

前　言

农业气象观测工作是气象业务的重要组成部分，农业气象试验是提高农业气象科技服务水平的重要保障。

本书以农业气象观测服务工作为主线，以培养技术应用能力为目标，采用了以项目教学为主的任务驱动、行动导向的实践教学模式，使教学手段和教学方法多样化、立体化和动态化，突出教学内容的针对性、实用性和实践性；尤其是实践实训教学环节的实施，集中体现岗位的针对性、知识的实用性、应用的复杂性以及现代农业生产可持续发展的特色，实现教学内容与行业技术标准的同步，达成教授知识与职业素质要求的一致。本书在编写过程中力求以操作性、可读性、实用性为标准，语言叙述简明扼要、通俗易懂，知识内容图文并茂、全面深入，利于"基于工作过程为导向的课程教学模式"的开展实施。通过任务教学，让学生独立或合作完成实际工作任务，激发学生的学习主动性与积极性，有助于基本理论、基本知识及基本技能与实际工作有机结合，实现"理论教学和实践教学并重、理论教学指导实践"的目标，将"教、学、做"融为一体，提高学生的实际动手能力。

本书所囊括的知识有限，很多知识点可能涉及得不够全面和深入。要想成为一名优秀的农业气象业务人员，仅仅掌握本教材所涉及的内容是远远不够的，还必须付出更多的努力和汗水，同时还要能在实际业务操作中不断地总结和提高，加强自我的专业知识储备，锻炼技能，使自己成长为一名合格的农业气象工作者。

本书学习情境 1、学习情境 2、学习情境 3、学习情境 4、学习情境 5、学习情境 8 由李东林编写，学习情境 6、学习情境 7 由李强编写，实训指导书由杨庆怡编写，全书由胡敏哲副教授主审。

教材的编写过程中，得到了上级领导、广大教师和台站工作者的鼎力支持和辛勤付出，这是我们的编写工作得以顺利完成的根本保证。谨在此对他们表示衷心的感谢！

由于编者的能力有限、经验不足，并且时间仓促，教材中存在诸多的不足和欠缺，在此恳请参阅本教材的师生予以批评、指正！

编者

2013 年 12 月

目　录

学习情境 1

职业情景认知

任务 1.1 职业情景认知

1.1.1 任务概述

【任务描述】

通过查阅资料，认知气象行业的工作内容及农业气象观测服务的职业情景；认知未来工作岗位的特性，培养爱岗敬业的职业操守，培养热爱农业、学习农业气象知识、为农业服务的专业热情，用一生的气象生涯去诠释、解读和感悟农业气象工作的光荣与责任。

【任务内容】

写一篇关于农业气象及农业气象观测的短文。

【知识目标】

(1)了解农业气象观测现状及发展趋势；

(2)熟悉农业气象观测业务组织；

(3)熟悉农业气象观测与试验的工作内容。

【能力目标】

能讲述农业气象观测与试验工作的主要内容。

【素质目标】

(1)树立学生爱岗敬业的职业操守；

(2)培养学生团结协作的精神；

(3)提高学生自主学习的能力。

【建议课时】

2 课时。

1.1.2 知识准备

1.1.2.1 农业生产与气象条件

在影响农业生产的外界自然环境的诸因子中，气象因子是十分重要的。它是影响动植物生命活动的基本因子。

气象条件影响农业生产，首先，它作为自然资源为第一性生产和第二性生产直接或间接地提供所需要的能量与物质，生物体若不从大气中摄取光、热、二氧化碳和从土壤中获取水分与营养物质，便不可能有生命活动。其次，农业生物的生命过程既然在外界自然环境中完成，就必然受到气象条件的有利和不利的影响。其三，通过气象条件对外界其他因子如土壤、水文、地形地势、地面覆盖物的作用来影响农业生产。其四，气象条件中光、热、水、气等因子的不同组合对农业生产会有不同的影响,不利的组合将导致农业减产,有利的组合必使农业增产,只有最佳组合,才会使农业获得更好的收成。

正是由于生物体生长发育深受气象条件的制约,在一定的生产水平下,植物以及动物的分布又几乎都由气候条件所决定。因此农业生产的一个特点就是地域性和季节性都很强。不同生物要求不同的土壤、气候条件;同一生物不同生长发育时期要求的天气气候条件也不尽相同;就是同一生物不同品种要求的环境条件也有差异。发展农业生产,必须"因地因时制宜"。所谓时,实际是指不同季节的气象条件,说明气象条件对农业生产的重要意义。

农业生产特别是生产过程中的一些农业技术措施,也会反过来影响气象要素分布特征。生物有机体的不同生育时期形成不同的农业小气候条件;人类的生产活动,又是影响农业小气候条件的主要因素。因此,人类的各项针对性的农业措施,不仅能有效地利用农业小气候资源,而且能改善不利的农业小气候条件,从而促进农业高产丰收。

1.1.2.2 农业气象观测、试验的对象和任务

农业气象学是应用气象学的一个分支,是研究气象条件与农业生产相互作用及其规律的一门学科。农业生产既决定于生物本身的特性,也决定于气象、土壤等环境因素。而气象条件又是影响农业生产的诸多环境因素中最活跃的因素,它不仅为生物提供基本的物质和能量,构成生物生长发育和产量形成的外界条件;且光、热、水、气等气象条件的不同组合,又强烈地影响着土壤、水分的物理特性和状况,间接地影响着农业生产。因此,从农业生产需要出发,在农业生产过程中,进行系统地农业气象观测与试验工作,以了解气象条件的状况及其直接或间接地对农业生产的影响是十分必要的。

农业气象观测就是对农业生产环境中物理要素和生物要素的观察、测量和记载。物理要素包括气象要素及有关的土壤要素。生物要素包括各种作物、林木、畜禽和鱼类等的生长发育状况、产量形成以及病虫害的消长等。这些观测资料在农业和农业气象的研究及服务工作中被广泛地利用。如鉴定气象条件对农、林、牧、渔各业的生产及其作业条件的影响;编制农业气象情报、预报;研究不同地区的农业气候;编制农业气候手册、农业气候志、进行农业气候区划;合理采用各种农业技术措施,及时进行田间作业,以减轻或避免不利气象条件的影响等。

农业气象试验是研究和解决农业生产中存在的气象问题,探索对策所进行的试验。它通过气象观测、农业气象观测、田间试验等手段,确定农业气象指标,开展农业气象情报、预报、农业气象研究等工作,为保证农业生产高产优质、高效益提供农业气象科学依据。

综上所述,农业气象观测、试验的任务是在自然和人工控制条件下,通过观测、试验等技术手段比较系统地监测、鉴定、分析气象生态因子与生产对象(或生产过程)之间的动态定量关系,从而探索趋利避害的规律和途径。因此,农业气象观测与试验是发展农业气象科学的长期基础性工作,也是提供农业气象服务和应用的关键环节。

根据农业生产和农业气象研究的需要,农业气象观测与试验应包括以下内容:

(1)物候观测。包括作物、林木、畜禽、鱼类等生长发育状况、产量形成以及自然物候现象的观测。

(2)气象观测。包括地面气象观测和部分天气状况所造成的农业气象灾害观测。

(3)农业小气候观测。包括农田、果林、畜舍、水体、农业地形和人造小气候环境等小气候观测。

(4)土壤状况观测。包括土壤物理性状和土壤水分状况的观测。

(5)农业气象调查。包括普查、专题调查和小气候调查。

(6)农业气象田间试验。包括简易对比试验、分期播种试验、地理播种试验等。

(7)农业气象模拟试验。包括简易农业气象模拟、人工气候室(箱)模拟试验、防护林带模拟试验等。

(8)农业气象实验室试验。包括形态观测及解剖、生理生化测定、生态模拟试验。

(9)资料处理和分析方法。主要包括观测、试验资料的审核、订正、数学处理和统计分析。

(10)观测方法和仪器的研究。

根据农业气象观测、试验的方式,农业气象观测与试验可分为:

(1)目测或手工操作。如物候观测、土壤湿度测定等,但这种方式正在逐步被仪器观测所代替。

(2)仪器观测。包括直接观测和远距离的有线遥测,如农业小气候观测、土壤水分观测等。

(3)遥感监测。利用卫星和航测技术,对作物生长状况、产量,土壤水分变化及气象灾害等进行监测。

1.1.2.3　农业气象观测、试验的基本原则

农业气象观测、试验的基本原则是平行观测和平行分析。平行观测是指一方面在田间观察作物生长发育或病虫发生发展等生物状况,另一方面又在同一块田内或邻近地段同时观测相应的光照、温度、湿度、土壤水分、风等气象要素的变化。为了研究气象条件和农业生产之间的关系,必须对物理要素和生物要素进行平行观测。应用平行观测法可以直接在自然条件或人工控制气象条件的装置下研究气象因子与农作物生长发育和产量形成的相互关系,进而研究与解决农业生产中的气象问题。通过平行观测所获得的农业气象观测、试验资料,在审核、订正以及数学处理的基础上,遵循平行分析的原则,对与农业生产密切相关的气象和农业气象条件进行综合分析,以便找出它们之间的关系规律及趋利避害的途径。

1.1.2.4　农业气象观测、试验的组织

农业气象站是专门为农业生产服务的专业气象站,是取得观测、试验资料的主要源地,是农业气象观测、试验的组织基础。根据农、林、牧、渔各业的发展,从农业气象服务、科学研究的需要出发,农业气象站可按不同气候、土壤、农业结构、农业生产问题等进行站网布局。其设置形式因地制宜。一般可设在气象站、农业院校、农业科学研究部门或生产单位。它有以解决本地区重要气象问题为目标的长期稳定的试验研究计划,有一定数量的专业科学研究人员,有足够的试验田地、必要的试验设施(如温室、网室、暗室、实验室和人工控制气候装置等)、观测仪器(包括常规气象仪器、小气候观测仪器、土壤水文特性和农业气象观测仪器、有关的生理测定仪器等)和数据分析处理设备。世界气象组织建议把农业气象站分为四类:主要农业气象站、一般农业气象站、辅助农业气象站和专项农业气象站。主要农业气象站即农业气象试验站,除提供详细的平行气象和生物情报外,主要进行农业气象试验研究;一般农业气象站的试验研究工作只限于当地的特殊农业气象问题;辅助农业气象站主要提供气象和生物观测资料,气象观测包括土壤温度和湿度、蒸发量和蒸散量以及详细的近地层气象观测等。生物观测包括物候、

作物生长状况以及病虫的发生和流行等的观测；专项农业气象站根据特殊需要进行少数项目的观测，工作可以是长期的，也可以是临时的。

中国气象系统的农业气象试验站，类似世界气象组织农业气象站分类中的主要农业气象站。从中国具体实际出发，农业气象试验站的布局建设实行分级规划，按农业生产结构类型分区设置。除建立国家农业气象试验研究基地外，将农业气象试验站分为两级，开展不同层次的农业气象试验研究工作。国家级（一级）农业气象试验站由中国气象局规划布局，省级（二级）农业气象试验站（或称农业气象观测站）由省（市、自治区）气象局根据当地需要规划建设。以全国综合农业区划分区为依据，选择既能代表区域农业和自然条件、气象台站条件又较好、有发展可能的站作为农业气象试验站，组成站网。并逐步在主要林区、牧区、热带作物区、山区创造条件，有计划、有重点地建立少量专业性较强的农业气象试验站，完善站网的布局建设。

农业气象试验站是中国农业气象站网的骨干，具有试验研究和业务服务的双重能力，其主要任务是：

(1)国家级（一级）农业气象试验站的主要任务

①根据国家和地方的任务及有关部门的委托进行农业气象试验研究，并在所在地区进行科研成果的推广应用，起到示范、指导作用。②为提高气象台站农业气象业务服务水平而进行试验，包括观测方法的试验研究，新仪器的使用考查等。③进行系统地、较全面地农业气象观测，积累长序列的农业气象资料。④做好当地农业气象服务，为国家、省级农业气象情报、预报提供信息。

(2)省级（二级）农业气象试验站的主要任务

主要承担省（市、自治区）和地方性的任务，具体任务参照一级站任务由省（市、自治区）气象局确定。

1.1.2.5 农业气象观测、试验制度

(1)严格按照技术方法和有关规定进行观测、试验，遵守操作程序，严禁推测、伪造、涂改记录，不得缺测、漏测、迟测、早测和擅自中断、停止观测，保证获取的资料准确完整。

(2)观测时必须携带观测簿，深入田间认真观测记载，观测结果及时计算，不缺测，不漏测。观测完毕及时将记录簿妥善保管。

(3)观测结束要及时制作报表，认真抄录、计算、预审、逐级审核，做到报表出门合格；试验结果要客观分析，防止主观片面。

(4)资料要有专人保管，按时装订归档、登记造册、查找方便。

(5)设有资料柜，定期检查，做到防火、防潮、防鼠、防虫、防尘、防晒、防丢失。

(6)健全查阅手续，归还要清点入库，原始记录不外借。

(7)认真维护试验田和观测地段环境，严防人畜破坏，观测植株失去代表性要重新选择；试验田或观测地段环境遭到破坏，无法继续进行观测、试验要立即报告，并尽量设法补救。

(8)观测中遇有难以判断的问题，应请示领导组织站（组）人员集体研究或向有关单位请教。

(9)农业气象观测新手要先跟班学习，具有独立当班能力，经过考核合格方可正式值班。

(10)农业气象观测、试验人员要相对稳定，以保证观测、试验资料的准确性、连续性；观测值班可实行几个发育期换一班的长班制，也可按作物分工，分主班和副班互相检查校对，认真

填写观测日记。交班时要详细交代观测、试验中的有关事项。

1.1.2.6 资料上报

定期编制并拍发农业气象旬(月)报、土壤墒情报和加测土壤墒情报。农业灾害性天气发生时要立即组织实地调查,写出书面报告,拍发灾情报。报表制作要定人、定时、定任务、定质量要求,明确责任。按照报表制作规定认真进行。

1.1.3 任务实施

任务实施的场地为教室;设备为投影仪、白板或黑板。

实施步骤:

(1)教师讲授主要内容;

(2)将学生分成若干小组;

(3)小组讨论;

(4)老师参与各组讨论,并给予评价、总结;

(5)完成任务工单中的任务。

1.1.4 拓展提高

《现代农业气象业务发展专项规划》序言

(2009—2015 年)

农业是国民经济的基础。做好气象为农业服务是党中央、国务院对气象工作的明确要求,是贯彻落实科学发展观的具体体现。随着现代农业的发展和社会主义新农村建设进程的推进,传统的农业气象业务服务已经不能满足农村改革发展和现代农业发展对农业气象工作提出的新需求,迫切需要以现代农业发展需求为引领,以科学发展观为指导,科学谋划现代农业气象业务的发展。分析需求、总结现状、理清思路、明确任务、设立目标,在兼顾需求与能力的前提下,统筹规划、总体布局、突出重点、合理分工、分步实施、强化管理、协调推进。编制现代农业气象业务发展规划,目的在于进一步提升气象为农服务能力,对于进一步做好农业气象防灾减灾和应对气候变化工作,充分发挥气象为农业生产和农村改革发展服务的职能和作用,具有十分重要的意义。

根据党的十七届三中全会通过的《中共中央关于推进农村改革发展若干重大问题的决定》、《国务院关于加快气象事业发展的若干意见》(国发[2006]3 号)、《国家粮食安全中长期规划纲要(2008—2020 年)》,以及《中国气象局关于发展现代气象业务的意见》(气发[2007]477 号)、《中国气象局关于贯彻落实〈中共中央关于推进农村改革发展若干重大问题的决定〉的指导意见》(气发[2008]457 号)等文件要求,特制定《现代农业气象业务发展专项规划》(以下简称《规划》)。规划期为 2009—2015 年。

《成果转化,农业气象科研成果"落地"惠农》

据中国气象科学研究院生态环境与农业气象研究所所长郭建平介绍,十年来,中国气象局共有43项研究成果获得中央财政"农业科技成果转化资金"专项资助,内容涵盖农业气象灾害、农业气候资源、农业气象实用技术、设施农业气象、农业病虫害、节水农业、遥感与信息技术等七大方面,这些科研成果在农业生产和农业气象业务中的转化和推广,不仅对农业气象灾害的防御提供了技术方法,而且拓宽了农业气象业务服务的领域,提高了农业气象业务服务的水平,取得了显著的社会效益和经济效益。

农业气象灾害是导致作物产量波动、危及国家粮食安全的主要因素。郭建平说,气象部门在农业气象灾害方面获得资助的科研项目较多,占项目总数的40%以上,项目涉及农业气象灾害的各个领域。例如,2005年由河南省气象局负责推广的"黄淮平原农业干旱监测预警与综合防御技术推广应用"项目,使得农业干旱综合防御措施推广应用面积达到9.2万hm^2,小麦平均增产6.2%,玉米增产6.8%,两年增产粮食4290万kg,增收7839万元。

农业气象实用技术是农业气象业务服务和推广的重要内容。这类项目的实用性强,对农民增收有显著作用。如2005年由中国气象局乌鲁木齐沙漠气象研究所负责推广的"冬麦膜下条播与作物复播配套栽培技术的中试与示范"项目,不仅使得该项栽培技术得以完善和成熟,还带动新疆推广示范区农民的收入和科技水平得到明显提高,膜下条播冬麦技术示范推广面积累计达5200多hm^2,累计增收额超过1000万元。

设施农业是实现高产、高效的现代化农业生产方式之一。2006年北京市气象局开始推广的"日光温室气象灾害预警系统在京津冀地区的推广应用"项目,灾害预警精度达80%以上,在京津冀三地进行示范应用与服务,面积超过3.3万hm^2。

学习情境 2

农作物观测

任务 2.1 作物发育期观测及生长状况测定

2.1.1 任务概述

【任务描述】

作物发育期的观测是根据作物外部形态变化,记载作物从播种到成熟的整个生育过程中发育期出现的日期。作物生长状况观测包括高度、密度和有关产量因素的测定。

【任务内容】

(1)主要作物发育期观测;

(2)主要作物高度、密度和有关产量因素的测定;

(3)田间工作记录、作物观测记录簿、表的填写。

【知识目标】

(1)熟悉主要作物发育期标准;

(2)掌握主要作物发育期观测方法;

(3)掌握主要作物高度、密度和有关产量因素的测定方法。

【能力目标】

掌握主要作物发育期观测技能;能独立完成主要作物高度、密度和有关产量因素的测定;学会记录簿、表的填写。

【素质目标】

(1)熟悉观测规范;

(2)熟悉观测内容;

(3)培养学生团结协作的精神;

(4)提高学生自主学习的能力。

【建议课时】

16 课时,其中包括实训课 8 课时。

2.1.2 知识准备

2.1.2.1 作物气象观测的组织

1. 作物观测的目的和意义

作物观测是农业气象观测的重要组成部分。通过作物的观测,鉴定农业气象条件对作物生长发育和产量形成及品质的影响,为农业气象情报、预报,以及作物的气候影响评价等提供依据，为高产、优质、高效农业服务。

根据国家和省、自治区、直辖市为农业服务的需要，选择气候、土壤以及作物生产水平有代表性的站组成农业气象基本观测网，常规的农业气象观测在农业气象基本观测站上进行。为当地农业生产服务和科研需要所进行的观测，各地可自行确定观测内容和观测方法。

2. 观测的基本要求

必须遵循平行观测原则，一方面观测农业生物活动的环境要素（主要包括气象要素、土壤湿度等），另一方面同时进行农业生物的状态观测（主要包括生育进程、产量性状等）。一般气象台站的基本气候观测可作为平行观测的气象要素观测部分。因此，农业生物观测地段应与气候观测场的环境基本一致。

农业生物的状态观测应采取点面结合的方法，既要有相对固定的观测地段，又要在农事关键时期进行较大范围的农业气象调查。对于以农业气象服务为主的省级农业气象观测站的农业气象观测，应以大面积的农业气象调查为主。

建立健全观测工作的规章制度，保证观测工作的顺利进行和观测质量的不断提高。

农业气象观测应由专门的农业气象观测人员负责。农业气象观测人员要严格按照相关规范和规定，认真进行观测、记载和上报，严禁伪造、涂改记录，不得缺测、漏测、迟测、早测和擅自中断观测，记录字迹要工整。

3. 观测地段

观测地段是定期进行作物生育状况观测的主要基点，为了增强观测的代表性，应增加观测调查点。

（1）观测地段选择的原则和要求

1）观测地段必须具有代表性。代表当地一般地形、地势、气候、土壤和产量水平及主要耕作制度。地段要保持相对稳定。为使观测资料具有连续性，可根据当地的耕作制度选定若干观测地段进行编号，每年规定的观测作物在这些地段上进行。

2）观测地段面积，一般为 1 hm^2，不小于 0.1 hm^2。确有困难可选择在同一种作物成片种植的较小地段上。

3）地段距林缘、建筑物、道路（公路和铁路）、水塘等应在 20 m 以上，应远离河流、水库等大型水体，尽量减少小气候影响（秧田、苗床和农林间作不受此限，但应在地段说明中说明）。

4）作物大田生育状况调查地点，要选择能反映全县（区）观测作物生长状况和产量水平的不同类型的田块，也可与农业部门苗情调查点结合。农业气象灾害和病虫害的调查应在能反映受灾程度的田块上进行，不限于观测的作物种类。

5）选择观测地段应与土地使用单位或个人取得联系，明确要求。生育状况调查也应相对稳定，调查结果才便于比较。虽然调查多采取目测，对作物损害不大，也应与土地使用单位或个人说明情况。

（2）观测地段分区

将观测地段按其田块形状分为 4 个区，作为 4 个重复，按顺序编号，各项观测在 4 个区内进行。为便于观测工作的进行，要绘制观测地段分区和各类观测点的分布示意图。

（3）观测地段资料

1）观测地段综合平面示意图。包括该观测站所有作物地段的分布情况，是一项重要的观测技术档案，标明地段分布和距周围景物的距离。示意图的主要内容有：

①所有观测地段的位置、编号；②气象站的位置；③观测场和观测地段的环境条件。如村庄、树木、果园、山坡、河流、渠道、湖泊、水库及铁路、公路和田间大道的位置；④其他建筑物和障碍物。

2）观测地段说明。对所选定的观测地段按地段编号逐一编制地段情况说明，内容包括：

①地段土地使用单位名称或个人姓名；②地段所在地的地形（山地、丘陵、平原、盆地）、地势（坡地的坡向、坡度等）及面积（hm^2）；③地段距气候观测场的直线距离、方位和海拔高度差；④地段的环境条件。如房屋、树林、水体道路等方位和距离；⑤地段的种植制度及前茬作物。包括熟制、轮作作物和前茬作物名称；⑥地段灌溉条件。包括有无灌溉条件、保证程度及水源和灌溉设施；⑦地段地下水深度。记“大于 2 m”或“小于 2 m”；⑧地段土壤状况。包括土壤质地（沙土、壤土、黏土、沙壤土等）、土壤酸碱度（酸、中、碱）和肥力（上、中、下）情况；⑨地段产量水平。分上、中上、中、中下、下 5 级记载，约高于当地近几年平均产量 20%为上、10%～20%为中上、10%～−10%为中、−10%～−20%为中下、低于−20%为下。

观测地段综合平面示意图和地段说明，按照台站基本档案的有关规定存档。观测地段如重新选定，应编制相应的地段资料。

2.1.2.2 作物生育状况观测

作物生育状况的观测是对农作物整个生育期间在外界环境条件影响下，植株形态特征变化过程及其产量结构的观测记载，是掌握农作物生长发育状况的基本手段。

1. 发育期观测

作物发育期的观测是根据作物外部形态变化，记载作物从播种到成熟的整个生育过程中发育期出现的日期。以了解发育速度和进程，分析各时期与气象条件的关系，鉴定农作物生长发育的农业气象条件。

（1）发育期观测的一般规定

1）观测作物和品种

①观测作物要能代表当地主要种植制度的作物组合。观测作物确定后，既要保持相对的连续性，也要适应当地耕作制度改革的变化；②观测作物的品种应是当地普遍推广或即将推广的优良品种，当地作物品种更新换代，观测作物品种也应更换；③观测作物应在当地适宜或普遍播种、移栽的时期播种、移栽。如因气候原因或耕作改制，当年播种普遍提早或推迟，观测作物的播种也应随之提早或推迟；④观测作物应记载作物的品种类型和大田栽培方式等（表 2-1-1）。

其他作物品种类型可不记。熟性和大田栽培方式可参照表 2-1-1 记载。表中各项内容可请农业部门协助鉴定。

表 2-1-1 主要作物品种类型、熟性和栽培方式

作物名称	品种类型	熟性	大田栽培方式
水稻	常规稻、杂交稻、籼稻、粳稻、糯稻、双季早稻、双季晚稻、一季稻	早熟、中熟、晚熟	直播、移栽

续表

作物名称	品种类型	熟性	大田栽培方式
小麦	冬小麦(强冬性、半冬性、春性)、春小麦	早熟、中熟、晚熟	条播、撒播;平作、套作
玉米	常规玉米、杂交玉米、马齿型、半马齿型、硬粒型、甜质型、爆裂型、糯型	早熟、中熟、晚熟	平作、间作、套作;直播、移栽、穴播、地膜
棉花	陆地棉(普遍棉)、海岛棉(长绒棉)	早熟、中熟、晚熟	平作、套作;直播、移栽、地膜覆盖
大豆	蔓生型、半直立型、直立型	早熟、中熟、晚熟	平作、套作、间作;穴播、条播
油菜	白菜型、芥菜型、甘蓝型	早熟、中熟、晚熟	平作、套作;穴播、移栽、撒播

2)观测次数和时间

①发育期一般两天观测一次,隔日或双日进行,但旬末应进行巡视观测,巡视观测含义同正常观测一样;②禾本科作物抽穗、开花期每日观测;③若规定观测的两个相邻发育期间隔时间很长,在不漏测发育期的前提下,可逢5或旬末巡视观测,临近发育期即恢复隔日观测。具体时段由台站根据历史资料和当年作物生长状况确定;④冬小麦冬季停止生长的地区,越冬开始期后到春季日平均气温达到0℃之前这段时间,每月末巡视一次,以后恢复隔日观测;⑤观测时间一般定为下午,有的作物开花时间在上午,开花期则应在上午观测。

3)观测地点的选定

①测点位置:在观测地段4个区内,各选有代表性的一个点,做上标记并按区顺序编号,发育期观测在此进行。测点之间应保持一定距离。为增强代表性,各区测点位置交错排列,使之纵横都不在同一个行上,测点距田地边缘的最近距离不能小于2 m,面积大的地段应更远些,以避免边际影响。切勿将测点选在田头、道路旁和入排水口处;②选定时间:一般在作物出苗后,下一发育期出现前进行;育苗移栽的作物可在大田植株成活(返青)期进行;③测点面积:(a)条播密植作物宽为2~3行,长为1~2 m;(b)穴播或稀植作物宽为2~3行,每行长可包括15~20穴(株);(c)撒播作物为1 m^2。秧田,苗床为0.25 m^2;(d)间套种作物可酌情加大。

4)观测植株选择

分蘖作物分蘖前以株为单位观测,分蘖后以茎为单位观测。

①条播密植作物:观测植株一般不固定,分蘖作物分蘖期固定植株观测。观测时连续取25株(茎),分蘖作物拔节期取10个大茎;②稀植作物:定苗前植株不固定,定苗后固定植株观测。每个测点连续选取10株;③穴播(栽)作物:每个测点连续固定5穴(丛),分蘖作物拔节期每穴取2个大茎;④撒播作物:观测植株不固定,每次观测各点取25个株(茎);⑤间套作作物:观测植株的选择根据不同的栽培方式按上述规定进行,如果两种作物均为规定观测作物,则分别观测记载。若只观测一种,则应在备注栏内记载另一种作物的主要发育期(目测),不作正式记录;⑥保护地栽培作物:如薄膜育苗、温室育秧、地膜栽培等,植株选择根据不同栽培方式而定。观测在保护地内进行应在备注栏内注明。

5)发育期的确定

①当观测植株上或茎上出现某一发育期特征时,即为该个体进入了这一发育期。地段作物群体进入发育期,是以观测的总株(茎)数中进入发育期的株(茎)数所占的百分率确定的。第一次大于或等于10%为发育始期,大于或等于50%为发育普遍期,大于或等于80%为发育末期。一般发育期观测到50%为止(有明确规定的发育期除外)。有的分枝作物发育期还应

观测盛期。

②发育期百分率计算。首先统计观测总株数再观测其中进入发育期的株(茎)数;求出百分率,记载时取整数,小数四舍五入。穴播作物每一发育期第一次观测时先要统计各区观测穴内的总株(茎)数。

$$发育期百分率(\%)=\frac{进入发育期的株(茎)数}{观测总株(茎)数}\times 100\%$$

分蘖作物分蘖最早的是一次分蘖,因此,可用分蘖百分率的统计结果作为分蘖期发育期百分率。

$$分蘖百分率(\%)=\frac{观测总茎数-观测总株数}{观测总株数}\times 100\%$$

秧田的分蘖移栽本田后,分蘖作为基本苗统计。有的发育期不便统计百分率,则以整个地段作物为对象,目测判断50%的植株进入发育期的日期。

③特殊情况处理:(a)有的作物因品种等原因,进入发育期的植株达不到10%或50%时,观测进行到进入该发育期的植株数连续观测3次总增长量不超过5%为止,因气候原因所造成的上述情况,仍应观测记载;(b)观测植株不固定的作物,如出现发育期倒退现象,应立即重新观测。检查观测是否有误或观测植株是否缺乏代表性,以后一次观测结果为准;(c)因品种、栽培措施等原因,有的发育期未出现或发育期出现异常现象,应予记载;(d)固定观测植株如失去代表性,应在测点内重新固定植株观测,测点内观测植株有3株或以上失去代表性时,应另选测点;(e)在规定观测时间遇到有妨碍进行田间观测的天气或旱地灌溉可推迟观测,过后应及时进行补测。如出现进入发育期百分率超过10%、50%或80%,则将本次观测日期相应作为进入始期、普遍期或末期的日期。

以上特殊情况出现和处理情况应记入备注栏。

(2)需要观测的发育期

主要作物观测的发育期见表2-1-2。

表2-1-2 主要作物观测的发育期

作物	观测的发育期
稻类	播种、出苗*、三叶、移栽、返青*、分蘖、拔节、孕穗、抽穗、乳熟*、成熟*
麦类	播种、出苗*、三叶、分蘖、越冬开始*、返青*、起身*、拔节、孕穗、抽穗、开花、乳熟*、成熟*
玉米	播种、出苗*、三叶、七叶、拔节、抽雄、开花、吐丝、乳熟*、成熟*
高粱	播种、出苗*、三叶、七叶、拔节、抽穗、开花、乳熟*、成熟*
谷子	播种、出苗*、三叶、分蘖、拔节、抽穗、乳熟*、成熟*
甘薯	移栽、成活*、蔓伸长、薯块形成*、可收*
马铃薯	播种、出苗*、分枝、花序形成、开花、可收*
棉花	播种、出苗*、三真叶、五真叶、现蕾、开花、裂铃、吐絮、停止生长*
大豆	播种、出苗*、三真叶、分枝、开花、结荚、鼓粒*、成熟*
花生	播种、出苗*、三真叶、分枝、开花、下针、成熟*
油菜	播种、出苗*、五真叶、移栽、成活*、现蕾、抽薹、开花、绿熟*、成熟*
新植甘蔗	播种、出苗*、分蘖、茎伸长*、工艺成熟*
宿根甘蔗	发株、茎伸长*、工艺成熟*

说明：

①表中播种、移栽期记载该项农事活动的日期。

②表中带有*号的发育期为目测项目,不需统计进入发育期的百分率。

③观测作物未进行移栽,移栽、成活期不记载;如进行两次移栽或表中未规定进行移栽而移栽的作物,均应记载移栽和成活期。

④发育期按出现先后顺序记载,若同时出现两个发育期,按表中所列发育期顺序记载。

(3)主要作物的发育期标准

1)麦类发育期标准

麦类中包括:冬小麦、春小麦、大麦、元麦、青稞、莜麦、燕麦。

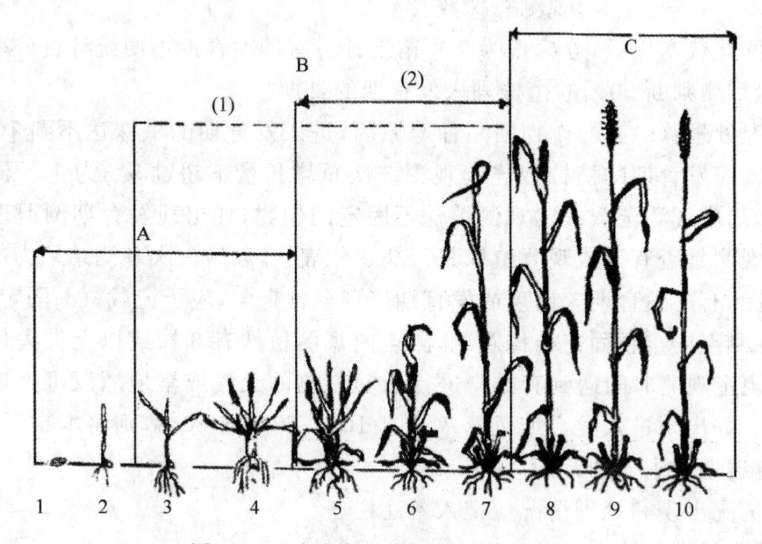

图 2-1-1　小麦各生育时期的外部形态

A. 营养生长;B. 并进生长;C. 生殖生长;(1)春小麦;(2)冬小麦;

1. 萌发;2. 出苗;3. 三叶;4. 分蘖;5. 起身;6. 拔节;7. 挑旗;8. 抽穗;9. 开花;10. 成熟

出苗期:从芽鞘中露出第一片绿色的小叶,长约 2.0 cm,条播竖看显行。

三叶期:从第二叶叶鞘中露出第三叶,叶长为第二片叶的一半(注意与水稻三叶期标准区别)。

分蘖期:叶鞘中露出第一分蘖的叶尖约 0.5～1.0 cm。

越冬开始期:植株基本停止生长,分蘖不再增加或增长缓慢(以第一次 5 日平均气温降到 0℃的最后一天为准)。有些地区冬季气温经常在 0℃左右波动,遇此情况应根据植株高度变化情况而定。

返青期:冬小麦恢复生长,心叶长出 1.0～2.0 cm。

起身期:冬小麦麦苗由匍匐转向直立。此时穗分化进入二棱期。冬小麦冬季不停止生长的地区不观测越冬开始期、返青期和起身期。

拔节期:茎基部节间伸长,露出地面约 1.5～2.0 cm 时为拔节。此时穗分化进入小花分化期。冬前一般不拔节的地区,如出现拔节现象,应详细在备注栏内记明拔节开始日期和拔节百分率。

孕穗期:旗叶(最后抽出的一片完全叶)全部抽出叶鞘。

抽穗期：从旗叶叶鞘中露出穗的顶端，有的穗于叶鞘侧弯曲露出。

开花期：在穗子中部（莜麦、燕麦顶部）小穗花朵颖壳张开，露出花药，散出花粉。遇阴雨天气外颖不张开，需小心地剥开颖壳进行观测。

乳熟期：穗子中部（莜麦、燕麦顶部）籽粒达到正常大小，呈黄绿色。内含物充满乳状浆液。

成熟期：80%以上籽粒变黄，颖壳和茎秆变黄，仅上部第一、第二节仍呈微绿色。

2）稻类发育期标准

出苗期：从芽鞘中生出第一片不完全叶。

三叶期：从第二片完全叶的叶鞘中，出现了全部展开的第三片完全叶。

移栽期：移栽的日期。

返青期：移栽后叶色转青，心叶重新展开或出现新叶，用手将植株轻轻上提，有阻力，说明根已扎入泥中。

分蘖期：叶鞘中露出新生分蘖的叶尖，叶尖露出长约 0.5～1.0 cm。

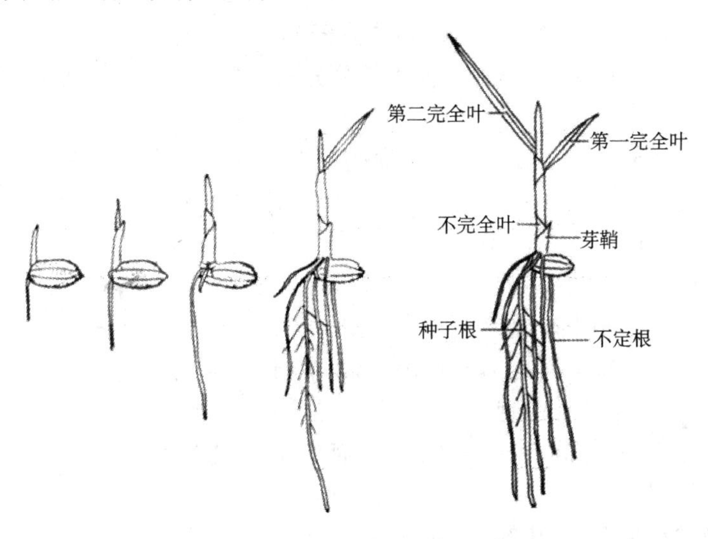

图 2-1-2 水稻幼苗（不到三叶期）

分蘖期达到普遍期后，进行分蘖动态观测，每 5 d 加测一次，确定分蘖盛期（观测增长数最多的一次）和有效分蘖终止期（单位面积总茎数达到预计成穗数），达到有效分蘖终止期即停止分蘖动态观测，测定结果记入密度测定页。

分蘖观测以本田为主，如果在秧田中已有分蘖，应记载分蘖开始期和普遍期，记入备注栏内。

拔节期：茎基部茎节开始伸长，形成有显著茎秆的茎节为拔节。拔节高度距最高生根节长度，早稻为 1.0 cm，中稻为 1.5 cm，晚稻为 2.0 cm。

早稻在拔节前穗分化开始，第一节间伸长；中稻在拔节时穗分化开始，第一节间定长，第二节间伸长；晚稻在拔节后穗分化开始，第一、二节间均为定长，第三节间伸长。

孕穗期：剑叶（最后抽出的一片完全叶）全部露出叶鞘。

抽穗期：穗子顶端从剑叶叶鞘中露出。有的稻穗从叶鞘旁呈弯曲状露出。如大量出现此种弯曲抽穗情况，可能由于气象条件影响所致，应加以注明。抽穗期除记载始期、普遍期外，还应记载末期(即齐穗期)。稻穗抽出后当天或1～2 d即开花,故不观测开花期。晚稻遇有低温影响开花时,应在备注栏注明。

乳熟期:穗子顶部的籽粒达到正常谷粒的大小,颖壳充满乳浆状内含物,籽粒呈绿色。

成熟期:籼稻稻穗上有80%以上,粳稻有90%以上的谷粒呈现该品种固有的颜色。

3)油菜发育期标准

出苗期:两片子叶在土壤表面展开。

五真叶:第五真叶展开。

移栽期:移栽的日期。

成活期:叶片舒展,在阳光的直射下不再凋萎。

现蕾期:植株顶部出现花苞(拨开幼叶检查)。

抽薹期:主茎伸长,出现薹子,长约2.0 cm。

开花期:主序上有花朵开放。如果冬前开花,进行观测后,因采取打薹措施而中断,春季仍应进行开花观测,报表以后一次观测结果为准,早花情况记入备注栏。

开花盛期:全田半数以上植株,2/3的分枝花开放。

绿熟期:主序的角果由绿色转黄绿色,大部分分枝上角果仍为正常绿色。种子的种皮转为淡绿色。

成熟期:植株大部分叶片干枯脱落。主序的角果已显现正常的黄色,籽粒颜色转深、饱满。大部分分枝角果开始褪色,转成黄绿色并富有光泽。植株外观表现“半青半黄”。

4)玉米发育期标准

出苗期:从芽鞘中露出第一片叶,长约3.0 cm。

三叶期:从第二叶叶鞘中露出第三叶,长约2.0 cm。

七叶期:从第六叶叶鞘中露出第七叶,长约2.0 cm。

为了避免培土时将基部叶子埋入土中,可在三叶期作一标记。

拔节期:玉米基部节间由扁平变圆,近地面用手可摸到圆而硬的茎节,节间长度约为3.0 cm。此时雄穗开始分化。

抽雄期:雄穗的顶部小穗,从叶鞘中露出。

开花期:雄穗中上部花药露出,散出花粉。

吐丝期:植株雌穗苞叶中露出花丝。

乳熟期:雌穗的花丝变成暗棕色或褐色,外层苞叶颜色变浅仍呈绿色,籽粒形状已达到正常大小,果穗中下部的籽粒充满较浓的白色乳汁。

成熟期:80%以上植株外层苞叶变黄,花丝干枯,籽粒硬化,呈现该品种固有的颜色。不易被指甲切开。

在观测乳熟、成熟两发育期时,若识别有困难,可在观测点外取样剥开几个穗,在穗中下部苞叶外用刀片切“V”字口,每次打开进行观测,然后盖好。以确定外部特征,与观测植株作比较。

其他作物的发育期标准请参看《农业气象观测规范》。

2. 生长状况的测定

表 2-1-3 主要作物生长状况测定时期及项目

作物	发育普遍期	测定项目			
		高度	密度	有关产量因素	评定
稻类	移栽(前3天内)	高度	株数		每个发育普遍期均应进行生长状况评定
	返青		茎数		
	拔节	高度	茎数		
	抽穗		有效茎数	一次枝梗数	
	乳熟	高度	总茎数	结实粒数	
			有效茎数		
麦类	三叶		株数		
	越冬开始	高度	茎数	分蘖数,大蘖数	
	返青		茎数	分蘖数,大蘖数	
				越冬死亡率	
	拔节	高度	茎数		
	抽穗		有效茎数	小穗数	
	乳熟	高度	总茎数	结实粒数	
			有效茎数		
玉米	七叶(定苗)		株数		
	拔节	高度			
	抽雄			茎粗	
	乳熟	高度	总株数	茎粗、果穗长、果穗粗、双穗率	
			有效株数		
棉花	五真叶(定苗)		株数	伏前桃、伏桃、秋桃数(分别指7月15日前、7月16日—8月15日、8月16日—9月10日)	
	开花	高度			
	吐絮	高度	株数		
	吐絮盛期				
	停止生长		株数	单铃重,果枝数	
大豆	三真叶(定苗)	高度	株数		
	开花	高度			
	鼓粒	高度	株数	一次分蘖数、荚果数	
油菜	成活(定苗)		株数		
	抽薹	高度			
	绿熟	高度	株数	一次分蘖数、荚果数	
高粱	七叶(定苗)		株数		
	拔节	高度			
	乳熟	高度	总株数、有效株数		
谷子			株数		
	三叶(定苗)		茎数		
	拔节	高度	有效茎数		
	抽穗		总茎数		
	乳熟	高度	有效茎数		
甘薯	薯块形成		株数		
	可收		株数		
马铃薯	出现分枝	高度	株数		
	可收	高度	株数		
花生	三真叶	高度	株数		
	成熟	高度	株数		
甘蔗	茎伸长	每旬测定	茎数		
	工艺成熟		总茎数、有效茎数		

表 2-1-3 说明：

①冬小麦冬季不停止生长的地区，越冬开始期测定项目在 1 月 10 日前 3 天内进行。返青期不进行测定。

②需要定苗的作物，第一次密度测定在定苗时进行，不需定苗的作物在表 2-1-3 所列发育期的普遍期测定。个别特殊情况由各省级业务管理部门自行确定。

农业气象条件对作物生长发育和产量的影响，在生育过程中具体表现在生长状况和产量形成上。观测的目的在于鉴定气象条件对作物生长的影响和提供产量预报资料。作物生长状况测定的项目包括高度、密度和有关产量因素（有关产量因素测定在后边任务中讲述）。

(1)测定时期和项目

见表 2-1-3。

(2)生长高度的测量

植株生长高度是衡量作物生长速度的标志之一，在作物整个生育期间，于规定的时期进行测量。

1)测量地点

在发育期观测点附近，选择植株生长高度具有代表性的地方进行。测点需距田地边缘 2 m以上。

2)植株选择

①每测点取 10 株，4 个测点共 40 株。

②条播密植、稀植和撒播作物，植株不固定，连续取样测量。

③穴(丛)播作物，植株不固定，连续取 5 穴(丛)，每穴(丛)任取 2 株(茎)。

④甘蔗、纤维用麻类、烟草，观测次数较多的作物，固定植株顺序测量高度。

⑤个别植株因折断或死亡时，应补选。测点中有 3 株或 3 株以上失去代表性时，则该测点植株应全部另选，并在备注栏注明。

3)测量方法

①禾本科作物稻类、麦类、玉米、高粱、谷子、甘蔗，拔节(蔗茎伸长)期及其以前，从土壤表面量至所测植株叶子伸直后的最高叶尖；拔节(蔗茎伸长)期以后，量至最上部一片展开叶子的基部叶枕，抽穗后量至穗顶(不包括芒长)。

②棉花、大豆、油菜、花生、芝麻、向日葵、马铃薯、烟草、麻类从土壤表面量至主茎顶端(包括花序)。打顶的作物量至主茎最高处。

③作物培土后，植株高度测量从培土高度的一半量起。

④高度测量以厘米为单位，小数四舍五入，取整数记载。

(3)植株密度测定

密度是对单位土地面积上植株数量进行测定。密度是构成作物单位面积产量的重要因素之一，是科学管理的重要指标。分蘖作物密度的变化与气象条件关系十分密切。因此，在作物密度发生变化的发育期，需要进行密度测定。

1)密度测定地点

第一次密度测定时在每个发育期测点附近，选有代表性的 1 个测点，做上标志，每次密度测定都在此进行。为提高产量结构分析的精确性，稻类、麦类乳熟期密度测定时，每个区增加

1个点，共8个点。测点距田地边缘需在2 m以上。如测点失去代表性时，应另选测点，并注明原因。

2)密度测定方法

①测定单位面积上的总株(茎)数和有效株(茎)数，均以每平方米株(茎)数表示。单茎作物测定每平方米株数；分蘖作物分蘖前测定每平方米株数，分蘖后测定每平方米茎数。有效株(茎)数的测定结合总株(茎)数测定进行。稻类、麦类、谷子每茎正常籽粒≥5粒为有效茎；玉米、高粱每株正常籽粒≥10粒为有效株，抽穗期有效茎数的测定以已抽穗和孕穗的为准。甘蔗茎长度的1 m以下且茎径小于1.5 cm，为无效茎。密度测定运算过程及计算结果均取两位小数。

②条播密植作物

(a)1 m内行数：平作地段每个测点量出10个行距(1～11行)的宽度，以米为单位，取两位小数。但畦作或垄作地段应量出两个或以上畦或沟的宽度，然后数出行距数。4个测点总行距数除以所量总宽度，即为平均1 m内行数。

(b)1 m内株(茎)数：每个测点在相邻的两行各取0.5 m长错开的一段(相加为1 m)数其中的株(茎)数，各测点1 m内株(茎)数之和除以4，求得平均1 m内株(茎)数，分蘖作物乳熟期求8个测点的平均。

密度不均匀的地段，测量长度应增加一倍(两行相加为2 m)，然后求出平均1 m内株(茎)数。

(c)1 m^2 株(茎)数：1 m^2 株(茎)数＝平均1 m内行数×平均1 m内株(茎)数。

③稀植或穴播(栽)作物

(a)1 m内的行数同条播密植作物规定。

(b)1 m内株(茎)数：稀植作物每个测点连续量出20个株距，各测点的株距数之和除以所量总长度，即为平均1 m内株数。穴播(栽)作物每个测点连续量出10个穴距的长度(测量方法同1 m内行数测定)，数出其中的株(茎)数，各测点株(茎)数之和除以所量的总长度，即为1 m内株(茎)数。

(c)1 m^2 株(茎)数：1 m^2 株(茎)数＝平均1 m内行数×平均1 m内的株(茎)数。

④撒播作物

(a)1 m^2 株(茎)数：每个测点取0.25 m^2(0.5 m×0.5 m)，数其中株(茎)数，4个测点之和即为1 m^2 内株(茎)数。水稻秧田如果密度很大，每测点取0.04 m^2(0.20 m×0.20 m)，数其中株数，4个测点总株数除以测定总面积，即为1 m^2 株数。

(b)密度订正：撒播作物，畦(垄)沟或畦背占有一定面积，密度测定结果需进行订正。

第一次密度测定时，在地段观测点附近，各量出2畦(垄)以上的长度和宽度，求出总面积及相应的实播面积(不包括畦沟、背)，4个点的平均，计算订正系数。测定记录记入密度测定记录页内。

订正系数＝实播面积/包括畦沟、背的总面积。

订正后1 m^2 的株(茎)数＝订正系数×1 m^2 株(茎)数。

⑤间套种作物

(a)1 m内行数：量取包括2个组合以上的总宽度，分作物数出行距数除以总宽度。

(b)1 m内株(茎)数：按不同种植方式，同时测定记录每种作物1 m内株(茎)数。规则或不规则的株间间作作物，取样长度应包括10个组合以上（根据实际种植形式和比例而定），计算每种作物1 m内株（茎）数。

(c)1 m^2 株（茎）数：每种作物分别计算。

(d)间套种作物如果均为选定的观测作物，则应分别测定密度。否则只测定观测作物的密度。

⑥条播作物“1 m内行数”的测定，仅在第一次密度测定时进行一次，测定“1 m内株（茎）数”所测长度，在测点不变的情况下，也仅在第一次密度测定时进行一次。

由于栽培方式多样，密度测定时要周密考虑应采用的测定方法，以求出正确的密度值。

(4)生长状况评定

根据作物的长势、长相和影响产量的各主要因素对作物群体生长发育状况影响进行综合目测评定。

①评定时间

各种作物每个发育普遍期进行。

②评定方法

以整个观测地段全部作物为对象，与全县范围对比和历年与当年对比，综合评定作物生长状况的各要素，采用划分苗类的方法进行评定。前后两次评定结果有改变时，要注明原因。

③评定标准

一类：植株生长状况优良。植株健壮，密度均匀，高度整齐，叶色正常，花序发育良好，穗大粒多，结实饱满。没有或仅有轻微的病虫害和气象灾害，对生长影响极小。预计可达到丰产年景的水平。

二类：作物生长状况较好或中等，植株密度不太均匀，有少量缺苗断垅现象。生长高度欠整齐。穗子、果实稍小。植株遭受病虫害或气象灾害较轻。预计可达到平均产量年景的水平。

三类：作物生长状况不好或较差，植株密度不均匀，植株矮小，高度不整齐。缺苗断垅严重。穗小粒少。杂草很多。病虫害或气象灾害对作物有明显的抑制或产生严重危害。预计产量很低，是减产年景。

(5)大田生育状况观测调查

选定地段的观测可以取得比较系统、详细的资料，但单点资料往往难以满足服务的需要。为了更好地开展服务，应对代表本县不同生产水平的田地进行调查，以弥补单点观测资料的不足（如为产量预报需要已进行多点观测的作物，可根据内容要求，抄录其不同产量水平的资料，不再做生育状况观测调查）。观测调查的作物应与观测地段的作物相同。各站的观测调查项目可由省级业务管理部门确定。

1)观测调查地点

在县境范围内，作物高、中、低产量水平的地区选择三类有代表性的地块（以观测地段代表一种产量水平，另选两种产量水平地块）。可结合农业部门苗情调查或分片设点进行。

2)观测调查时间和项目

在观测地段作物进入某发育普遍期后3 d内进行。观测调查项目见表2-1-4。

表 2-1-4 大田生育状况观测调查时间和项目

作物	调查时间所处发育期	调查项目			
		发育期	高度	密度	产量因素
稻	抽穗	发育期	高度	有效茎数	一次枝梗数
小麦	返青 抽穗	发育期	高度	有效茎数	分蘖数、大蘖数 小穗数
玉米	拔节 乳熟	发育期 发育期	高度 高度	株数	 茎粗，果穗长、粗
棉花	8 月 16 日 吐絮				伏桃 秋桃
大豆	鼓粒	发育期		株数	一次分枝数、荚果数
油菜	开花 绿熟	发育期 发育期	高度 高度	株数	一次分枝数、荚果数

3)大田生育状况观测调查记录

①地点：填写观测调查所在乡、村、组及田地所在单位名称或个人姓名。

②田地生产水平：参照 2.1.2.1 段中观测地段说明中生产水平的规定填写上、中上、中、中下、下。

③播种、收获日期、单产：向田地所在单位或个人调查。

④日期：田地实际观测调查日期。当地段作物进入规定的发育普遍期时开始进行大田观测调查。

⑤发育期：目测记载观测调查田地作物所处的发育期，以未进入某发育期、始期、普遍期、末期或发育期已过等记载。

⑥高度、密度(株数、茎数、有效茎数)和产量因素：测定项目分别记于植株高度、密度和产量因素测定记录页，备注栏注明为大田生育状况观测调查记录。测定结果抄入大田生育状况观测调查页内。产量因素的单位在备注栏内注明。

⑦生长状况评定：记载观测调查田地作物生长状况评定结果。

2.1.2.3 农气簿-1-1 的填写

农业气象观测簿、表是农业气象观测的结果，是具有长期保存价值的资料。必须按簿、表栏目要求逐项认真填写。对簿、表中一些重点栏目的填写作以下规定。

农气簿-1-1 供填写作物生育状况观测原始记录用。观测时要随身携带，边观测边记录。

1. 封面

(1)台站名称填写时，还要填台站所在的省(自治区、直辖市)。台站名称应按上级业务主管部门命名填写。

(2)作物名称、品种名称，按照农业科技部门鉴定的名称填写，不得填写俗名。

(3)品种类型、熟性：例如杂交籼稻、双季早稻。

(4)栽培方式：如为间套作，记载间套作作物名称。例如麦、棉套作。

(5)起止日期：第一次使用簿的日期为起始日；最后一次使用簿的日期为终止日。

2. 观测地段说明和测点分布图

(1)观测地段说明:按照规定的观测地段说明的内容逐项填入。

(2)地段分区和测点分布图:将地段的形状、分区及发育期、植株高度、密度、产量因素等测点标在图上,以便观测。

3. 发育期观测记录

(1)发育期:记载发育期名称。观测时未出现下一发育期记"未"。作物播种期作为生育的开始期必须记载,一般成熟期作为生育终止期,如果作物未成熟提前收获或拔秆,则记收获日期为拔秆日期,并注明提前收获的原因和收获时的成熟度。

(2)观测总株(茎)数:需统计百分率的发育期第一次观测时记载一次,记载 4 个测点观测的总株(茎)数。穴播作物为各穴株(茎)总数。

(3)进入发育期株(茎)数:分别填写 4 个测点观测植株中,进入某发育期的株(茎)数,并计算总和及百分率。

(4)生长状况评定:根据规定分 1、2、3 类记入发育期观测记录页内。

4. 植株生长高度测量记录

(1)发育期:填写各种作物高度测量时所处的发育期;甘蔗、烟草和麻类规定在旬末测量,除旬内出现发育普遍期需记载外,发育期栏空白。

(2)4 个测点按顺序逐株测量,并计算合计、总和及平均。

5. 植株密度测定记录

(1)发育期:填写各种作物密度测定时所处的发育期。

(2)测定过程项目:条播、穴播作物均填写 1 m 内行数的"量取宽度"和"所含行距数"及测定 1 m 内株(茎)数的"量取长度",并记录在双线上。每次进行密度测定时在双线下填写量取长度的"所含株(茎)数"和"所含有效株(茎)数"。撒播作物直接在双线下填写"测定面积"、"所含株(茎)数"和"所含有效株(茎)数"。间套作作物因播种方式不同,密度测定方法各异,按照实际测定项目填写。稻类、麦类乳熟期每区增加 1 个测点,"量取长度"记于双线上,双线下记载量取长度的"所含株(茎)数"和"所含有效株(茎)数",每区两个数值上下记载同一栏内,1 m^2 的总茎数和有效茎数均为 8 个测点平均。

(3)1 m 内行、株(茎)数:双线上填写通过"量取长度"和"所含行距数"总和计算的 1 m 内行数。双线下填写通过"量取长度"和"所含株(茎)数"、"所含有效株(茎)数"总和计算的 1 m 内株(茎)数。

(4)1 m^2 株(茎)数:各种播种方式都在双线下填写。

(5)订正后 1 m^2 株(茎)数:畦作撒播作物密度经订正后填写双线下。订正系数的测定记录及结果记入备注栏。

(6)间套作作物密度测定记录:地段如共生 2 种以上观测作物,则分别测定、填写,如只观测一种作物,则只需记载所观测作物的密度。

6. 大田生育状况观测调查记录

参照 2.1.2.2 中大田生育状况观测调查记录内容填写。

2.1.3 任务实施

任务实施的场地：多媒体教室、农田、应用气象实训室。

设备：投影仪、白板或黑板、米尺。

实施步骤：

(1)教师讲授主要内容；

(2)农田实际观测，教师演示操作过程；

(3)抽查学生操作，其他学生指出问题，教师予以评价；

(4)将学生分成若干小组；

(5)分小组完成观测工作，教师给予评价；

(6)完成任务工单中的任务。

2.1.4 拓展提高

2.1.4.1 农作物生长季节

油菜分为冬油菜和春油菜两种类型。冬油菜秋季种植，主要生长季节在冬季，春季收获。冬油菜中的冬性型油菜，春化阶段要求 0～10℃温度，需经过 15～30 d 条件；半冬性型油菜，春化阶段对低温的要求不太严格，介于冬、春性之间，一般需 5～15℃的温度经过 15～30 d 即可进行花芽分化；冬油菜中的春性型油菜，苗期需 10～20℃的温度，经过 15～20 d 即可完成春化阶段。春油菜春季播种，苗期对温度的要求与春性型油菜类似。

棉花则是春季播种种植，秋季收获。南方也有秋冬季播种次年夏季收获的。温度是决定播期的重要依据。一般在 5 cm 地温 5 d 稳定通过 14℃时，就是棉花的播种时期。根据我国的气候条件，大部分地区棉花适宜播种期是 4 月中旬。

水稻在南方有单季，是初夏种植，秋季收获；双季则是春末种植夏季收获早稻，晚稻是夏季种植秋季收获。

玉米播种期 2—4 月、7—9 月，收获期 6—8 月、10—11 月。

辽东、华北、新疆南部、陕西、长江流域各省及华南一带栽种冬小麦，秋季 8—12 月播种，翌年 5—7 月成熟，生育期长达 300 d 左右。

2.1.4.2 我国的粮食问题

“国以民为本，民以食为天”。对于人口众多的中国来说，解决粮食问题，始终是国家的重要问题。目前，我国粮食生产的主要问题是：粮食生产不稳定，年际变化大；各地粮食生产不平衡，中低产面积广，问题较多；粮食单位面积产量低，劳动生产率低，商品率低。因此，我国粮食生产丝毫不能放松，必须抓得狠、抓得紧。充分调动广大粮农的积极性，在国家大政方针指引下，因地制宜，合理安排种植业生产结构，广泛应用新的科学技术，改善粮食生产投资环境，增加投入，是粮食增产的基本途径。粮食生产在我国农业中一直占重要地位。我国粮食作物构成比较复杂，而且地域不同种类也有异，我国的主要粮食作物有水稻、小麦、玉米、红苕、各种杂粮等。

任务 2.2 作物生长量的测定

2.2.1 任务概述

【任务描述】

生长量的测定是在间隔一定时间(或发育期),在田间剪取一定数量具有代表性的植株,测定其叶面积和植株干物质重量。

【任务内容】

(1)农作物叶面积测定;

(2)干物质重量测定。

【知识目标】

(1)熟悉主要作物叶面积测定、干物质重量测定程序;

(2)掌握主要作物叶面积、干物质重量测定方法。

【能力目标】

掌握主要作物叶面积测定、干物质重量测定;掌握相应记录簿、表的填写。

【素质目标】

(1)熟悉观测规范;

(2)熟悉观测内容;

(3)培养学生团结协作的精神;

(4)提高学生自主学习的能力。

【建议课时】

10 课时,其中包括实训 6 课时。

2.2.2 知识准备

2.2.2.1 生长量的测定

作物产量基本上是单位面积土地上生长的叶片进行光合作用所形成的生物产量中的经济产量部分。因此,测定生长期间叶面积和所积累的干物质重的动态变化,作为分析产量变异的因子,将生理因果关系作为研究因素,比单纯依据产量因素有更大的优越性。由于该项测定比较复杂,需要一定条件,在气象系统进行该项观测的站由上级业务主管部门确定。

1. 测定时期

主要作物叶面积和干物质重量测定时期见表 2-2-1。

表 2-2-1　叶面积和干物质重量测定时期

作物	观测时期
水稻	三叶、移栽前 3 天、本田分蘖、拔节、抽穗、乳熟、成熟
冬小麦	三叶、分蘖或三叶后 20 天、越冬开始、返青、拔节、抽穗、乳熟、成熟
春小麦	三叶、分蘖(或三叶后 20 天)、拔节、抽穗、乳熟、成熟
玉米	三叶、七叶、拔节、抽雄、乳熟、成熟
棉花	五真叶、现蕾、开花、开花盛期、裂铃、吐絮、吐絮盛期、停止生长
大豆	三真叶、分枝(或三真叶后 20 天)、开花、鼓粒、成熟
油菜	五真叶、移栽前 3 天、现蕾、抽薹、开花、绿熟、成熟

说明:①各种作物最后一次测定不进行叶面积测定。②冬小麦冬季不停止生长的地区,越冬开始、返青期不进行干物质和叶面积的测定。③冬小麦、春小麦不出现分蘖、大豆不出现分枝或达不到普遍期,则分别于三叶后 20 天和三真叶后 20 天测定。

2. 仪器和用具

根据测定干重和叶面积的作物种类、样本的数量设置,一般应具备:

①恒温干燥箱(大中型)。

②干燥器(大中型)。

③天平(托盘天平或电子天平):感量 0.1 g、载重 1～2 kg;感量 0.01 g、载重 100～200 g。

④求积仪、叶面积仪。

⑤塑料薄膜、剪刀、纱布袋(一个地段约 40 个,规格根据样本大小而定)。

⑥牛皮纸袋:若干个,供灌浆速度测定用。

⑦牛皮纸标签:与纱布袋数量相同。

3. 取样

叶面积和干物质重量同时测定,一次田间取样分别进行,取样时间在上午植株露水或雨水蒸发后进行。操作顺序是:田间取样、按器官分类、分器官称取鲜重、测定叶面积、分器官装袋、烘干、称重。

(1)稻、麦、大豆

在观测地段上,每区在密度测点的附近取 10 个株(茎),共 40 株(茎),其中分蘖茎的最大叶片长度应为正常叶片的一半。沿地面剪下,用塑料薄膜包好,避免植株体内水分蒸发,影响鲜重,取样后半小时内运回,及时分析处理,全部样本作为测定叶面积和干物质重量用,如采用面积法测定叶面积,再从 40 株(茎)总样本中任取 20 株(茎)测定其叶面积,然后将叶片放回样本中进行干物质重的测定。

(2)玉米、棉花、油菜

玉米、棉花和油菜根据株高和果枝数、一次分枝数分等级按比例取样。在田间每个区连续量出 10 株高度或数出果枝,一次分枝数,按数据的离散程度分成数据相等的几个组,在以按取样总数(至少 5 株)各组按比例取样。取样后的全部植株先进行叶面积测定后,再进行干物质测定。

$$各组取样数=取样总株数\times\frac{各组株数}{测量总株数}$$

例如:40 株玉米株高为 81～130 cm,每 10 cm 为一组共 5 组,各组分别为 2,8,15,12,3 株,如取样数为 5 株,则从 2～4 组高度范围内中分别取 1,2,2 株。

若出现有几组取样数相同,比预定取样总数多时,则增加取样总数,重新计算各组取样数量。

4. 叶面积测定

是指对作物绿色叶片表面积的测定,叶片是作物进行光合作用的主要器官,它的面积大小直接影响作物的受光,叶面积的变化制约着农田小气候,是作物群体结构合理性的重要样本之一。测定叶面积对研究作物合理受光的群体结构,鉴定品种特征,选育新品种,计算光能利用率及净同化率等生长特征量均具有重要意义。

(1)面积(系数)法

对样本叶片,直接测量长度和宽度,将长度和宽度之积乘以校正系数。

主要作物的叶面积校正系数在文献中已有介绍,但同一作物同一品种的叶面积校正系数不相同,测定叶面积时,首先需求算观测作物的叶面积校正系数,如确定有困难,可用下列系数进行。

作物名称	水稻、小麦	玉米、高粱	棉花
校正系数	0.83	0.70	0.75

1)计算叶面积校正系数开始进行叶面积测定和新品种更换的当年,在作物面积最大的时段,对观测叶片以坐标纸法或用求积仪测定其面积,与叶片的长宽之比,即可求其叶面积校正系数。

①在地段有代表性的地方连续取 10 株,取其展开的绿色完整叶片 N 片(N 为 30～40),禾本科作物(水稻、小麦、玉米)每株上、中、下各取 1 片叶;棉花、大豆每株大、中、小叶各一片(大豆取复叶);油菜叶片复杂,按各种类型的叶片多少选取。

②用直尺沿叶片主脉量取每片叶的长度(L_i)和叶片最宽处(D_i),求出各叶片乘积。

③将叶片平展于坐标纸上,准备描下其图形,若叶片由于失水卷曲,可浸入清水中待展开后擦干水描绘,读出图形中的叶面积(S_i)或用求积仪求叶面积,为保证读数准确,必须经过校对。

④计算叶面积校正系数(K):

$$K = \frac{1}{n}\sum_{1}^{n}\frac{S}{L \times D}$$

式中:n——叶片数。

⑤量取叶片长宽,以 cm 为单位,计算长宽乘积,读出图形叶面积,以 cm^2 为单位,均取一位小数。K 值计算结果取两位小数。

2)测定叶面积

①测量叶片长宽,量取样本植株每片完全展开叶的完整的绿色叶片长度(L_i)和宽度(D_i)。

②单株(茎)叶面积(cm^2):单株(茎)各叶片长宽乘积之和与校正系数乘积,以(S_1)表示。

$$S_1 = \sum_{i=1}^{r} L_i \times D_i \times K$$

③1 m^2 农田叶面积(cm^2):单株(茎)叶面积(S_1)与 1 m^2 株(茎)数 m 之积(S_2)。

$$S_2 = S_1 \times m$$

④叶面积指数(LAI):单位土地面积(S)上的绿色叶面积的倍数。

$$LAI=\frac{S_2}{S}$$

式中:S——10000 cm^2。

⑤单株(茎)叶面积、1 m^2 农田叶面积、叶面积指数均取一位小数。

(2)叶面积仪测定法

目前测定叶面积的仪器型号较多,分别采取叶片测量和田间活体测量,以扫描式活体叶面积测量仪精度较高,使用方便。具体使用方法见仪器说明书。

5. 干物质重量测定

作物植株经过干燥后对其重量的测定。作物干物质是光合作用的产物,其重量是作物生长状况的基本特征之一,可用于分析干物质的积累和分配与气象条件的关系,鉴定农业技术措施效应,掌握一定条件下作物产量形成的过程及其特点,研究其适应性,还可用于计算其他生长特征量,评定其光能利用率等。

(1)干物质重量测定方法

1)稻、麦、玉米、大豆、油菜按叶片、叶鞘(叶柄)、茎(分枝)、果实(穗、荚果)各器官进行分类,未抽出的孕穗应作为穗剥出统计;棉花按叶片、叶柄、茎(分枝)、铃进行分类。分别放入挂上标签经过称重的布袋内称取鲜重。器官体积过大,可切碎分开装袋,不宜装得过满。

2)每个样本布袋标签上记明品种名称、器官、袋重。如一个器官有几个袋应加以注明。

3)样本烘干、称重:将样本袋放入恒温干燥箱内加温,第1小时温度控制在100～105℃杀青,以后维持在70～80℃,6～12 h后进行第一次称重,以后每小时称重一次,当样本前后两次重量差≤5‰时,该样本不再烘烤。烘烤温度和时间根据样本大小、老嫩程度等掌握。开始时0.5～1 h,以后1～2 h通风翻动一次,尽量排出箱内水分。如样本较多、恒温干燥箱容积小,可称出鲜重后先杀青,然后分批烘干,也可用蒸汽杀青后晒1～2 d再烘干。烘干后样本称出连袋干重。样本取出烘箱后,需先放入干燥器中冷却再称重,避免冷却过程中干植株吸水影响重量。

4)计算

①样本总重(g):样本分器官鲜、干总重(除去袋重),其合计为样本总鲜、干重。

②株(茎)重(g):样本分器官鲜、干总重除以样本数,其合计为株(茎)鲜、干重。

③1 m^2 株(茎)重(g):单株(茎)分器官鲜、干重×1 m^2 株(茎)数,其合计为1 m^2 株(茎)鲜、干重。

在未规定进行密度测定的时期测定干重,应加测密度。

④含水率(%)

$$\text{器官或株(茎)含水率}=\frac{\text{分器官或株(茎)的鲜重}-\text{干重}}{\text{分器官或株(茎)的鲜重}}\times100\%$$

⑤生长率[$g/(m^2\cdot d)$]:1 m^2 土地上每日干物质增长量。分器官和总干重分别计算。

$$\text{生长率}=\frac{\text{本次测定分器官或总干重}-\text{前次测定分器官或总干重}}{\text{两次测定间隔日数}}$$

⑥袋重、鲜、干重采用感量为0.01 g的天平称量,样本量大可分次称量。样本总重的分器官鲜、干重的称量和合计值均取二位小数。株(茎)重,1 m^2 土地面积上作物鲜、干重,含水率,生长率计算取一位小数。

(2)稻、麦等谷类作物灌浆速度测定

谷类作物灌浆速度是通过测量籽粒形成至成熟期间单位时间籽粒干物质的增长量来确定的。

1)定穗：开花期在地段4个区，选定同日开花、穗大小相仿的200个穗(其数量为整个测定期间总取样量的一倍以上)，挂牌定穗，注明日期，供灌浆速度测定用。

2)取样：开花后10天开始每5日(例如1,6,11日)取样一次，直至成熟为止。每次从选定的株茎中取20穗(每区5穗)。如观测地段面积小，样本数量少，小麦等也可采取半穗法，以穗轴为界。每次取其半穗籽粒。采用半穗法应在备注栏注明。

3)籽粒烘干称重：取下籽粒后，数其总粒数，然后放入铝盒称其鲜重，在恒温干燥箱内烘烤。烘烤温度、时间同前文中作物器官烘干同。烘干后用称量要减去盒重。

4)计算

①含水率(%)：

$$\text{含水率}(\%)=\frac{\text{籽粒鲜重}-\text{籽粒干重}}{\text{籽粒鲜重}}\times 100\%$$

②千粒重(g)：

$$\text{千粒重}=\frac{\text{籽粒干重(g)}\times 1000}{\text{籽粒总数}}$$

③灌浆速度[g/(千粒·d)]：

$$\text{灌浆速度}=\frac{\text{本次测定的千粒重}-\text{前次测定的千粒重}}{\text{两次测定间隔日数}}$$

以上均取两位小数。

④籽粒重用感量为0.01 g的天平称量，千粒重、灌浆速度称重和平均值均取两位小数。平均值均取两位小数。

2.2.2.2 农气簿-1-2的填写

1. 植株面积测定记录

①测定时期：填写表2-2-1规定的测定时期。

②订正系数：采用面积法测定，填写此项。

③株(茎)号：填写样本号，如每株叶面积数量超过表格数量，可占下一个株(茎)号栏。

④长、宽、面积：采用面积法测定时，填写长、宽和叶面积；采用叶面积仪测定仅填写面积栏。叶面积仪型号应在备注栏注明。

⑤合计：填写单株各叶片面积之和。

⑥单株(茎)叶面积、1 m^2 土地叶面积和叶面积指数：当所有样本株(茎)测定结束后，统计记载。

⑦计算叶面积订正系数的观测记录，记入植株叶面积测定记录页，在备注栏中注明。

2. 植株干物质重量测定记录

①样本数：填写测定的样本株(茎)数。

②袋重：填写装分器官样本的空袋重量，若同一器官样本量大、采用多个袋装时，填写各袋

子总重量。

③样本总重:填写分器官的总鲜重和总干重,其合计为样本总鲜重和总干重。干重称量多少次,依次填入,最后一次为干重记录,并计算合计。

④株(茎)重:填写分器官重除以样本株数所得值,其合计为株(茎)鲜、干重。

⑤1 m^2 土地株(茎)重:填写株(茎)分器官鲜、干重分别乘 1 m^2 株(茎)数的积,其合计为 1 m^2 株(茎)鲜、干重。

⑥含水率:以单株(茎)分器官鲜、干重计算分器官含水率记入相应栏;以单株(茎)鲜、干重合计,计算株(茎)含水率并记入合计栏。

⑦生长率:以单株(茎)分器官干重计算分器官生长率并记入相应栏;以单株(茎)干重计算单株生长率,并记入合计栏。

3. 灌浆速度测定记录

①测定穗数:填写测定样本数。如采用半穗法应在备注栏注明。

②总粒数:每穗粒数按测定先后记入各穗粒数栏,合计填入总粒数栏。

③鲜、干重:记入籽粒鲜重和干重,干重多次称量时,按次记入,以最后一次称重作为干重记录。

④含水率、千粒重、灌浆速度:按规定填写。

2.2.3 任务实施

任务实施的场地:多媒体教室、应用气象实训室、农田。

设备:投影仪、白板或黑板、米尺;天平、烘箱、剪刀、纸袋。

实施步骤:

(1)教师讲授主要内容;

(2)农田实际观测,教师演示操作过程;

(3)抽查学生操作,其他学生指出问题,教师予以评价;

(4)将学生分成若干小组;

(5)分小组完成观测工作,教师给予评价;

(6)完成任务工单中的任务。

2.2.4 拓展提高

2.2.4.1 叶面积指数

叶面积指数(Leaf area index)又叫叶面积系数,是指单位土地面积上植物叶片总面积占土地面积的倍数。即,叶面积指数=叶片总面积/土地面积。

叶面积指数是反映作物群体大小的较好的动态指标。在一定的范围内,作物的产量随叶面积指数的增大而提高。当叶面积指数增加到一定的限度后,田间郁闭,光照不足,光合效率减弱,产量反而下降。苹果园的最大叶面积指数一般不超过 5,能维持在 3～4 较为理想。盛果期的红富士苹果园，生长期亩枝量维持在10万～12万条之间，叶面积指数基本能达到较为适宜的指标。

氮对提高叶面积指数、光合势、叶绿素含量和生长率均有促进作用，而净同化率随施氮增加而下降。施氮对大豆光合速率无显著影响。随施氮增加叶面积指数提高的正效应可以抵消净同化率下降的负效应，从而最终获得一个较高的生长率。因此，高产栽培首先应考虑获得适当大的叶面积指数。

在生态学中，叶面积指数是生态系统的一个重要结构参数，用来反映植物叶面数量、冠层结构变化、植物群落生命活力及其环境效应，为植物冠层表面物质和能量交换的描述提供结构化的定量信息。

2.2.4.2 小麦灌浆期管理技术要点

小麦处在灌浆期，要注意保根、护叶、延长叶片功能，防止早衰，提高粒重，这一时期是预防旱、涝、风、病虫、倒伏等自然灾害的关键时期，应采取以下措施，确保小麦丰产丰收。

1. 适时浇好灌浆水

灌浆期是小麦产量的最终形成期，对小麦丰产有着重要的影响。

看天浇水。若小麦灌浆期出现一次降水量在20 mm以上的降雨，可以不浇灌浆水；如果灌浆期降水量很少，可以考虑浇灌浆水。

看地浇水。土壤肥力高、墒情好的地块可不浇灌浆水，而土壤墒情不足的麦田则应浇灌浆水。

看苗浇水。群体偏大、生长过旺、具有倒伏风险的地块尽量不浇灌浆水，否则一旦出现倒伏，产量降低更多，风险更大。灌浆期浇水时要做到小水轻浇，并注意收听天气预报，风雨来临前严禁浇水，以免引起倒伏。

2. 叶面喷肥

叶面喷肥增粒重，预防干热风。

小麦生长后期根系吸收能力减弱，叶面追肥可延长小麦叶片功能期，提高光合作用，防病抗倒，减轻干热风危害，加快灌浆速度。可每亩* 用0.4%磷酸二氢钾加2%～3%尿素混合液，或加其他生态活性肥进行叶面喷施。间隔7天复喷一次，提高千粒重，优化品质。

3. 防病治虫

小麦灌浆期是多种病虫发生危害高峰期，也是提高小麦千粒重的关键时期。此期主要防治对象有麦蚜和小麦白粉病、锈病、赤霉病及叶枯病等。防治小麦病虫时应视田间病虫的发生动态而采取不同的防治技术，达到一喷多防的效果。

此外，应及时拔除禾本科杂草。有节节麦、野燕麦、雀麦等禾本科恶性杂草发生的麦田，要结合其他农事活动及时拔除干净，并带出田外将其消灭。

---

* 1亩=1/15 hm^2，下同。

任务 2.3 作物产量因素测定及产量结构分析

2.3.1 任务概述

【任务描述】

作物产量形成后期，在田间通过对有关产量因素的测定，以获取产量预报的早期信息。产量结构分析是对构成产量各因素之间的相互组合进行分析测定，以便综合分析鉴定全生育期中农业气象条件对作物生长发育及产量形成影响的利弊程度。

【任务内容】

(1)主要作物有关产量因素测定；

(2)主要作物产量结构分析。

【知识目标】

(1)熟悉主要作物有关产量因素测定内容和方法；

(2)掌握主要作物产量结构分析方法。

【能力目标】

掌握稻类、麦类、玉米、棉花、大豆、油菜有关产量因素测定；掌握稻类、麦类、玉米、棉花、大豆、油菜产量结构分析；掌握记录簿、表的填写。

【素质目标】

(1)熟悉观测规范；

(2)熟悉观测内容；

(3)培养学生团结协作的精神；

(4)提高学生自主学习的能力。

【建议课时】

8 课时，其中包括实训 4 课时。

2.3.2 知识准备

2.3.2.1 主要作物有关产量因素测定

作物产量形成后期，在田间通过对有关产量因素的测定，以获取产量预报的早期信息。统一规定测定的作物有：水稻、小麦、玉米、棉花、大豆、油菜。

1. 测定地点和取样

因测定项目不同而有差异。

(1)水稻一次枝梗数、结实粒数:每测点选有代表性的5穴,每穴任取2个有效茎。

(2)小麦分蘖数、大蘖数、小穗数、结实粒数:每个测点连续取有代表性的10株(茎)。

(3)玉米茎粗、果穗长、果穗粗:在发育期观测植株上进行。双穗株取大穗测量。双穗率:每个点连续取有代表性的10株。

(4)棉花伏前桃、伏桃、秋桃数、果枝数、单铃重:在发育期观测植株上进行。

(5)大豆、油菜荚果数、一次分枝数:每个测点连续取有代表性的10株(茎)。

2. 水稻产量因素测定

(1)一次枝梗数(个):数出由穗轴的穗节长出的一次枝梗的数量,求出单穗平均。

(2)结实粒数(粒):数出每穗上正常灌浆籽粒数,求出单穗平均。

(3)一次枝梗数、结实粒数平均值取一位小数。

3. 小麦产量因素测定

(1)分蘖数(个)、大蘖数(个):统计每株分蘖数(不包括主茎)和分蘖中具有三片或以上完整叶的蘖数,分别求出单株平均。为便于观测,于分蘖前各点做出标记。

(2)越冬死亡百分率(%):以越冬开始期和返青期测定的每平方米茎数计算。

$$越冬死亡率(\%)=\frac{越冬开始期茎数-返青期茎数}{越冬开始期茎数}\times 100\%$$

返青期密度测定时,假生长茎作为死亡茎统计。返青期茎数多于越冬开始期茎数时,越冬死亡率记为0。

假生长茎,即冬季冻害对植株已造成致命的伤害,但由于植株内有残存的养分供应,大心叶暂时生长,春季有的不很快死亡,返青一段时间才会死亡。其特征是生长锥已皱缩,心叶呈喇叭口状,基部空心或几层心叶均呈软熟或干缩折皱状。

(3)小穗数(个):数出穗轴节片着生的小穗(含不孕小穗,不包括退化小穗)数。求出单穗平均。

(4)结实粒数:数出每穗上正常灌浆籽粒数,求出单穗平均。

(5)分蘖数、大蘖数、小穗数、结实粒数的平均值和计算结果均取一位小数。越冬死亡率计算结果取整数记载。

4. 玉米产量因素测定

(1)茎粗(mm):采用游标卡尺,测量从地面起第三节间中部最宽部分的直径(在叶鞘外测量),求出平均。

(2)果穗长(cm)=自苞叶外量取自果穗下部(不含穗柄)切线至穗轴顶端的直线长度,求出平均。

(3)果穗粗(cm):自苞叶外测定果穗下部二分之一处的直径。采用游标卡尺或通过测量穗周长计算(直径=周长/3.14),求出平均。

(4)双穗率(%):统计样本植株中两个或以上果穗株数,求出百分率。

(5)茎粗、果穗长、果穗粗测量值取整数,平均值茎粗取整数,果穗长、果穗粗和双穗率均取一位小数。

5. 棉花产量因素测定

(1)伏前桃、伏桃、秋桃数(个):分别在7月15日、8月15日、9月10日观测、统计直径≥2 cm的棉铃数,求出单株平均铃数。观测后做上标志。

伏前桃数:7月15日前的成铃数。

伏桃数:7月16日到8月15日的成铃数。

秋桃数:8月16到9月10日的成铃数。

(2)单铃重(g):每区任意摘收10个吐絮棉铃的籽棉,共40个,晾晒称重求出平均单铃重。籽棉指从棉株上摘下的棉花,包括棉纤维和棉种。

(3)果枝数(个):数出果枝数量,求出单株平均。

(4)铃数、果枝数平均值均取一位小数。单铃重以感量为0.1 g的天平称量,称量和平均值取一位小数。

6. 大豆、油菜产量因素测定

(1)一次分枝数(个):数出样本上一次分枝的数量,求出单株平均。

(2)荚果数(个):数出样本上的荚果数,求出单株平均。

(3)一次分枝数、荚果数平均值取一位小数。

2.3.2.2 产量结构分析

产量结构分析是对构成产量各因素之间的相互组合进行分析测定。以便综合分析鉴定全生育期中农业气象条件对作物生长发育及产量形成影响的利弊程度。

1. 产量结构分析的一般规定

(1)产量结构分析时间

观测作物均需进行产量结构分析。在作物成熟后,收获前在观测地段4个区取样。先进行数量和长度测定,然后晾晒、脱粒,及时进行重量分析,在一个月内完成。要十分注意样本的保管。

(2)分析项目(表2-3-1)。

表2-3-1 各种作物产量结构分析项目

作物	分析项目
稻类	穗粒数、穗结实粒数、空壳率、秕谷率、千粒重、理论产量、株成穗数、成穗率、茎秆重、籽粒与茎秆比
麦类	小穗数、不孕小穗率、穗粒数、千粒重、理论产量、株成穗数
玉米	果穗长、果穗粗、秃尖比、株籽粒重、百粒重、理论产量、茎秆重、籽粒与茎秆比
高粱	穗粒重、千粒重、理论产量、茎秆重、籽粒与茎秆比
谷子	空秕率、穗粒重、千粒重、理论产量、茎秆重、籽粒与茎秆比
甘薯	株薯块重、屑薯率、出干率、理论产量、鲜蔓重、薯与蔓比
马铃薯	株薯块重、屑薯率、理论产量、鲜茎重、薯与茎比
棉花	株铃数、僵烂铃率、未成熟铃率、蕾铃脱落率、株籽棉重、霜前花率、纤维长、衣分、籽棉理论产量、棉秆重、籽棉与棉秆比
大豆	株荚数、空秕荚率、株结实粒数、株籽粒重、百粒重、理论产量、茎秆重、籽粒与茎秆比

续表

作物	分析项目
油菜	株荚果数、株籽粒重、千粒重、理论产量、茎秆重、籽粒与茎秆比
花生	株荚果数、空秕荚率、株荚果重、百粒重、出仁率、荚果理论产量、茎秆重、荚果与茎秆比
芝麻	株蒴果数、株籽粒重、千粒重、理论产量、茎秆重、籽粒与茎秆比
向日葵	花盘直径、空秕率、株籽粒重、千粒重、理论产量、茎秆重、籽粒与茎秆比
甘蔗	茎长、茎粗、茎鲜重、理论产量、锤度
甜菜	株块根重、理论产量、锤度
烟草	株脚叶重、株腰叶重、株顶叶重、株叶片重、理论产量
苎麻	工艺长度、株纤维重、纤维理论产量、出麻率
黄麻	工艺长度、株纤维重、纤维理论产量、出麻率
红麻	工艺长度、株纤维重、纤维理论产量、出麻率
亚麻	油用:株蒴果数、株籽粒重、千粒重、籽粒理论产量 纤维用:工艺长度、株纤维重、纤维理论产量、出麻率

(3)理论产量和实产

理论产量为分析计算产量,以 1 m^2 产量表示。

地段实产,需在作物成熟后单独收获,或取约 100 m^2(每区约 25 m^2,根据株、行距计算实际面积)单收、单晒、称重,计算 1 m^2 产量。

县平均产量,从当地统计部门获取。

(4)仪器及用具

①天平:感量 0.1 g,载重 1000 g 和感量为 0.5~1 g,载重 5~10 kg 的天平各一台。

②收获、脱粒、晾晒、加工所必需的工具。

(5)产量结构分析精度

①样本数量统计取整数,平均值取一位小数。

②籽粒称重采用 0.1 g 的天平,作物茎秆和甘蔗、薯块重等采用感量为 0.5~1 g 的天平,分次称量。样本称重和各项计算、平均值均取两位小数。

③长度测量取整数,平均值以厘米为单位的取一位小数,以毫米为单位的取整数。

④比值取两位小数,百分率取整数。在运算过程中不做小数处理。

2. 水稻产量结构分析

(1)取样

①在 8 个密度测定点上每点连续取 5 穴共 40 穴,沿茎基部剪下取回。

②数出样本总茎数,再将有效穗连同穗柄剪下,数其总穗数。按穗的长度,分 3~5 组(如整齐度差可多分几组),分别数其数量,从各组中按比例共取 50 个穗,供穗粒数、穗结实粒数、空壳率、秕谷率分析用。各组抽样数的计算方法同 2.2.2.1。根据计算的各组应取样穗数,在各组内随机抽取,但应注意穗部完整。

③40 穴其余样本脱粒,将籽粒(含已抽出的 50 穗)、茎秆(含脱粒穗轴)晒干,用于千粒重、茎秆重、籽粒与茎秆比分析。

(2)分析步骤和方法

①穗粒数(粒)、穗结实粒数(粒)、空壳率(%)、秕谷率(%):数出结实粒数、空壳粒(子

房未膨大或膨大呈透明薄膜状而无淀粉者)、秕谷粒(有淀粉但充实程度不到正常籽粒的三分之二)数,三者之和为穗粒数。求出平均穗粒数、穗结实粒数、空壳率、秕谷率。在数粒数时先通过落粒痕迹数出脱落粒数(统计结实粒),再全部脱粒,分别数出空壳粒、秕谷粒和结实粒数。

穗粒数=样本穗粒数之和/样本穗数

穗结实粒数=结实粒数/样本穗数

空壳率=(空壳粒数/穗粒数)×100%

秕粒率=(秕谷粒数/穗粒数)×100%

②千粒重(克):样本籽粒晾晒达到通常的干谷标准后,除去空、秕粒,于其中不加选择地取二组各1000粒,分别称重,二组重量相差不大于平均值的3%(如平均值为30 g,则两组相差不大于0.9 g)时,平均重即为千粒重。如差值超过3%,再取1000粒称重,用最为接近的两组重量平均作为千粒重。

③理论产量(g/m^2):

$$理论产量=\frac{穗结实粒数\times千粒数\times1\ m^2\ 有效茎数}{1000}$$

④株成穗数(个)、成穗率(%):采用乳熟期测定的有效茎数和返青期测定茎数(作为基本苗),求出单株成穗数;有效茎数和拔节期测定的总茎数(作为最高茎数),求算成穗率。

$$株成穗数=\frac{有效茎数}{基本苗数}$$

$$成穗率=\frac{有效茎数}{最高茎数}\times100\%$$

⑤茎秆重(g/m^2):

$$茎秆重=\frac{样本总茎干重}{样本总茎数}\times1\ m^2\ 总茎数(乳熟期测定值)$$

⑥籽粒与茎秆比:

$$籽粒与茎秆比=\frac{样本总籽粒数}{样本总茎秆重}$$

3. 麦类产量结构分析

(1)取样

在8个密度点中,每点连续取50茎,共400茎,从中取50穗供分析小穗数、不孕小穗率、穗粒数。取样方法同水稻。

(2)分析步骤和方法

①小穗数(个)、不孕小穗率(%):逐穗数出样本小穗数(含不孕小穗数、不包括退化小穗)、不孕小穗(小穗上有颖无籽粒,穗中部、顶部不孕小穗亦需计算在内)数,求出平均小穗数和不孕小穗率。圆锥花序的麦类,如莜麦等不进行测定。

$$不孕小穗率=\frac{不孕小穗总数}{总小穗数}\times100\%$$

②穗粒数(粒):先数出样本脱落粒数,然后脱粒,数其总粒数(含脱落粒数),求出平均穗粒数。

③理论产量(g/m^2)：

$$理论产量=\frac{穗粒数\times千粒重\times1\ m^2\ 有效茎数}{1000}$$

④株成穗数(个)：以乳熟期测定的有效茎数除以三叶期株数求得。

⑤千粒重、成穗率、茎秆重，籽粒与茎秆比：方法同水稻。

4. 玉米产量结构分析

(1)取样

在每个区连续取10株，共40株(含双穗和空秆株)。齐地面剪下，带回室内，数出有效株数。将果穗摘下(双穗结在一起)，茎秆晒干。

(2)分析步骤和方法

①果穗长(cm)、果穗粗(cm)和秃尖比：果穗去掉苞叶逐个量出果穗长和果穗粗及秃尖长度(双穗量最大穗)，除以有效株数求出平均。果穗长、果穗粗测量方法同玉米产量因素测定。秃尖长度为果穗尖不结实部分的长度，当秃尖不整齐时取中间长度测量。

$$秃尖比=\frac{秃尖长度之和}{果穗长度之和}$$

②株籽粒重(g)：样本全部晒干脱粒，称取籽粒重，除以有效株数求出平均。

③百粒重(g)：将晾晒干的籽粒充分混合后，任意数出两组，每组100粒，分别称重，两组数值相差不大于平均值的3%时，平均重即为百粒重。如差值超过3%，再取100粒称重，用最为接近的两组数值平均作为百粒重。

④理论产量(g/m^2)：

$$理论产量=株籽粒重\times1\ m^2\ 有效株数$$

⑤茎秆重、籽粒与茎秆比：茎秆重应包括除去籽粒重以外的干物质重，如茎、叶、穗轴等。方法同水稻。

5. 棉花产量结构分析

(1)取样

棉花吐絮开始，每个区域连续固定10株，共40株。每两天收花一次直至拔秆。记摘收铃数和其中僵烂铃数。霜前、霜后花分别晾晒统计。

①霜前花：严霜出现使棉株受害，棉叶枯落，霜前和霜后5天内(≤5天)摘收的棉花。

②霜后花：严霜5天后摘收的棉花。

③僵烂铃：一铃中有一室(棉桃中的一个分隔空间)僵烂即作为僵烂铃统计。未僵烂部分统计在霜后花每株籽棉重内。籽棉为从棉株上摘下的棉花，包括棉纤维和棉种。皮棉为把籽棉进行轧花，脱离了棉籽的棉纤维。

④未成熟铃：拔秆后植株上直径≤2 cm的幼铃。

⑤总蕾铃数：在拔秆前，将40株样本拔回，数出样本植株上结果枝的果节数作为总蕾铃。

(2)分析步骤和方法

①株铃数(个)：样本总铃数(霜前、霜后收花铃，僵烂铃和未成熟铃数)除以样本株数。

$$单株铃数=\frac{总铃数}{株数}$$

②僵烂铃率(%)：

$$僵烂铃率=\frac{僵烂铃数}{总铃数}\times100\%$$

③未成熟铃率(%)：未成熟铃数除以样本总铃数。

④蕾铃脱落率(%)：

$$蕾铃脱落率=\frac{总蕾铃数-总铃数}{总蕾铃数}\times100\%$$

⑤株籽棉重(g)、霜前花率(%)：称出晾晒干后样本籽棉总重量(霜前花、霜后花和僵烂铃中未僵烂的籽棉)，求出平均单株籽棉重和霜前花率。

$$株籽棉重=\frac{籽棉总重量}{株数}$$

$$霜前花率=\frac{霜前花重量}{籽棉总重量}\times100\%$$

⑥纤维长(mm)：用分梳法在霜前花的籽棉中任取10瓣，在每瓣中任取1粒，共10粒。从籽棉缝线处纤维左右梳成“蝶状”，平放在黑色物体上，测量多数纤维的长度，求出平均。

⑦衣分(%)：将样本籽棉轧出，称总皮棉重，求出皮棉重占籽棉重的百分率。

$$衣分=\frac{总皮棉重}{总籽棉重}\times100\%$$

⑧籽棉理论产量(g/m^2)：

$$籽棉理论产量=株籽棉重\times1\ m^2\ 株数$$

⑨茎秆重(g/m^2)：40株棉秆干重，求其平均，乘以最后一次测定的1 m^2 株数。

$$每平方米茎秆重=\frac{40\ 株棉秆干重}{40}\times1\ m^2\ 株数$$

⑩籽棉与茎秆比：

$$籽棉与茎秆比=\frac{样本籽棉总重}{样本棉秆总重}$$

6. 大豆产量结构分析

(1)取样

每个区连续取5穴(穴播)或15株(条播)，共20穴或60株。

(2)分析步骤和方法

①株荚数(个)、空秕荚率(%)：数出40株样本的总荚数和空秕荚(荚中无籽粒或荚中籽粒大小均不足正常籽粒的1/4。只要有一粒达到正常籽粒的1/4，就不是空秕荚)数。

$$株荚数=\frac{总荚数}{株数}$$

$$空秕荚率=\frac{空秕荚总数}{总荚数}\times100\%$$

②株结实粒数(粒)、株粒粒重(g)：样本植株脱粒晒干后，数出结实粒数，并称其重量，求出平均。

③百粒重、理论产量(g/m^2)：百粒重的计算方法同玉米。

$$理论产量=株籽粒重\times1\ m^2\ 株数$$

④茎秆重(g/m^2)：20穴或60株样本茎秆干重，除以样本总株数，乘以最后一次测定的

1 m^2株数。

⑤籽粒与茎秆比：

$$籽粒与茎秆比=\frac{样本籽粒重}{样本茎秆重}$$

7. 油菜产量结构分析

(1)取样

每个区取5穴或10株，共20穴或40株。

(2)分析方法和步骤

①株荚果数(个)：数出样本植株荚果数，求出平均。

②株籽粒重、理论产量、茎秆重、籽粒与茎秆比：方法同大豆。

③千粒重(g)：方法同水稻。

2.3.2.3 作物产量因素测定和产量结构分析记录的填写

1. 作物产量因素测定记录

(1)项目：记载产量因素测定项目名称。

(2)单株(茎)测定值：规定需分株(茎)测定的项目则分株(茎)记载；不需分株(茎)测定的项目，可分区记载。有的项目如棉花单铃重直接记入合计、平均栏。

2. 产量结构分析记录

分单项记录和计算结果记录两部分。

(1)样本凡需要进行逐株(茎)测量和称重的原始数据，均应填入产量结构分析单项记录页内。

(2)各项分析记录按照表2-3-1分析项目的先后次序逐项填写。

(3)分析计算过程记入分析计算步骤栏，计算最后结果记入分析结果栏。

(4)地段实收面积、总产量：在作物成熟后与土地使用单位或户主联系进行单收，地段实收面积以 m^2 为单位，其总产量以kg为单位，最后换算出每 m^2 产量，以g为单位。

2.3.3 任务实施

任务实施的场地：多媒体教室、应用气象实训室、农田。

设备：投影仪、白板或黑板、米尺；天平、烘箱、剪刀、纸袋。

实施步骤：

(1)教师讲授主要内容；

(2)农田实际观测，教师演示操作过程；

(3)抽查学生操作，其他学生指出问题，教师予以评价；

(4)将学生分成若干小组；

(5)分小组完成观测工作，教师给予评价；

(6)完成任务工单中的任务。

2.3.4　拓展提高

其他作物产量结构分析

2.3.4.1　高粱产量结构分析

1. 取样

每个区连续取10株，共40株。齐地面剪下取回，数出有效株数。并将穗取下脱粒与茎秆分别晾晒。

2. 分析步骤和方法

(1)穗粒重(g)：样本籽粒重除以有效株数。

(2)千粒重：方法同水稻。

(3)理论产量(g/m^2)：

$$理论产量=穗粒重\times 1\ m^2\ 有效株数$$

(4)茎秆重、籽粒与茎秆比：方法同水稻。

2.3.4.2　谷子产量结构分析

1. 取样

分蘖品种取样方法同小麦；不分蘖品种每个区连续取15株，共60株。齐地面剪下带回。穗和茎秆分别晾晒、脱粒。

2. 分析步骤和方法

(1)空秕率(%)：将样本籽粒充分混合，从中称取20 g，数出总粒数和其中空秕粒数，求出空秕率。

$$空秕率=\frac{空秕粒数}{总粒数}\times 100\%$$

(2)穗粒重(g)、千粒重(g)：样本籽粒除去空秕粒后称重，除以有效株(茎)数，计算穗粒重。千粒重计算方法同水稻。

(3)理论产量(g/m^2)：

$$理论产量=穗粒重\times 1\ m^2\ 有效茎数$$

(4)茎秆重、籽粒与茎秆比：方法同水稻。

2.3.4.3　甘薯、马铃薯产量结构分析

1. 取样

每个区各连续取10株，共40株。

2. 分析步骤和方法

(1)株薯块重(g)、屑薯率(%):称取样本薯块总重量和其中最大直径≤2 cm 的屑薯重。求出平均单株薯块重和屑薯率。

$$株薯块重=\frac{样本薯块总重量}{样本株数}$$

$$屑薯率=\frac{屑薯重}{薯块总重量}\times100\%$$

(2)出干率(%):甘薯进行此项测定,马铃薯不分析。

从正常的薯块中取 2000 g,切成薯片,晒干求算出干率。

$$出干率=\frac{晒干薯片重}{2000}\times100\%$$

如晒干困难,可采用烘干法计算薯片干重(g),并在备注栏注明。

$$薯片干重=\frac{2000\ g样本烘干薯片重}{1-13\%}$$

式中:13%为国家规定甘薯片标准含水量百分率。因薯片烘干后不含水分,所以要经此换算。

(3)理论产量(g/m^2):

$$理论产量=株薯块重\times1\ m^2株数$$

(4)鲜蔓(茎)重(g/m^2):将 40 株鲜蔓(茎)称重求其平均,乘以可收期测定 1 m^2 株数。

(5)薯与蔓(茎)比:

$$薯与蔓(茎)比=\frac{样本薯块总重}{样本鲜蔓(茎)总重}$$

2.3.4.4 花生产量结构分析

1. 取样

每个区连续取 10 穴,共 40 穴。

2. 分析步骤和方法

(1)株荚果数个、空秕荚率(%):数出 40 穴样本的总株数,并数出总荚果数和其中空荚果(荚果内无籽粒或籽粒不足正常籽粒的 1/10)数。计算株荚果数、空秕荚率方法同大豆。

(2)株荚果重(g):将样本植株的全部结实荚果(总荚果数—空秕荚果数),晾晒干后称重,求出平均。

(3)百粒重、出仁率(%):荚果脱粒,测定百粒重和出仁率。百粒重的计算方法同玉米。

$$出仁率=\frac{果仁重}{荚果重}\times100\%$$

(4)荚果理论产量(g/m^2):

$$荚果理论产量=株荚果重\times1\ m^2株数$$

(5)茎秆重、籽粒与茎秆比:方法同大豆。

任务 2.4 农业气象灾害与病虫害观测调查

2.4.1 任务概述

【任务描述】

农业气象灾害和病虫害是危害农业生产的重要自然灾害，往往使作物生长和发育受到抑制或损害，造成产量减少或品质下降，进行农业气象灾害、病虫害观测和调查是为了及时、准确地提供情报，为组织防灾、抗灾和指导农业生产服务。

【任务内容】

(1)主要农业气象灾害观测；

(2)主要病虫害观测；

(3)农业气象灾害和病虫害调查。

【知识目标】

(1)熟悉主要农业气象灾害观测内容和方法；

(2)掌握主要病虫害观测方法；

(3)掌握农业气象灾害和病虫害调查方法。

【能力目标】

会主要农业气象灾害观测、病虫害观测，能进行农业气象灾害和病虫害调查，会记录簿、表的填写。

【素质目标】

(1)熟悉观测规范；

(2)熟悉观测内容；

(3)培养学生团结协作的精神；

(4)提高学生自主学习的能力。

【建议课时】

6 课时，其中包括实训 4 课时。

2.4.2 知识准备

2.4.2.1 主要农业气象灾害观测

1. 观测的范围和重点

农业气象灾害是指在农业生产过程中所发生导致农业减产、耕地和农业设施损坏的不利天气或气候条件的总称。水分因子异常引起的农业气象灾害有：干旱、洪涝、渍害、雹灾、连阴雨；温度异常引起的灾害有：低温冷害、霜冻、冻害、雪灾、高温热害；风引起的有风灾；气象因子综合作用引起的有干热风等。本规范重点是对农业生产危害大、涉及范围广、发生频率高的主要农业气象灾害观测调查。

2. 观测的时间和地点

（1）观测时间：在灾害发生后及时进行观测。从作物受害开始至受害征状不再加重为止。

（2）观测地点：一般在作物生育状况观测地段上进行，重大的灾害，还要做好全县范围内的调查。

3. 观测和记载项目

（1）农业气象灾害名称、受害期。

（2）天气气候情况。

（3）受害征状、受害程度

（4）灾前灾后采取的主要措施，预计对产量的影响，地段代表灾情类型。

（5）地段所在区、乡受害面积和比例。

4. 受害期

（1）当农业气象灾害开始发生，作物出现受害征状时记为灾害开始期，灾害解除或受害部位征状不再发展时记为终止期，其中灾害如有加重应进行记载。霜冻、洪涝、风灾、雹灾等突发性灾害除记载作物受害的开始和终止日期外，还应记载天气过程开始和终止时间

（2）当有的农业气象灾害（哑巴灾）达到当地灾害指标时，则将达到灾害指标日期记为灾害发生开始期，并进行各项观测，如未发现作物有受害征状，并继续监测两旬，然后按实况作出判断，如判明作物未受害，则记载“未受害”并分析原因，记入备注栏。

5. 天气气候情况

灾害发生后，记载实际出现使作物受害的天气气候情况，在灾害开始、增强和灾害结束时记载。内容见表 2-4-1。

表 2-4-1 主要天气气候情况

名称	天气情况记载内容
干旱	最长连续无降水日、干旱期间的降水量和天数、受旱作物地段干土层厚度(cm)、土壤相对湿度(%)
洪涝	连续降水日数、过程降水量、土壤相对湿度(%)
渍害	过程降水量、连续降水日数、土壤相对湿度(%)
连阴雨	连续阴雨日数、过程降水量
风灾	过程平均风速、最大平均风速及日期
冰雹	最大冰雹直径(mm)、冰雹密度(个数/m^2)或冰雹厚度(cm)
低温冷害	不利温度持续日数、过程日平均气温、极端气温及日数
霜冻	过程温度≤0℃持续时间，极端最低气温及日数
雪灾	过程降雪日数、降雪量、平均最低气温
高温热害	持续日数、过程平均最高气温、极端最高气温及日数
干热风	持续日数、过程平均气温、过程平均最高气温、平均风速、14 时平均相对湿度

6. 受灾征状

记载作物受灾后的特征状况，主要描述作物受灾的器官（根、茎、叶、花、穗、果实），受灾部位（植株上、中、下），并指出其外部形态、颜色的变化。根据以下特征，按实际出现情况记载。

（1）干旱

①对播种（或移栽）不利、出苗缓慢不齐；缺苗、断垄；不能播种、出苗。

②叶子上部卷起；叶子颜色变黄或变褐；叶子变软、白天萎蔫下垂，夜间可以恢复或夜间不能恢复；上部叶子（禾本科作物）蜷缩成管状；叶子干缩、脱落。

③胚芽或已经发育好的穗、花朵、玉米刚出现的丝状花柱变干；花蕾、花房、子房、未成熟果实脱落。

④带芒谷类作物的芒变白。

⑤稻田缺水：稻田断水、不能插秧；田间池塘干涸；河流、灌渠断水。

（2）涝灾、渍害

洪水冲刷农田，田间积水（日数和深度）；植株被淹没状况（深度）；土壤湿度情况；叶、茎、穗、谷粒变色、枯萎霉烂；出现畸形穗，谷粒在穗上发芽。

（3）连阴雨

连阴雨灾害受灾征状与发生的时段、危害的作物有关。

①春季连阴雨常伴随着低温，主要危害春季作物的播种、出苗（一般作为低温灾害）；影响小麦抽穗、扬花、灌浆，使授粉受阻，籽粒不实；影响油菜开花，使荚果发育不正常；诱发小麦赤霉病，油菜霜霉病，白粉病、菌核病的发生、发展。

②夏季连阴雨，影响收割、脱粒、晾晒，造成籽粒发芽霉变。棉花落铃落蕾。

③秋季连阴雨，作物籽粒发芽、霉烂；棉花烂铃、落铃；花生、甘薯等霉烂，影响小麦、油菜正常播种和播种后烂种、烂根、死苗。

（4）风灾

叶子撕破，茎秆（主茎、分枝）折断，植株倒伏（以 15°，45°，60°，90°记载），籽粒脱落，植株被吹走；表土被风吹走，露出植株根部；植株被风沙掩盖；农业保护地设施等被风吹毁。

（5）雹灾

①叶子被击破、打落；

②茎秆被折断、植株倒伏、死亡；

③穗子折断、籽粒打落；

④冰雹堆积植株遭受冻害；保护地设施被毁。

（6）低温冷害

①春季低温冷害常导致水稻烂秧，影响大田作物如玉米、高粱、棉花等作物播种、出苗。

水稻烂秧死苗的征状：烂种：稻种只长芽不长根，种芽倒卧，胚乳变质、腐烂；烂根：根部呈透明状，根芽呈现黄褐色，芽腐烂变软；死苗：秧苗心叶先呈棕色，后逐渐卷曲枯萎，根部腐烂变为黑褐色，不久则整株青枯；春播大田作物出苗前后受害征状：种子颜色出现不正常变化，烂种或粉种。幼苗叶子变红，有水渍状，幼苗萎蔫。

②夏秋季低温冷害（包括寒露风），主要危害水稻、玉米、高粱、棉花等作物抽穗、开花。此时如发生不适合于作物生理要求的相对低温，就会造成冷害。

作物遭受低温冷害后，如有比较明显的外部形态变化（如水稻受寒露风危害，往往抽穗困难，穗子上出现麻壳等征状），可按观测实况进行记载。如作物受害征状短期内难以辨认，可在低温出现达到当地冷害气象指标后，注意监测其变化趋势，同时从多方面综合分析，尽快判断出作物遭受低温冷害的时段和对生育抑制、延迟的程度，并进行记录。

（7）霜冻

作物受霜冻危害征状的显现，往往滞后到温度开始回升以后，因此，应在出现0℃左右温度时，就应密切注意观察作物受害征状，直到变化稳定后为止。

①叶片呈水浸状，叶子凋萎、变褐、变黑，边缘、上部、中部叶子受害，受害部分呈黄白色。

②茎秆呈水浸状、软化，茎和侧枝变黑，上部、一半、基部干枯；

③穗、花凋萎、变褐、脱落（凋萎后）；

④未成熟果实、棉铃变褐、变黑、成水泡状；玉米苞叶颜色失去绿色并变干，籽粒丧失弹性；小麦籽粒不变黄、干秕、有皱纹，已形成的棉铃局部或全部受害；整株作物冻死。

（8）冻害

越冬作物遭冻害的主要是冬小麦，其冻害天气类型有：初冬骤冻型、冬季长寒型、融冻型、冰壳和冻涝型。

当出现上述天气类型时，应及时进行田间取样调查，每个观测区域挖出带土的植株10株左右，共40株左右，于室内解冻后，小心洗去根部泥土，根据外部形态、心叶和分蘖节剖面颜色、生长锥状况进行判断。株茎死亡征状为分蘖节和心叶基部呈水浸软熟状或暗褐色，生长锥透明差、变软，死亡较早的植株分蘖节明显干缩呈灰褐色，生长锥皱缩且与心叶粘连不易剥离。判断死株以分蘖节剖面颜色为主，判断死茎以心叶状况为主。

（9）雪灾

由于降雪过大，造成作物机械损伤、冻害。观测记载作物最大积雪厚度、积雪时间、机械损伤及受冻征状（参照霜冻受害征状）。

（10）高温热害

水稻上部功能叶变黄早衰，灌浆期缩短，灌浆速度减慢。尽量以量值表示，例如，从上部起第几个功能叶变黄，有灌浆速度观测的站记载灌浆期缩短天数和日增长量减少量等，其他作物如棉花、马铃薯等按高温后表现的征状记载。

（11）干热风

叶片由黄绿色变为黄白色或黄褐色；叶片凋萎、发脆；叶片卷曲呈绳状；茎秆呈灰白色；穗部由黄绿色变为黄白色或黄褐色；颖壳变白、张开；“炸芒”、芒尖干枯；顶端小穗枯死；籽粒皮厚，腹沟深而秕瘦；植株黄枯或青枯死亡。

7. 受害程度

（1）植株受害程度：反映作物受害的数量。统计其受害百分率。其方法是在受害程度有代表性的4个地方，分别数出一定数量（每区不少于25）的株（茎）数，统计其中受害（不论受害轻重）、死亡株（茎）数，分别求出百分率。大范围旱、涝等灾害，植株受害程度一致，则不需统计植株受害百分率，记载“全田受害”。

（2）器官受害程度：反映植株受害的严重性。目测估计器官受害百分率。

8. 灾前、后采取的主要措施

记载措施名称，效果。如施药填写药品名称。

9. 预计对产量的影响

按无影响、轻微、轻、中、重分类。中等以上应估计减产成数。

10. 记载地段代表灾害类型

全县范围内灾情分轻、中、重三类，记载地段所代表的灾情类型。

11. 地段所在区、乡和全县受灾面积和比例

通过调查记载观测作物和其他作物的受灾面积(hm^2)和比例，并注明资料来源，如灾后进行调查，全县情况这里可不记载。

2.4.2.2 主要病虫害观测

1. 观测范围和重点

病虫害观测主要以作物是否受害为依据。病害观测发病情况，虫害则主要观测害虫的危害情况，一般不作病虫繁殖过程的追踪观测。对发生范围广，危害严重的主要病虫害应作为观测重点。如水稻的稻瘟病、稻飞虱、螟虫、纵卷叶螟；小麦的条锈病、白粉病、赤霉病、吸浆虫、麦蜘蛛；棉花的黄萎病、枯萎病、棉铃虫、红蜘蛛、红铃虫；玉米的黑粉病、螟虫以及各种蚜虫和黏虫、蝗虫、杂食性害虫等；油菜的菌核病、白锈病、大猿叶虫；大豆的紫斑病、花叶病、食心虫等。重点病虫害观测可与当地植保部门商定。

2. 观测时间

结合作物生育状况观测同时进行。如有病虫害发生应当立即进行观测记载，直至该病虫害不再蔓延或加重为止。

3. 观测地点

在作物观测地段上进行，同时记载地段周围情况，遇有病虫害大发生时，应在全县范围内进行调查。

4. 观测项目和记载方法

①病虫害名称

记载中名，不得记各地的俗名。

②受害期

当发现作物受病虫危害时，记为发生期；病虫发生率高，记为猖獗期；病虫害不再发展时记为停止期。

③受害征状

记载受害部位和受害器官的受害特征。部位分上、中、下各部位，器官分根、茎、叶、花、穗、果实等。各种病虫害的危害特点和作物受害特征以文字简单描述。

④植株受害程度

受害比较均匀的情况，方法同农业气象灾害。

$$\text{植株受害、死亡百分率}=\frac{\text{受害、死亡株(茎)数}}{\text{总株(茎)数}}\times 100\%$$

受害不均匀的情况，分别估计受害、死亡面积占整个地段面积的百分率。

⑤器官受害程度

采用目测估计器官受害的严重程度。

叶、茎、分枝、花、果实、小穗受害，估测受害植株中某受害器官占该器官总数的百分率。

⑥灾前、后采取的主要措施，预计对产量的影响，地段代表灾情类型，地段所在区受灾面积和比例，各项方法同2.4.2.1主要农业气象灾害观测。

2.4.2.3 农业气象灾害和病虫害调查

农业气象灾害和病虫害调查是指对当地(县境)农业生产影响大、范围广的气象灾害及与气象条件关系密切的主要病虫害进行调查，以便及时、准确地提供情报服务；同时系统、准确地累积灾害资料，对研究本地区的灾害发生规律、灾害指标都具有重要意义。

1. 调查项目

(1)调查点受灾情况：灾害名称、受害期、代表灾情类型，受害征状、受害程度、成灾面积和比例、灾前灾后采取的主要措施、预计对产量的影响、成灾的其他原因、减产趋势估计、调查地块实产等。

(2)县内受灾情况：县内不同类型灾情，受灾主要区乡、成灾面积和比例以及并发的主要灾害、造成的其他损失、县内资料来源。

(3)调查点及调查作物的基本情况：调查日期、地点、位于气象站的方向和距离、地形、地势、前茬作物、作物名称、品种类型、栽培方式、播栽期、所处发育期、生产水平等。

2. 调查方法

采用实际调查与访问调查相结合的方法。在灾害发生后选择能反映本次灾害的不同灾情类型(轻、中、重)的自然村进行实地调查(如观测地段代表某一种灾情等级，则只需另选两种调查点)。调查在灾情有代表性的田块上进行。受害征状、植株器官受害程度等参照2.4.2.1节中有关方法进行。调查时间以不漏测所应调查的内容，并能满足情报服务需要为原则。根据不同季节、不同灾害由台站自行掌握。一般在灾害发生的当天(或第二天)及受害征状不再变化时各进行一次。如情报服务特殊需要应增加调查次数。

2.4.3 任务实施

任务实施的场地：多媒体教室、应用气象实训室、农田。

设备：投影仪、白板或黑板、米尺。

实施步骤：

(1)教师讲授主要内容；

(2)农田实际观测，教师演示操作过程；

(3)抽查学生操作,其他学生指出问题,教师予以评价;

(4)将学生分成若干小组;

(5)分小组完成观测工作,教师给予评价;

(6)完成任务工单中的任务。

2.4.4 拓展提高

我国农业气象灾害的特点

我国是农业大国,历史上农业气象灾害就是农业生产的重大威胁,每年都有几亿亩农田受灾。我国农业气象灾害具有种类多、频率高、强度大、灾情重等特点,主要灾种有台风、洪涝、干旱、低温冻害、寒潮大雪以及冰雹大风等。

一是季节性,如台风一般发生在夏、秋季,而冬季则不会发生;二是区域性,如台风主要集中在沿海地区,内陆地区则较少发生;三是局部性,有些灾害虽然跨区域,但仍有局部性,如洪涝、冰雹,一般就几个地区,不可能所有地区都发生;四是多灾并发性,往往灾害发生形成连锁反应,如台风—暴雨—洪涝—农作物病虫害等。

农业气象灾害是客观存在的,又是不断变化的,近年来,灾害发生呈现出新态势和新问题。随着经济的快速发展,工业和其他人类活动所形成的污染,破坏了自然气候的分布和平衡,加之人为破坏,造成环境质量恶化;水土流失,河流、湖泊缩小,土地污染,导致农业生态日益失衡;地球变暖,雨、雪、雹的不正常降落,致使天气气候极端事件的发生频率趋多、趋强,自然灾害的频率和烈度也越来越大。主要呈现以下特征:一是大灾次数增加,小灾次数减少,灾害发生的间隔期越来越短。二是农业成灾面积不仅没有减少,反而有所扩大,成灾率上升。三是大灾之后的经济损失越来越大。随着农业资本和技术集约度的提高,灾害损失更为显性、更为集中,经济越发达的地区灾害损失越大。

此外,由于实行家庭联产承包责任制后,土地分割过于零散,限制了农田水利设施建设。加之城市迅速扩张,道路等基础设施大量上马,人为地破坏了自然排泄系统。导致一些地方农田水利设施老化,损毁严重,排灌不畅,失去了抵御自然灾害的功能,抗灾能力下降,成灾率上升。还有,部分地区农作物种植布局不尽合理,不能达到趋利避害的目的。农作物布局没有充分考虑灾害因素,受利益驱使,盲目发展不适合本地种植的农作物,一旦发生灾害,即造成严重损失。

学习情境3

自然物候观测

任务3.1　自然物候观测及物候分析

3.1.1　任务概述

【任务描述】

自然物候存在着非常明显的时空分布规律，物候期的变化真实地反映气候的变化趋势，是气候变化对自然界产生影响的直观记录。自然物候的变化是指示农时的客观标准，通过对物候观测资料的全面分析，提出初步结论，为农业部门安排生产提供科学依据。

【任务内容】

(1)木本、草本植物物候观测；

(2)动物物候观测；

(3)气象、水文现象观测。

【知识目标】

(1)熟悉物候观测内容和方法；

(2)掌握物候分析方法。

【能力目标】

会辨认主要观测植物，熟悉物候特征；能辨别主要观测动物种类及鸣声，能进行物候分析，会记录簿、表的填写。

【素质目标】

(1)熟悉观测规范；

(2)熟悉观测内容；

(3)培养学生团结协作的精神；

(4)提高学生自主学习的能力。

【建议课时】

4课时，其中包括实训2课时。

3.1.2　知识准备

3.1.2.1　自然物候观测的一般规定

1. 自然物候观测的概念及其意义

自然物候是指在自然环境中植物、动物生命活动随季节变化而呈周期性发生的自然现象和在一年中特定时间出现的某些气象、水文现象。如草木的开花，候鸟的往返，昆虫、兽类的休眠和苏醒，以及河湖的封冻，土壤的消融，下雪、打雷等等都属于自然物候现象。对物候现象按统一的规则进行观察和记载，就是物候观测。

物候现象是生物节律与环境条件的综合反映。从气象条件来说它不仅反映了当时的天气条件，而且反映了过去一段时间气象条件影响的积累情况。物候观测资料可以预告农事活动，对作物引种、布局，园林建设，农业气象预报、情报，农业气候专题分析以及区域气候和古气候的研究，编制自然历等方面有广泛的应用价值。

人类对物候现象的认识有着悠久的历史，在我国古代，物候观测成了一种传统。经验表明，物候观测只有遵循一定的规范，才能获得具有代表性的、准确的资料，提供科学研究、农业生产、环境绿化及旅游业等各方面的应用。

2. 植物物候观测点的选择

观测点的选择必须符合下列两项原则：

(1)观测点要考虑地形、土壤、植被的代表性，不宜选在房前屋后，避免小气候的影响。

(2)观测点要稳定，可以进行多年连续观测，不轻易改动。

为了便于观测和维护，有条件的台站可在距离较近的地方建立物候观测场。物种自北到南由高到低排列，四周加以维护，避免人畜破坏。

观测点选定之后，需将地点、位置(距观测场位置、方向、周围主要建筑物、林带、公路的方位和距离)、海拔高度、地形(平、山、洼、坡地、坡向等)、土壤质地、观测植物栽植年代等做详细记载，作为档案保存并填报。

3. 物候观测对象的选定

(1)物候观测对象应以当地常见，分布较广，指示性强，对季节变化反应明显，与农业生产关系密切，群众常用的为主，且是露地栽植或野生者，盆栽或温室栽培者均不选。植物选定后做好标志(挂牌或点漆)。

(2)物候观测对象分共同观测植物和地方观测植物(共同观测植物作为观测对象，如当地共同观测植物较多，要通盘考虑，最好各个季节都能有开花的植物，也可在同科属中选定一种物候期明显或物候期最早的作为观测对象)。动物和气象、水文现象等如人力不足也可以不观测。共同观测植物种类由省级气象局业务部门调查确定。为当地服务需要，如编制自然历和农业气象预报而确定的观测对象和观测项目，可不受本规定的限制。

(3)选作观测对象的木本植物应是发育正常，达到开花结实三年以上的中龄树。在同一观测点上每种宜选3～5株，如因条件所限也可选择1株。草本植物应在多数植株中选定若干株作为观测对象，并做出标记。鸟类和昆虫活动范围较大，不便于固定地点观测，凡在台站附近看见观测动物或听到其叫声，均应按规定记载。

(4)观测对象要经过物种鉴定。植物要采集带有叶、花、果实的标本，请有关科研、院校专家对物种名称进行严格鉴定，根据鉴定结果，归档保存。未经物种鉴定的不能作为共同观测对象。动、植物名称以中名、学名记载，不可以别名或其他俗名记载。

4. 观测的物候期

观测的物候期分详细观测和重点观测两类，重点观测的物候期必须观测，有条件的台站可进行详细的观测。有的草本植物一年有几个荣枯期，则观测第一批从萌动到果实脱落或种子散布期,黄枯期则记载最后秋季枯黄期。

5. 物候观测时间

物候观测常年进行,以不漏测物候期为原则,观测时间根据季节和观测对象灵活掌握。春季和秋季物候现象变化较快时,应隔日进行,动物的物候现象则要随时注意观测。

植物物候观测时间,最好在下午。因为上午未出现的现象,当条件具备后往往在下午出现。但有些植物的开花在早晨和上午,下午就隐而不见,因此,须在上午观测。

鸟与昆虫惯于早晨或晚间啼叫,宜在早晨或晚间注意听其鸣声。

气象、水文现象应随时注意观察记载。冻结观测宜于早晨或上午进行,解冻观测宜于中午进行。

6. 物候观测一般规定

(1)观测植株部位的确定

物候观测是以某物候现象开始出现的日期进行估算的,因此,要十分重视开始期的观测。树木顶端和向南的枝条萌动发育较早,下部和向北的枝条萌动发育较迟,应观测发育较早的部位。观测时应靠近植株,如树木太高可用望远镜或高枝剪剪下小枝观察。

(2)观测树种雌雄株选定

雌雄异株的树木,观测开花期以记录雄株为宜,果实或种子应当观测雌株,所以在可能情况下选择树种宜包括雄株和雌株。如果只有雄株或雌株,则只观测其中的一种。记录时应注明雄株(♂)或雌株(♀)。

(3)植物物候期观测

木本植物观测对象为1株时,只要有1个枝条出现某物候现象,即作为进入某一物候期;在同一观测点选择同一植物若干株时,则记载目测超过一半以上的植株出现某一物候现象的日期。如为特定目的在不同地形上选定观测植株,则必须分地形目测记载,不能加在一起计算平均日期。

(4)动物物候期的观测

观测记录其始见、始鸣,绝见、终鸣的日期。始见、始鸣为在一年中第一次见到某种鸟、昆虫、两栖动物或第一次听到其叫声。绝见、终鸣为在一年中最后一次见到某种鸟、昆虫、两栖动物或最后一次听到其叫声。临近绝见、终鸣日期每看到一次或听到一次鸣声都应记录,以免漏记。

(5)气象、水文现象的观测

规定观测记录某种现象的初日(初次)、终日(末次)的项目,除地面气象观测有记载的项目外,临近终日每次出现这种现象都应记录,以免漏记。台站历年均不出现的项目,如积雪、结冰等,有关栏空白不记。

(6)观测记录

自然物候观测要确定专人负责,不宜轮流值班,观测员因故不能观测时,应有人接替观测,切不可中断记录。

物候观测既要认真仔细,又要记录完整,观测时应随看随记,不要凭记忆事后补记,观测结果按种类和物候期分别记入农气簿-3,一年结束后整理抄入农气表-3中。

3.1.2.2 观测的物候期及标准

1. 木本植物(乔木、灌木)物候期及标准

(1)芽膨大期

乔木和灌木的芽具有鳞片,芽的鳞片开始分离,侧面显露淡色的线形和角形,果树和浆果树从鳞片之间的空隙可以看出芽的浅色部分时为芽膨大期。裸芽不记芽膨大期。

针叶类如松属顶芽鳞片开裂反卷,出现淡黄褐色的线缝;侧柏鳞片张开,中间露出紫褐色;榆树在鳞片边缘有绒毛出现;刺槐在旧叶痕上突起出现,像人字形裂口;槐树褐色带绒毛的隐闭芽露出绿色;栾树芽中出现黄色的毛;枣树冬芽出现新鲜的棕黄色绒毛。这都是芽开始膨大的特征。

花芽和叶芽分别记其膨大日期。如花芽先膨大即先记花芽膨大日期,后记叶芽膨大日期,如叶芽先膨大,也应先记录。如人力不足可不分别观测,只记芽最先开始膨大日期,但要在日期前注明"花"或"叶"。花芽、叶芽分别观测的记录可记在同一栏内,加以注明。

为了不错过记录这个时期,可以在观察的树芽上涂上小墨点,当出现分离,露出其他颜色即为芽膨大开始。

但是这种方法仅对有较大芽的树木类才可以应用。芽很小或绒毛状鳞片的树木,要观察其芽的膨大开始是比较困难的,宜用放大镜或望远镜观察。绒毛状芽膨大时顶端出现比较透明的银色毛茸。

(2)芽开放期

有鳞片的芽当鳞片裂开,芽的上部出现新鲜颜色的尖端或形成新的苞片而伸长。槐树隐蔽芽,当明显看见长出绿色叶芽;榆树形成新的苞片而伸长;裸芽类带有锈毛(芽鳞片表面的绒毛)的冬芽出现裂缝;刺槐芽裂开后长出绒毛,显出绿色;桃、杏的鳞片裂开,玉兰绒毛状的鳞片裂开见到花蕾顶端,既是花芽开放期,也是花蕾出现期。

如芽膨大期分别记载花芽和叶芽,芽开放期也应分别记载。

(3)展叶期

始期:观测树上有个别枝条上的芽出现第一批平展的叶片为展叶始期。

针叶树当幼针叶从叶鞘中出现时;复叶类只要复叶中有一两个小叶平展,即为展叶始期。

盛期:在观测的树上有半数枝条上的小叶完全平展。针叶类是当新叶长出的长度达到老针叶一半的时候为展叶盛期。有些树种开始展叶后很快就完全展叶则可以不记展叶盛期。

(4)花蕾或花序出现期

芽开放露出花蕾、花序顶端。

(5)开花期

始期:观测树上有一朵或同时几朵花的花瓣开始完全开放,即为开花始期。

风媒传粉的树木(松属、柏属、落叶松属、杨属、柳属、胡桃属、桦木属、千金榆属、榛属、麻栎属、榆属、桑属等),开花始期按照下述特征记载:

柳属:雄株的柔荑花序长出雄蕊,出现黄花;柳属雌株柔荑花序的柱头出现黄绿色。

杨属:始花时,不易看见散出的花粉,当花序松散下垂时,即视为开花始期。

其他属:当摇动树枝时,雄花序可以散发出花粉。

盛期：观测树上，有一半以上的花蕾都展开花瓣或一半以上的柔荑花序散发出花粉，为开花盛期(针叶树不记开花盛期)。

末期：观测树上的花瓣(柔荑花序)凋谢脱落留有极少数的花。针叶类终止散出花粉时；柔荑花序停止散出花粉，或花序大部分脱落即为开花末期。

(6)第二次开花期

有时树木在夏季或秋季有第二次开花现象，除记载二次开花期外，还应在备注栏记明是个别树开花还是多数树，树龄、树势，分析二次开花树在生态环境上和气候条件的原因；树木有无损害，开花后有无结果，结果多少和成熟度等。如两次开花树木不属选定的观测树种，也应在备注栏注明树种名称，二次开花期及上述开花期各项内容。

(7)果实或种子成熟期

当观测的树木上有一半的果实或种子变为成熟的颜色，即为果实或种子成熟期。

球果类：如松属和落叶松属种子成熟时球果变黄褐色；侧柏果实变黄绿色；桧柏果实变紫褐色，表面出现白粉；水杉果实出现黄褐色。

蒴果类：如杨属、柳属果实成熟时，外皮出现黄绿色、尖端开裂，露出白絮。

坚果类：如麻栎属种子的成熟是果实的外壳变硬，并出现褐色。

核果、浆果、仁果类：果实出现该品种的特有颜色和口味。核果、浆果果实变软。

翅果类：种子成熟时翅果绿色消失，变为黄色或黄褐色，如榆属、白蜡属等。

荚果类：种子成熟时荚果变褐色，如刺槐、紫藤等。

柑果类：常绿果树果实成熟时，呈现可采摘的颜色。如甜橙、红橘。有些树木的果实或种子不是当年成熟，物候期要注明年份。

(8)果实或种子脱落期

始期：松属种子散布；柏属果实脱落；杨属飞絮；榆属和麻栎属果实或种子脱落，有些荚果成熟后果实裂开。这些现象开始出现时，记为果实或种子脱落开始期。

末期：观测树上果实或种子多已脱落，仅留极少数果实或种子。很多树木的果实或种子有的当年不脱落留在树上，应在“果实脱落末期”栏记上“宿存”。

(9)叶变色期

始期：观测的树木叶子在秋天有第一批叶子开始变色。

完全变色期：所有的叶子完全变色。

叶变色，是指正常季节性变化，叶子开始变色，并且有新变色的叶子增多。但不能同夏天因干旱、炎热、病虫害或其他原因引起的叶变色相混淆。

常绿树无叶变色期，不记录叶变色期。针叶树秋季叶变黄色，是渐变黄的，将看出明显变色的一天作为变色开始。

(10)落叶期

始期：观测的树上秋季开始有脱落变色的叶片。

末期：树上的叶子几乎全部脱落。

落叶，指秋冬季的自然脱落，而不是因干旱或病虫害的危害落叶。

如最低温度降至0℃或0℃以下时叶子还未脱落，应在记录中注明“0℃未落”；如树叶干枯到年终时还未脱落仍留在树上，在记录中注明“干枯未落”；当年叶子未脱落，在第二年脱落时当年记“未脱落”，与第二年落叶期记入同一栏内，注明年份。例如1990年冬季叶子未脱落，

1991年1月20日脱落，1991年记录应记1.20(1990)。如树叶在夏季因干旱变黄脱落，应在备注栏记录日期并注明“黄落”。

针叶树不易分辨落叶期，可不记落叶期；常绿树无落叶期，故不记。

2. 草本植物物候期及标准

(1)萌芽期(返青期)：草本植物越冬分地面芽和地下芽两种，当地面芽变绿色或地下芽出土时，即为萌芽期。

(2)展叶期：植株上开始展开小叶，为展叶始期；有一半的植株叶子展开，为展叶盛期。

(3)开花期：当植株上初次有个别花的花瓣完全展开，为开花始期；有一半的花瓣完全展开，为开花盛期；花瓣快要完全凋谢，植株上只留有极少数的花，为开花末期。

(4)果实或种子成熟：当植物上的果实或种子开始呈现成熟初期的颜色，为成熟始期；有一半以上成熟为完全成熟期。

(5)果实脱落或种子散落期：当种子开始脱落或种子开始散布，即为脱落期或散落期。

(6)黄枯期：当观测植物下部叶子开始黄枯，为黄枯开始期；一半以上叶子达到黄枯，为黄枯普遍期；全部黄枯时为黄枯末期。

3. 候鸟、昆虫、两栖动物物候期标准

(1)豆雁

观测记录春季始见或始鸣日期，秋季绝见或终鸣日期。

(2)家燕

观测记录春季始见及秋季绝见日期。

(3)楼燕

观测记录春季始见及各季绝见日期。

(4)金腰楼、大杜鹃(布谷鸟)、四声杜鹃、黄鹂、蜜蜂

记录始见，即春季开始群飞的日期。观测的蜜蜂即为养蜂者养的家蜂。

(5)蚱蝉、蟋蟀、蛙

记录始鸣及终鸣日期。

4. 气象、水文现象

(1)霜

终霜：春季最后一次晚霜出现的日期；初霜：秋末初冬第一次霜出现的日期。

(2)雪

终雪：春季终雪的日期；初雪：冬季初雪的日期。

积雪融化：在平坦的地面上，积雪开始融化显露地面的日期及完全融化(低凹处)全部露出地面的日期。

初次积雪：在地面上初次见到积雪(物候观测点附近地面一半为雪掩盖)的日期。

(3)雷声

春季初次闻雷声日期；秋季或冬季最后闻雷声的日期(每次闻雷声均应记录)。

(4)闪电

春季初次见闪电的日期；秋季或冬季最后见闪电的日期(每次见闪电均应记录)。

(5)虹

一年中初次见虹的日期;最后见虹的日期;另外,每次见虹均应记录。

(6)严寒开始

阴暗处水面开始结冰日期(干燥地区阴暗处难以见到结冰现象时,以观测场蒸发皿开始结冰日期代替)。

(7)土壤表面解冻和冻结

春季农田土壤表面开始解冻的日期;冬季农田土壤表面开始冻结的日期。

(8)池塘、湖泊水面解冻和结冰

春季开始解冻和完全解冻日期,冬季开始冻结(岸边水面有薄冰)和水面完全冻结日期。

(9)河流解冻和结冰

春季河流开始解冻日期、开始流冰日期、完全解冻日期、流冰终止日期;冬季河流开始结冰(岸边第一次结薄冰)和完全封冻日期。

(10)其他物候观测的植株遭受霜冻、干旱、大风等的严重损失,要记录灾害名称、发生日期,受害的植物名称和受害程度百分率(%)。记入备注栏。

气象、水文现象,凡地面观测有记录的项目,抄自地面观测记录簿、表。霜、雪的初、终日期的抄录,终日为当年春季最终日期,初日为当年秋季最初日期。如有的年份春季未出现终日,将出现在上一年的终日记入当年终日栏;注明出现年份,例如1991年应记录12.20(1990);如秋季未出现初日而出现在第二年春季,当年初日栏记“未出现”,第二年终日栏记初日和终日两个日期,初日加以注明。例如1.25(初日)。如初次积雪未出现在冬季,而出现在第二年春季,当年初次积雪栏记“未出现”,第二年开始融化栏记初次积雪和开始融化两个日期,初次积雪加以注明,例如1.15(初次积雪)。以上情况均应在备注栏(或重要事项记载栏)注明。

5. 物候分析

自然物候存在着非常明显的时空分布规律,物候期的变化真实地反映气候的变化趋势,是气候变化对自然界产生影响的直观记录。自然物候的变化是指示农时的客观标准。物候分析就是分析本年物候的变化特点,并与历年情况比较,找出物候期出现早晚与气候的关系,为农业部门安排生产提供科学依据。

3.1.3 任务实施

任务实施的场地:多媒体教室、应用气象实训室、农田、校园周围。

设备用具:投影仪、白板或黑板、米尺;望远镜或高枝剪;物候观测记录簿。

实施步骤:

(1)教师讲授主要内容;

(2)农田、野外实际观测,教师演示操作过程;

(3)抽查学生操作,其他学生指出问题,教师予以评价;

(4)将学生分成若干小组;

(5)分小组完成观测工作,教师给予评价;

(6)完成任务工单中的任务。

3.1.4 拓展提高

农谚和农事活动

农谚是农业生产活动与天气气候条件关系的经验概括，常以通俗谚语或歌谣等形式广泛流传。农谚是劳动人民长期生产实践中积累起来的经验结晶，它对于农业生产起着一定的指导作用。农谚有很强的地域性。农谚的地域性，实际上反映了农业生产的地域性。例如不同地区作物种类不同，播种、收获季节不同等等。华北种麦的适期是："白露早，寒露迟，秋分种麦正当时。"浙江则是："寒露早，立冬迟，霜降前后正当时。"其他一些关于农时的农谚：

清明早，小满迟，谷雨种棉正适时。

立夏到小满，种啥也不晚。

芒种不种，过后落空。

清明前后，种瓜种豆。

小满暖洋洋，锄麦种杂粮。

过了小满十日种，十日不种一场空。

小暑不种薯，立伏不种豆。

不懂二十四节气，不会管园种田地。

学习情境 4

土壤水分测定

任务 4.1 土壤水分状况测定

4.1.1 任务概述

【任务描述】

土壤水分是指保持在土壤孔隙中的水分,又称土壤湿度。通常可以通过把土样放在电烘箱内烘干(温度控制在 100~105℃),然后测得土样中释放的水量作为土壤水分含量。

【任务内容】

(1)烘干称重法测定土壤湿度;

(2)其他土壤水分状况项目的测定;

(3)有关土壤水分的计算。

【知识目标】

(1)熟悉测定土壤水分的方法;

(2)熟悉烘干称重法测定土壤湿度的程序;

(3)有关土壤水分的计算;

(4)熟悉其他土壤水分状况项目的测定。

【能力目标】

会烘干称重法测定土壤湿度,熟悉有关土壤水分的计算,会其他土壤水分状况项目的测定,能进行土壤水分的计算和土壤墒情服务,会记录簿、表的填写。

【素质目标】

(1)熟悉观测规范;

(2)熟悉观测内容;

(3)培养学生团结协作的精神;

(4)提高学生自主学习的能力。

【建议课时】

6 课时,其中包括实训 4 课时。

4.1.2 知识准备

4.1.2.1 测定土壤水分的意义

土壤水分状况是指水分在土壤中的移动、各层中数量的变化以及土壤和其他自然体(大气、生物、岩石等)间的水分交换现象的总称。土壤水分是土壤成分之一,对土壤中气体的含量及运动、固体结构和物理性质有一定的影响;制约着土壤中养分的溶解、转移和吸收及土壤微生物的活动，对土壤生产力有着多方面的重大影响。土壤水分又是水分平衡组成项目，是植物耗水的主要直接来源，对植物的生物活动有重大影响。经常进行土壤水分状况的测定，掌握土壤水分变化规律，对农业生产实时服务和理论研究都具有重要意义。

4.1.2.2 测定土壤水分的方法

由于土壤湿度是一个比较重要的观测项目，所以对土壤湿度的测定方法和仪器进行了大量的试验工作，研制了多种测定方法和仪器，有的已在业务和科研工作中应用。这些方法可大体归纳为三类。

第一类，是从土壤垂直剖面中取出土壤样本，精确地测定其中含水量。属于此类的有：

①烘干称重法，也称土钻法；②比重计法，或称灌水排气法；③补差法，使一定容量的土壤样本补充湿润到接近最大饱和度的方法；④压缩法，是以土壤样本在压力下收缩的数值为基础的方法；⑤气体定量（碳化物）法；⑥以不同湿度的土壤所吸收和散射的光谱不同为估算基础的光学方法，如比色法；⑦蒸馏和溶提方法；⑧容量法，以测量土壤气相体积（水没有填充的部分）为基础的估算方法；⑨微波法；⑩酒精烧土法。

第二类，不采集土样，而将仪器感应元件埋入被测土壤中，直接测出土壤湿度值，属于此类的有：

①电测法，包括电阻法和利用热电原理测定土壤湿度的热扩散法；②负压计法或称张力计法，是与土壤毛管弯月面吸力（或张力）相适应的土壤湿度测定方法；③放射性元素的测定方法，较广泛地研究和使用了中子仪法和 γ 射线法。

第三类，遥感探测土壤湿度法，根据土壤含水量与光谱反射的关系，设计各种波段的辐射表，安装在飞机或卫星上进行遥感测量，可以用来估计大面积的土壤湿度状况。

上述三类方法的优缺点：

第一类方法需用土钻取样，费力费时，且不能获得土壤湿度的连续变化值。就测定精度而言，除烘干称重法外，其他方法都不甚理想，因此，未能得到广泛的使用。而烘干称重法是目前使用最普遍的方法，尽管存在许多缺点，但其测定值比较准确，所以至今仍作为标准对照方法被保留下来。

第二类方法中的电测法、负压计法，固然省时省力，但由于土壤固相成分复杂，其物理化学性质差异较大，给标定工作带来困难，使测定结果不甚可靠。这些缺点限制了它们被广泛使用。γ 射线法、中子仪法虽然测值精度较高，但需要严格的防护设施，且价格昂贵，给广泛使用带来困难。

第三类遥感法可快速获得大面积的土壤湿度状况资料，但目前的卫星、航空遥感图像的分辨率低，穿透深度有限，只能测出一定范围的结果，尚不能满足应用的需要，仅适用于各气候带大范围土壤水分的连续观测。

4.1.2.3 土壤湿度测定一般规定

1. 观测地段种类

土壤湿度测定设有三种观测地段，各有其不同的目的。

(1)固定观测地段：为研究土壤水分及其时空变化规律，所设置的长期固定的周年土壤湿度测定地段。地段对所在地区的土壤水分状况应具有代表性。地段设置在大气候观测场内，如果观测场内土质不均匀或代表性差，应设置在台站周围植株密度均匀、植被高度小于 20 cm 的草地上。

(2)作物观测地段：为了研究作物需水量、监测土壤水分变化对作物生长发育及产量形成的影响，并为农业生产田间管理服务。在主要旱地作物、牧草和果树等生育状况观测地段上，进行土壤湿度的测定，随作物(或牧草、果树等)生育状况观测地段的转移而转移。

(3)辅助观测地段：为满足当地墒情服务的需要进行临时性或季节性土壤湿度观测(如墒情普查)所设置的地段。这类地段数量一般较多，应代表当地的土壤类型和土壤水分状况。为便于历年土壤水分状况比较也应相对固定。辅助地段的设置、测定时间、测定深度、重复次数等由上级业务主管部门和台站自行确定。

2. 测定时间

(1)固定观测地段：每旬第三天和第八天采用中子仪各进行一次测定，包括土壤冻结期间。

(2)作物观测地段：作物从播种到成熟，多年生植物(如牧草和果树)，从第一个发育期到最后一个发育期的时段内，每旬第八天采用烘干称重法测定土壤湿度。对于越冬作物，从冬季冻结深度大于 10 cm 起到春季 0～10 cm 深冻土层完全融化这一时段内停测。如果一个站同时观测几种旱地作物，均应进行土壤湿度测定。年内水旱轮作的旱作物观测地段，不进行土壤湿度的测定。

(3)固定观测地段在下午测定，作物观测地段土壤湿度测定在上午进行。

3. 测定深度

(1)固定观测地段：测定深度一般为 2 m；地下水位深度小于 2 m 的地区，测到土壤饱和持水状态为止；因土层较薄，测定深度无法达到规定要求的地区，测至土壤母质层为止。每 10 cm读数一次。

(2)作物观测地段：测定深度一般为 50 cm。分 0～10 cm、10～20 cm……40～50 cm 等 5 个层次。果树等根系较深的作物测定深度根据业务服务需要由省级业务主管部门确定。

4. 测定重复

固定观测地段和作物观测地段各层均取 4 个重复。

5. 计算项目

采用烘干称重法或中子仪测定土壤湿度均应计算土壤重量含水率、土壤相对湿度、土壤水分总贮存量和有效水分贮存量。

6. 几种特殊情况处理的规定

(1)降水或灌溉影响取土时，可顺延到降水或灌溉停止可以取土时补测。当顺延日期超过下旬第 3 天时，则不再补测。采用中子仪测定土壤湿度的台站，出现较大降水，应待降水停止或降水较小时，带伞进行观测并注意仪器及铝管的防护，避免雨水进入或淋湿。

(2)历年冻土深度在 10 cm 左右的地区，如观测冬作物，冬季应进行土壤湿度测定。

出现以上情况，应在记录簿的备注内详细注明。

4.1.2.4 烘干称重法测定土壤湿度

烘干称重法是用土钻从观测地段取回各个要测深度所有重复的土样，称重后送入一定温度的烘箱中烘干再称重，两次重量之差即为土壤含水量，土壤含水量与干土重的百分比即为土壤重量含水率。

1. 仪器及工具

(1)土钻、盛土盒、刮土刀、提箱。

(2)托盘天平(载重量为 100 g，感应量为 0.1 g)，烘箱，高温表。

盛土盒盒身、盒盖应标上号码，号码要一致。每年第一次取土前应称量盛土盒的重量，以 g(克)为单位，取一位小数。天平要定期送往计量部门检定。

2. 测定程序

(1)下钻地点的确定：把观测地段分为 4 个小区，并作上标志。每次取土各小区取一个重复。取土下钻地点应距前次测点 1～2 m 且在两行作物中间，垄作、沟作地段应分别在垄背、垄沟上取土；采用地膜覆盖的作物地段，则每次破膜测定。取土完毕后应作上标记。

(2)钻土取样：垂直顺时针向下钻，按所需深度，由浅入深，顺序取土。当钻杆上所刻深度达到所取土层下限并与地表平齐时即可。将钻头零刻度以下和土钻开口处的土壤及钻头口外表的浮土去掉，然后将钻杆平放，采用剖面取土的方法，迅速地用小刀刮取土样 40～60 g，放入盛土盒内，随即盖好盒盖，再将钻头内余土刮净并观察记录该土层的土壤质地。按上述步骤依次取出各个重复各个深度的土样。每个重复的土样取完后将土钻擦干净，以备下次使用。

(3)称盒与湿土共重：土样取完带回室内，擦净盛土盒外表的泥土，然后校准天平逐个称量，以 g(克)为单位，取一位小数，然后复称检查一遍。

(4)烘烤土样：在核实称重无误后，打开盒盖，盒盖套在盒底，放入烘箱内烘烤。烘烤温度应稳定在 100～105℃之间。烘土时间的长短以土样完全烘干，土样重量不再变化时为准，具体时间视土壤性质而定。从烘箱内温度达到 100℃开始计时，一般沙土、沙壤土 6～7 h，壤土 7～8 h，黏土 10～12 h。然后从上、中、下不同深度层次取出 4～6 盒土样称重，再放回烘箱烘烤 2 h，复称一次。如前后两次重量差均≤0.2 g，即取最后一次的称量值作为最后结果，否则，按上述方法继续烘烤，直到相邻两次各抽取样本的重量差≤0.2 g 为止。

(5)称盒与干土共重：烘烤完毕，断开电源，待烘箱稍冷却后取出土样并迅速盖好盒盖，进行称重，然后复称一遍，当全部计算完毕经检验确认无误时，倒掉土样，并将土盒擦洗干净，按号码顺序放入提箱内，以备下次使用。

(6)计算土壤重量含水率：即土壤含水量占干土重的百分比，其公式计算如下：

$$w=\frac{g_2-g_3}{g_3-g_1}\times 100\%$$

式中：w——土壤重量含水率(%)；g_1——盒重(g)；g_2——盒与湿土共重(g)；g_3——盒与干土共重(g)。

先算出各个深度每个重复的土壤重量含水率，再求出各个深度 4 个重复平均值，均取一位小数。

4.1.2.5 有关土壤水分的计算

1. 土壤相对湿度

即以重量含水率占田间持水量的百分比表示。它有利于在不同土壤间进行比较。

计算公式：

$$R=\frac{w}{f_c}\times100\%$$

式中：R——土壤相对湿度(%)，取整数记载；w——土壤重量含水率(%)；f_c——田间持水量(用重量含水率表示)。

2. 土壤水分贮存量

(1)土壤水分总贮存量：土壤水分总贮存量指一定深度(厚度)的土壤中总的含水量，以土层深度 mm(毫米)表示，取整数记载。

计算公式：

$$v=\rho\times h\times w\times10$$

式中：v——土壤水分贮存量(mm)；ρ——地段实测土壤容重(g/cm^3)；h——土层厚度(cm)；w——土壤重量含水率(%)。若实际值大于田间持水量，应在备注栏注明。

(2)土壤有效水分贮存量：土壤有效水分贮存量是指土壤中含有的大于凋萎湿度的水分贮存量。

计算公式：

$$u=\rho\times h\times(w-w_k)\times10$$

式中：u——有效水分贮存量(mm)；w_k——凋萎湿度(重量含水率表示)；ρ 和 h 意义同前。

4.1.2.6 其他土壤水分状况项目的测定

1. 地下水位深度测定

地下水位深度的变化直接影响到上层的土壤水分，特别是在地下水位较高的情况下，对作物根系分布层的土壤水分影响更大，因此测定地下水位深度对分析土壤水分变化十分必要。

(1)测定地点：除地下水位深度常年大于 2 m 的台站外，均应进行地下水位深度的测定。一般可在作物观测地段附近选定能代表当地地下水位的、供灌溉或饮水使用的水井进行测定。否则可视当地条件设置观测专用的简易管井或竹管井。当冬季作物观测地段不进行土壤湿度测定时，有固定地段土壤湿度观测任务的台站，每旬仍应进行地下水位深度的测定。

(2)测定时间：在土壤湿度测定日的上午进行。为测定准确，一般在早晨进行，当水井水位因灌溉或饮用等人为因素发生变化时，应在水井水位恢复到正常时进行补测。

(3)测定方法：用绳、杆、皮尺进行测量(绳、皮尺下端应系一重物)，以 m(米)为单位，取一位小数。

2. 干土层厚度测定

干土层的深浅是干旱程度的标志，每次测定土壤湿度时都要做干土层的测定，当干土层厚度≥3 cm 时进行记载。

(1)测定地点:在作物观测地段上进行。

(2)测定时间:与土壤湿度测定同时进行。

(3)测定方法:在地段有代表性处,用铁铲切一土壤垂直剖面,以干湿土交界处为界限用直尺量出干土层厚度,以 cm(厘米)为单位,取整数记载。如降水渗透后湿土下有干土层,仍应观测记载干土层厚度,并在备注栏注明。

3. 降水渗透深度测定

在干旱季节观测降水渗透深度,对了解旱情解除程度和分析土壤水分很有意义。

(1)测定地点:在作物观测地段上进行。

(2)测定时间:在土壤干土层(包括湿土层下的干土层)厚度≥3 cm,日降水量≥5 mm 或过程降水量≥10 mm,降水后根据降水量大小,待雨水下渗后及时测定。

4. 农田土壤冻结和解冻观测

当土壤温度降到 0℃以下时,土壤水分便开始由液态转变为固态,并与潮湿的土粒发生凝结,这种现象叫土壤冻结。土壤解冻就是土壤冻结层内的冰晶融化。

土壤冻结和解冻可以改变土壤水分状况和土壤物理特性,对作物的生长发育、地下害虫繁殖和农田作业都有直接的影响,所以观测这一项目在农业生产上非常重要。凡是开展越冬旱作物生育状况观测的台站均应进行农田土壤冻结和解冻的观测。若历史资料中气温没有出现稳定通过 0℃以下时段或土壤夜冻日消,无稳定冻土层,这类台站可不进行土壤冻结、解冻的观测。

(1)观测项目:土壤表层冻结日期和冻土深度达到 10 cm 和 20 cm 的日期;土壤表层解冻深度达 10 cm 和 20 cm 的日期。土壤冻结和解冻均指这两种现象第一次出现日期。

(2)观测地点:在越冬作物观测地段上进行。

(3)观测时间:根据当时的天气变化情况而定。一般冻结观测应在早晨进行,解冻观测应在下午进行。

(4)观测方法:用土钻取土或用铁铲垂直挖剖面,根据土壤坚硬及有无冰晶用米尺测量确定土壤表层 10 cm、20 cm 冻结或解冻日期。

4.1.2.7 农气簿-2-1 的填写

1. 封面

(1)作物名称:填写地段种植的作物名称。

(2)品种类型、熟性、栽培方式:同农气簿-1-1。

(3)起止日期:填写该簿第一次和最后一次使用的日期。

2. 测定地段说明

按照作物观测地段说明有关规定填写以下内容:

(1)地段号码(或名称);

(2)地段地形、地势;

(3)土壤质地、酸碱度;

(4)灌溉条件、水源；

(5)土壤水文、物理特性测定值。

田间持水量、土壤容重、凋萎湿度按不同深度填入相应数值。

3. 土壤水分测定记录

(1)发育期：填写土壤湿度测定时，发育期栏要写地段作物旬内所处发育普遍期。例如：5月26日为冬小麦乳熟普遍期，5月28日的发育期栏应填写“乳熟普遍期(5月26日)”。旬内未出现发育普遍期时，发育期栏空白不填。

(2)盒号、盒重：依盒号1,2,3……顺序填入，并将其重复填入相应栏内。

(3)各重复的盒与湿土共重、烘后盒与干土共重、含水重、干土重、土壤重量含水率等各项根据规范的规定逐项计算填写。

(4)样本土壤质地：记载各重复不同深度的土壤质地情况。

(5)平均土壤重量含水率及土壤相对湿度。

①平均土壤重量含水率：将各重复同一深度的土壤重量含水率按重复填入土壤重量含水率栏内，求其总和与平均。如果某一重复的某一深度缺记录(例如因土样倒翻)，该深度的总和平均值外加“(　)”。如同一深度缺少两个记录或两个以上的记录，则不求总和、平均，该栏划“—”线。

②土壤相对湿度：按4.1.2.5节的规定计算，填入该栏。缺记录处理同土壤重量含水率。

③降水、灌溉日期及量：在两次土壤湿度测定期间的降水或灌溉日期，依时间先后顺序填入。降水量则记录这段时间各日定时观测“日合计”的总和。灌溉量填写每公顷水方数，降水量前面加“·”的符号，灌溉以“≈”符号表示。若是连续降水，日期以横线连接，间隔降水日期中间加顿号。

(6)土壤水分贮存量：土壤总贮存量和有效水分贮存量按4.1.2.5节的规定填写。

(7)地下水位深度、干土层厚度、渗透深度、冻结解冻日期记录：地下水位深度记入每次测定的记录页首。干土层厚度、渗透深度记入土壤重量含水率记录末页的相应栏内。干土层厚度、渗透深度多数情况不会同时出现，如某旬内既有干土层，又有渗透深度记录或渗透层下仍有干土层，均应记载并在备注栏注明。土壤冻结、解冻日期记入备注栏。

4.1.3 任务实施

任务实施的场地：应用气象实训室、农业气象试验站、农田。

设备用具：投影仪、白板或黑板、米尺；土钻、烘箱、天平、刮土刀；土壤水分观测记录簿。

实施步骤：

(1)教师讲授主要内容；

(2)农田、野外实际观测，教师演示操作过程；

(3)抽查学生操作，其他学生指出问题，教师予以评价；

(4)将学生分成若干小组；

(5)分小组完成观测工作，教师给予评价；

(6)完成任务工单中的任务。

4.1.4 拓展提高

其他几种测定土壤湿度的方法如下：

4.1.4.1 目测土壤湿度

目测土壤湿度是对表层(0～15 cm)的土壤水分状况进行定性观测的简便方法。该方法工作量小，获得结果快，便于大面积土壤墒情普查，直接为农业生产单位提供土壤湿度资料，以便采取农业技术措施。

1. 原理

目测法是利用土壤的黏性、流动性、可塑性和硬度与土壤含水量的密切关系，根据经验用手搓、挤、触摸土壤以判断土壤湿度的等级。

2. 级别评定

用小铲或刀取土样，具体观测方法可根据当地服务需要确定观测地段、时间和重复次数。观测深度一般取 0～2 cm 和 10～12 cm 两层土样，用五级评定标准评定土壤湿润程度。等级标准如下：

一级：土壤极湿，土壤水分相当于饱和含水量(全持水量)。土壤中大部分空隙被水充满，固体颗粒间失去内聚力，若在此土壤上挖一小洞，四周有水灌进。如取小盘土样用手轻轻挤压，有水流出。若进行田间作业，机器和人均会陷入泥泞之中。在这样的土壤水分条件下，非水生作物表现为缺氧危害。

二级：土壤很湿，土壤湿度相当于毛管持水量或高于田间持水量。土壤有黏性，用小铲(刀)插进土壤抽出时其表面会粘有土壤(沙性很强的土壤除外)。若用手抓土时，会留下泥印，能搓成细圆柱，弯曲不会断裂。若进行田间作业，质量较差，土壤会粘在农机具上，作业困难，消耗燃料较多。这种土壤对作物生长而言水分偏多。

三级：土壤湿润，土壤湿度相当于或稍低于田间持水量。土壤不发黏，而变得松软可塑，能搓成细圆柱，但弯曲时会断裂。若进行田间作业，效率高，质量好。这种土壤水分对作物生长非常有利。

四级：土壤微湿，土壤含水量稍高于凋萎湿度。土壤无可塑性。土块可被搓碎，如把几块土块挤压，则可形成大块。进行田间作业尚能得到满意的质量，但土壤的阻力明显增大，田间作业消耗燃料较多。这种土壤水分不能满足作物生长的要求。

五级：土壤干燥，土壤含水量相当于或低于凋萎湿度。挤压壤土或黏土土块，不能变形，沙质土壤则呈松散状态。进行田间作业，既费力、机具磨损大，质量又很差，但对田间收割很有利。作物表现缺水受害。

3. 结果记录

按等级分别观测记载各深度和重复的土壤湿润程度，并求出平均。

4.1.4.2 中子法

中子法是利用仪器辐射源发射的快中子,遇到土壤中的水分时即变慢或离散这一特性来测定土壤湿度。现已研制出多种型号土壤湿度中子仪,并在科研工作中得到了使用。

用中子法探测土壤水分的仪器一般包括探测器和读数器两个部分,二者用电缆连接。另外还有一个测管,要预先在测定地段把它埋好。探测器中有一个密封的辐射源。辐射源把快中子放入土壤后,土壤水分中的氢原子与它相撞,引起快中子散射、变慢和损失能量。当它变慢到"慢中子"时,就能被探测器探测到。因此,辐射源四周的土壤里慢中子的密度用检测器取样,放大后,读数器即给出计数时间内的平均数,再用定标曲线转换成土壤含水量。

4.1.4.3 扩散法

热扩散法也称导热率法,是以土壤导热率的大小与其含水量密切相关为依据,通过一恒定加热体及热电偶所产生的温差电流,由仪表显示出温差电流的读数来实现测定土壤湿度。理论认为仪表所显示的温差电流的读数,实质上是土壤水势的反映。

热扩散法测定土壤含水量使用的仪器是利用热电原理研制的土壤湿度仪器,如中国研制的热扩散土壤湿度计。该仪器主要由传感器和显示仪表两部分组成。使用前,由实验得到温差电流与土壤含水量的关系标定曲线,然后将其传感器埋入被测土壤中,通过测定其温差电流而推算出土壤含水量。这种仪器有多个性能一致的传感器,可以同时测定不同深度的土壤湿度,可得到一些好结果,但在测定精度、标定方法上也存在着一些问题,影响了推广使用。

4.1.4.4 电阻法

电阻法是以土壤含水量与其电导率之间的关系为基础的测定方法。这种方法的仪器由感应部分和测定仪表组成。使用前通过实验检定感湿元件(电阻块)感湿后与土壤含水量之间的关系而制成标定曲线,供测定时使用。

使用时,根据欲测深度把感湿元件埋入土壤中,使元件与周围土壤良好接触,然后把引线和插头拉出地面,做好标志并固定保护好。观测时携带测量部分到现场,按深度逐一读数,由标定线查出各深度的土壤湿度。

目前电阻法测定土壤湿度的仪器有多种多样,也做过不少改进,但这种测定方法和仪器仍然存在一些问题。

4.1.4.5 微波炉快速测定土壤湿度

采用微波炉干燥土壤样本,精度可靠,具有明显的节电,省时效果。可用于测定土壤墒情。

1. 仪器和用品

(1)微波炉(有效功率 650 W)一台。

(2)天平,载重 100 g,感量 0.1 g。

(3)铝盒、牛皮纸袋。过湿土壤可采用玻璃、陶瓷或聚四氟乙烯袋做容器。

2. 样品的准备

(1)按常规方法从取样地点取出土样并放置在铝盒中带回室内。

(2)把铝盒中的土壤倒入牛皮纸袋,每袋装土约 30 g,折叠袋口,减少蒸发和防止失落。注意袋标号与铝盒号一致。

(3)在天平上称重并记入记录簿。

3. 微波炉干燥操作

(1)把有土壤的口袋排放在微波炉内,厚度不超过 4 cm,最好在 2 cm 以内,排放时不要打开袋口。把定时按钮旋至 12 min 处,把强度开关拧至高。关上炉门并按启动钮。对冻土或过湿土壤干燥时间应延长 5 min。取土 50 cm 时样本可一次干燥,一层放不下,也可交错摞上,并将干燥时间延至 15 min。

(2)12 min 后,如纸袋未干应继续干燥;如纸袋干燥时,取出口袋稍冷后称重。

(3)把称过重量的纸袋放入微波炉,继续烘烤 2 min。

(4)拿出再次称重,如与前次重量差≤0.2 g 时,即取这次的称重值作为最后结果,如重量差>0.2 g,则继续干燥,直到≤0.2 g 为止。

4. 数据处理

按烘干称重法称重、计算土壤重量含水率。

任务4.2　土壤水文及物理特性测定

4.2.1　任务概述

【任务描述】

表明土壤水分对植物的有效程度、土壤持水能力以及土壤水分流动性的特征值，称土壤水文特性（常数），亦称土壤农业水文特性，包括饱和持水量、毛管持水量、田间持水量、凋萎湿度、土壤最大吸湿度等，土壤农业水文特性是衡量土壤水分对作物供应及可利用程度的标准和确定合理灌溉计划的重要依据。反映土壤物理性质，决定土壤水分、空气和温度状况的特征值，称土壤农业物理特性，包括土壤容重、比重、孔隙度等，土壤农业物理特性对土壤肥力和农业劳动生产率均有影响。开展土壤水分测定的台站都要测定土壤容重、田间持水量和凋萎湿度。

【任务内容】

（1）土壤容重测定；

（2）田间持水量测定；

（3）凋萎湿度测定。

【知识目标】

（1）熟悉土壤水文特性测定的内容和方法；

（2）熟悉土壤物理特性测定的内容和方法。

【能力目标】

会土壤容重测定，会田间持水量测定，会凋萎湿度测定，会测定记录簿、表的填写。

【素质目标】

（1）熟悉观测规范；

（2）熟悉观测内容；

（3）培养学生团结协作的精神；

（4）提高学生自主学习的能力。

【建议课时】

8课时，其中包括实训4课时。

4.2.2　知识准备

4.2.2.1　测定项目

开展土壤水分测定的台站都要测定土壤容重、田间持水量和凋萎湿度。

4.2.2.2 测定的基本要求

1. 测定组织

该项工作技术性较强，测定结果直接影响到许多项目的计算，气象台站的土壤水文、物理特性测定应由省级业务主管部门统一组织逐站进行。测定的各种土壤水文、物理特性值，须经省级业务主管部门审定、批准，方可使用。

2. 测定地段

固定观测地段和作物观测地段需进行土壤水文、物理特性的测定。经农业部门或上级业务主管部门鉴定土壤类型、质地相同时，可只测一个作物地段。如固定观测地段与作物观测地段土壤类型不同，应在周围选择与固定地段土壤类型相同的地块进行测定。测定前应对地段作如下记载：

(1)地段土壤农业水文、物理特性测定日期。

(2)地段名称、号码。

(3)土壤剖面在观测地段中的位置及其离道路、河流、林缘等自然体和建筑物的距离。

(4)地势和地段小地形。

(5)地段植被种类及其生长状况。

3. 测定时间

土壤农业水文、物理特性要求5～10年测定一次，若因农田基本建设等原因，土壤结构和性质发生较大变化，则应及时测定。

土壤农业水文、物理特性值可在任何土壤湿度状况下测定，但为了采到结构完整的土样，最好是在田间土壤比较湿润且软而可塑的状态时进行土壤容重、凋萎湿度的测定；田间持水量的测定应在地下水位较低的条件下进行。北方可在非生长季进行。

4. 测定深度和重复

土壤农业水文、物理特性值的测定深度为：

(1)固定观测地段：深度为一般2 m，分0～10 cm，10～20 cm，……，190～200 cm等20个层次，每个层次取4个重复。

(2)作物观测地段：根据测定土壤湿度的深度而定，深度一般为50 cm，分0～10 cm，10～20 cm，……，40～50 cm等5个层次，每个层次取4个重复。

(3)地下水位常年稳定较高(黏土、壤土小于2 m，沙壤土小于1 m，沙土小于0.3 m)的地区不进行田间持水量的测定，土壤容重和凋萎湿度测至地下水位深度为止。

4.2.2.3 土壤容重的测定

土壤容重是在没有遭到破坏的自然土壤结构条件下、采取体积一定的土样称重，取样烘干，计算单位体积内的干土重。以g/cm^3表示。是计算土壤水分总贮存量及土壤有效水分贮存量的换算常数。

1. 仪器及工具

(1)土壤容重测定器:由钻筒、固定器和推进器组成(图 4-2-1)。每个钻筒应刻印一固定号码。

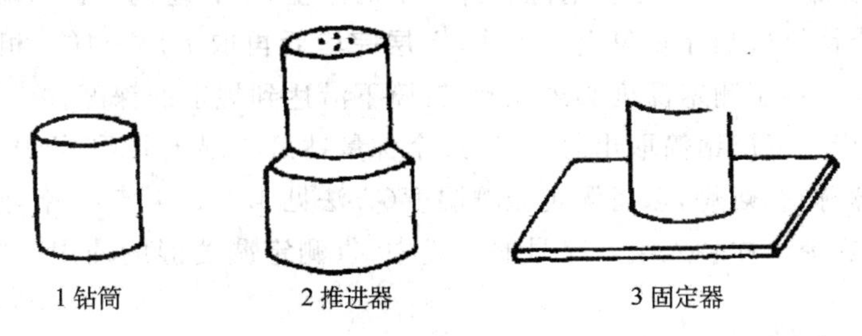

图 4-2-1　土壤容重测定器示意图

(2)铁铲、削土刀、木棰各一把。

(3)盛土盒、布袋及提箱。

(4)天平两台:感应量分别为 0.1 g 及 0.01 g,载量为 1～2 kg 和 100～200 g。

(5)烘箱、高温表。

2. 测定程序

(1)称取钻筒重量、量取钻筒容积:每次测定前称出重量,并用卡尺量出钻筒内径(R)、高度(H),求出容积(V),以 cm^3(立方厘米)为单位,取两位小数。

$$V=\pi R^2 \cdot H$$

(2)挖掘土壤剖面坑。首先铲除测点地面上的植被(勿用手拔),再挖一个土壤剖面坑,坑的深度、长度、宽度根据测定深度而定,以便于操作为宜。坑壁要垂直(图 4-2-2)。

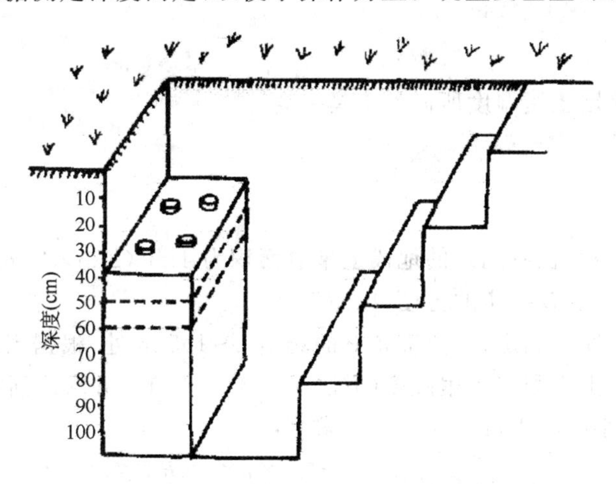

图 4-2-2　测定土壤容重剖面坑示意图

(3)登记土壤剖面状况。先沿着土坑平滑的垂直面,按土壤的颜色、结构、质地、侵入体及根系的分布情况,划分土壤发生层,再详细记载各层的深度、土壤颜色、结构、质地等特征。

(4)采取土样。

①取 4 个重复。先把固定器平放在平整过的地面上,再把第一个钻筒放入固定器的圆筒

中，然后把推进器放在钻筒上，用木棰正砸推进器（当它接近固定器圆筒时轻打）直至其贴上固定器圆筒，拿起推进器和固定器，按上述步骤和钻筒序号以 15 cm 的间隔把其他三个钻筒砸进土中。

②用铁铲取出第一个钻筒，很快清除其外表上的浮土，小心地把土柱下端削得与钻筒下沿平齐。对其他三个钻筒按顺序重复上述工作，上层完毕后再取下层土样。相邻两层钻筒的放置位置应互相错开。各层测定深度必须准确，钻筒下沿达到规定的深度。

(5)称重及烘烤。每层钻筒取出后，立即逐个称量钻筒与湿土共重，再从钻筒中取出 40～60 g 土样装入土盒称重、烘烤，以备测定土壤湿度（方法见 4.1.2.4 节）。各项称量结果经复查无误后，将钻筒内剩余土样装入编好序号的布袋中，供测定凋萎湿度使用。然后擦净钻筒，再用其取下一层次。

(6)结果计算。按下式计算土壤容重

$$\rho=\frac{M\times 100}{V\times(100+W)}$$

式中：ρ——土壤容重（g/cm^3）；V——钻筒容积（cm^3）；M——钻筒内湿土重（g）（土柱与钻筒重－钻筒重）；W——钻筒内土壤重量含水率，以百分值表示。

先求各个层次每个重复的土壤容重，再求平均，取两位小数。

4.2.2.4　田间持水量的测定

田间持水量是在地下水位较低（毛管水不与地下水相连接）情况下，土壤所能保持的毛管悬着水的最大量，是植物有效水的上限。田间持水量是衡量土壤保水性能的重要指标，也是进行农田灌溉的重要参数。田间持水量的测定多采用田间小区灌水法，当土壤排除重力水后，测定的土壤湿度即为田间持水量。

1. 仪器及工具

(1)烘干称重法测定土壤湿度所需的工具一套。

(2)米尺、水桶、秤。

2. 测定程序

(1)测定场地的准备：在所测定的地段上量取面积为 4 m^2（2 m×2 m）的平坦场地，拔掉杂草，稍加平整，周围做一道较结实的土埂，以便灌水。

(2)灌水前土壤湿度的测定：在离准备好的场地 1～1.5 m 处，根据当地应测定田间持水量的深度，取 2 个重复的土样测定土壤湿度（方法见 4.1.2.4 节），并求出所有测值的平均。

(3)灌水与覆盖：小区灌水量一般按下式求算：

$$Q=2\times\frac{(a-w)\times\rho\times s\times h}{100}$$

式中：Q——灌水量，单位为 m^3（立方米）；a——假设的所测深度土层中的平均田间持水量，一般沙土取 20%，壤土取 25%，黏土取 27%，以百分值表示；w——灌水前所测深度的各层平均土壤湿度，以百分值表示；ρ——所测深度的平均土壤容重，一般取 1.5（g/cm^3）；s——灌水场地面积，以 m^2（平方米）为单位；h——所要测定的深度，以 m（米）为单位；2——保证小区需水量的保证系数。

干旱地区可适当增加灌水量。所有水应在一天内分次灌完，为避免水流冲刷表土可先在小区内放一些蒿草再灌水。当水分全部下渗后，再盖上草席和塑料布，以防止蒸发和降水落到小区内。

(4)测定土壤湿度：灌水后当重力水下渗后，开始测定土壤湿度。第一次测定土壤湿度的时间，根据不同土壤性质而定，一般沙性土灌后1～2 d，壤性土2～3 d，黏性土3～4 d以后。每天取一次，每次取4个重复，下钻地点不应靠近小区边缘。土壤湿度测定方法见4.1.2.4。

(5)确定田间持水量：每次测定土壤湿度后，逐层计算同一层次前后两次测定的土壤湿度差值，若某层差值≤2.0%，则第二次测定值即为该层土壤的田间持水量，下次测定时该层土壤湿度可不测定。若同一层次前后两次测定值>2.0%，则需继续测定，直到出现前后两次测定值之差≤2.0%时为止。

4.2.2.5 凋萎湿度的测定

生长正常的植株仅由于土壤水分不足，致使植株失去膨压，开始稳定凋萎时的土壤湿度即为凋萎湿度，亦称凋萎系数。凋萎湿度是植物有效水分的下限和计算田间有效水分贮存量的必须项。

凋萎湿度的测定是采用栽培法，把指示作物栽种到土表封闭的玻璃容器中，当指示作物的所有叶片出现凋萎且空气湿度接近饱和，蒸腾最小的情况下仍不能恢复时，测定容器中的土壤湿度。

应选择对土壤湿度不足反应最敏感，凋萎特征明显容易鉴别的植物作为指示作物，如大麦、燕麦等基本具备这些条件，是常用的指示作物。

1. 仪器及工具

(1)玻璃容器：直径3 cm，高10 cm，容积约70 cm^3 的玻璃容器90个左右，并标好号码用于栽培植物。

(2)培养皿或瓷盆：用于指示作物的先期发芽。

(3)配制营养液的氮、磷、钾肥。

(4)指示作物的种子，数量为播种所需要的2～3倍。

(5)烘干称重法测定土壤湿度所需仪器一套(土钻除外)。

(6)石蜡和蜡纸、细沙。

(7)土壤筛(孔径3 mm)。

(8)阿斯曼通风干湿表。

2. 测定程序

(1)准备土样：将测定土壤容重时用布袋带回的土样分层压碎并风干(注意各层土切勿混合)，然后用土壤筛过筛。

(2)指示作物的种子先期发芽：在播种前2至3 d把准备好的种子放在培养皿或瓷盆中发芽。

(3)配制营养液：在5 kg的水中加入适量的氮、磷、钾等营养物，营养物各种成分的比例以不改变土壤本身酸碱度和满足作物育苗期生长需要量为原则(一般情况下，$NH_4H_2PO_3$：

KNO_3∶NH_4NO_3 为 1∶1.24～1.32∶1.54～2.00)，营养液的浓度不超过千分之一。

(4)装培养料：在播种前一天，按每层 4 个重复取样，将培养料装入标好号码的玻璃容器内。每个容器中先装入 10 cm^3 的水，再装土样至容器的 1/2 高度后注入 5 cm^3 的营养液，接着又装土至容器口，再注入 5 cm^3 的营养液，然后盖上一层土，放置一天即可播种。

(5)播种：在每个装有土样的玻璃容器正中播一粒种子，种子根向下，入土 2～4 cm 深，播种后盖上厚纸，幼芽芽鞘露出土面时去掉纸，用中间剪有小圆孔的圆形蜡纸覆盖上，让幼苗从孔中穿出，蜡纸上再盖一层细沙，然后放在光、温、湿度条件都适宜的生长环境，样本开始出苗后每天早晨 8 时和下午 14 时观测容器内植株的发育期和生长状况，并进行植株叶面高度处空气温度、相对湿度观测。

(6)测定凋萎湿度：当观测植株某叶片开始卷曲、下垂时为开始凋萎；全部叶片失去膨压卷曲或下垂，且移至温度比较稳定，湿度接近饱和的阴暗条件下，于次日早晨任一叶片都没有恢复膨压时，即为稳定凋萎。此时倒出细沙，除去蜡纸及上面的 2 cm 厚的土层，然后把土壤从容器中倒在光滑的厚纸上，迅速清除植物及全部根系。立即对所有土样进行土壤湿度的测定，方法见 4.1.2.4。这时的土壤湿度即为凋萎湿度。如植株移至阴暗条件后，有的叶片恢复了膨压，仍应将容器移至原处，直到不再恢复为止。

4.2.2.6 农气簿-2-3 的填写

1. 观测地段说明和土壤剖面登记

地段说明填写同农气簿-2-1。土壤剖面登记按规范规定填写。

2. 土壤水文、物理特性测定值和中子仪田间标定方程

填写测定后的各项数值。

3. 土壤水文、物理特性测定中土壤重量含水率记录

为测定土壤容重、田间持水量、凋萎湿度所测定的土壤重量含水率，填入相应的土壤湿度记录页，填写方法同土壤水分测定记录。

4. 土壤容重测定记录

(1)标准计数：分别记载测前、测后标准计数值，并分别求出测前、测后的平均值。并填写仪器的工作状况。

依次将测定各深度钻筒号、钻筒重、钻筒湿土共重和湿土重、钻筒容积逐项填入土壤容重测定记录页。

(2)从土壤容重测定重量含水率记录页中，按深度将平均重量含水率抄入土壤容重测定记录页中的重量含水率栏。

(3)将各深度土壤容重记入容重栏，并按深度将其 4 个重复容重的合计和平均值记入土壤容重记录的末页。

5. 田间持水量测定记录

将各次测定的各深度的土壤重量含水率平均值抄至田间持水量测定记录页，并将确定的各深度的田间持水量抄入田间持水量栏。

6. 凋萎湿度测定记录

(1)测定凋萎湿度作物观测记录

①作物名称、播种期:填写作物名称和播种日期。

②出苗期、三叶期:记载各器皿中植株达到出苗、三叶标准的日期。

③开始凋萎日期:记载各器皿中植株某叶片开始卷曲或下垂的日期。

④开始稳定凋萎日期:记载各器皿中植株叶片开始全部凋萎且不能恢复的日期。

⑤将营养液比例、凋萎后器皿移放地点等处置情况记入备注栏。

(2)测定凋萎湿度气象要素观测记录

①记载观测仪器名称、型号。

②开始出苗后每日08时、14时观测气温和相对湿度。

(3)凋萎湿度测定记录:当某一深度器皿中的植株达到凋萎湿度标准时即进行重量含水率测定。待该深度4个重复均进行测定后,计算总和、平均记入总和、平均栏。

4.2.3 任务实施

任务实施的场地:应用气象实训室、农业气象试验站、农田。

设备用具:投影仪、白板或黑板、米尺;土钻、烘箱、天平、刮土刀;土壤水分观测记录簿。

实施步骤:

1. 教师讲授主要内容;
2. 农田、野外实际观测,教师演示操作过程;
3. 抽查学生操作,其他学生指出问题,教师予以评价;
4. 将学生分成若干小组;
5. 分小组完成观测工作,教师给予评价;
6. 完成任务工单中的任务。

4.2.4 拓展提高

土壤水势及其测定方法

土壤水状态的测定方法可分为两类,一类是上述已讲述的测定一定重量或容积土壤的含水量的方法;另一类是测定水的能量状态的方法。前一类方法目前使用比较广泛,所获得的资料是计算植物根际土壤水的贮量所必需的,也是土壤物理学和工程学研究必需的,但这类方法不足以提供土壤水状态的说明,为取得这样的说明,求出土壤水的能量状态(土壤水势或吸力)是必需的。土壤水势就是从最松弛地保持着的水中移去一单位水量时所必须做的功的负值,用以确定土壤水能量状态与植物吸水关系上的特征指标。

测定土壤水势的方法和仪器比较多,目前使用比较广泛的是张力计,或称负压计。这种仪器在一些国家普遍使用。中国也做过一些试验研究,但在实际观测中使用的还不多。张力计包括一个陶质的多孔杯，通过一个管与压力表相连接，所有部分都充满水。当多孔杯放入要测定的土壤中，杯中的水通过杯壁的孔隙与土壤水接触，并逐渐达到平衡。张力计中的水一般处于大气压下，而土壤水则处于大气压的压力下，因而当从不透气的张力计中吸出一定数量的水时，就产生一个静水压降。这个压降可用压力表指示出来。土壤含水量越大，这个压力降越小。

张力计长期埋在土中能指示出土壤水基模吸力的连续变化，可以连续测定土壤水分情况。张力计的测定结果对农田管理（包括灌溉）是有用的。

学习情境5

畜牧气象观测

任务 5.1 牧草观测

5.1.1 任务概述

【任务描述】

牧草观测包括牧草发育期观测和牧草生长状况观测。牧草发育期观测就是观测牧草返青(出苗)、分蘖、抽穗、开花、种子成熟、黄枯等;牧草生长状况观测主要是对牧草的高度(长度)的测量、牧草覆盖度的观测、灌木、半灌木密度的测定、牧草产量测定、草层状况评价及放牧场家畜采食状况的观测。

【任务内容】

(1)牧草发育期观测;

(2)牧草生长状况观测。

【知识目标】

(1)熟悉牧草发育期标准;

(2)掌握牧草发育期观测方法;

(3)掌握牧草高度、牧草覆盖度、密度和产量的测定方法。

【能力目标】

会主要作物发育期观测;能独立完成主要作物高度、密度和有关产量因素的测定;会记录簿、表的填写。

【素质目标】

(1)熟悉观测规范;

(2)熟悉观测内容;

(3)培养学生团结协作的精神;

(4)提高学生自主学习的能力。

【建议课时】

6 课时,其中包括实训 4 课时。

5.1.2 知识准备

5.1.2.1 牧草与放牧家畜气象观测的组织

1. 观测目的和意义

牧草与放牧家畜气象观测、调查是农业气象观测的重要组成部分。在畜牧业生产中,牧草占有十分重要的位置，它是牲畜赖以生存的物质基础，发展草业是发展大农业的一个方面。牧草生产与天气、气候条件的关系极为密切，各种类型草场和植物群落的兴衰、荣枯都受天气、气候条件的制约，同时，牲畜的生长发育和畜牧业生产的各个环节以及家畜疫病的发生蔓延也都和天气、气候条件有密切的关系。因此，进行牧草与放牧家畜气象观测，对于充分利用有利的天气、气候条件，避免和克服不利的气象条件，有效地从事牧事活动，加速牧草与家畜的能量转化，提高畜产品的产量和质量有着重要的意义；同时为发展畜牧业生产，开展畜牧气象情报、预报、畜牧产量预报、畜牧气候评价等气象服务工作提供科学依据。

2. 观测调查内容

(1)牧草发育期观测。

(2)牧草生长状况观测。

(3)放牧家畜膘情和牧事活动观测、调查。

(4)气象灾害及病虫害等对牧草、家畜危害的观测、调查。

3. 牧草观测地段的选择

(1)牧草观测地段选择的原则和要求

观测地段是系统进行牧草气象观测的固定基地，因此，在选择时要遵循下列原则和要求：

①必须具有代表性。地段所处地形、地势、土壤及牧草的种类和生产水平等应能代表该地区草场类型。可请草原管理、畜牧单位的专家参加选定。

②地段可选在天然割草场、放牧场或人工草场上。垦殖过的草场不宜选作天然草场观测地段，应注明垦殖年份。

③地段与大气候观测场的地形和其他环境因素应基本相同，具有平行观测条件，并有利于观测、管理和维护，但要避开道路、水体和居民点。

④观测地段的面积一般不小于 10000 m^2。在荒漠草原或植物比较稀疏的地方，面积可以适当扩大一些；在人工草场或条件不具备或植物分布均匀的草场，面积可以适当缩小。地段选定后要作上标记。如为放牧场，为防止家畜采食破坏，应用铁丝网、电网、生物围栏围住或结合草库伦建设进行，围栏面积不少于 2500 m^2。地势平缓，植物分布均匀，可围成正方形(50 m×50 m)；地势不平整或植物分布不均匀，应围成长方形(25 m×100 m)。若在缓坡地上，长边应与缓坡一致；在丘陵山区，地形复杂，观测地段应为长方形，并包含主要地形。

⑤秋季各项观测结束后，为了保持观测地段的代表性，要将围栏内的牧草按当地打草留茬高度进行刈割或进行放牧采食，但不要啃食过度。

⑥地段选择前必须与所属单位取得联系，考虑到生产单位近期和远期规划。地段一经选定不要轻易变动，以保持观测资料的连续性。

(2)观测地段的划分

①地段分区

草类观测地段将围住的观测地段划分为四个观测区域(A,B,C,D)作为四个重复(图 5-1-1)。每个重复又分为 4 个观测区(1,2,3,4)，一年用一个观测区，循环周期为 4 年。以灌木、半灌木为主的地段，由于植被稀疏，不必把观测地段划成四个观测区循环，只把地段划成四个区域即可。

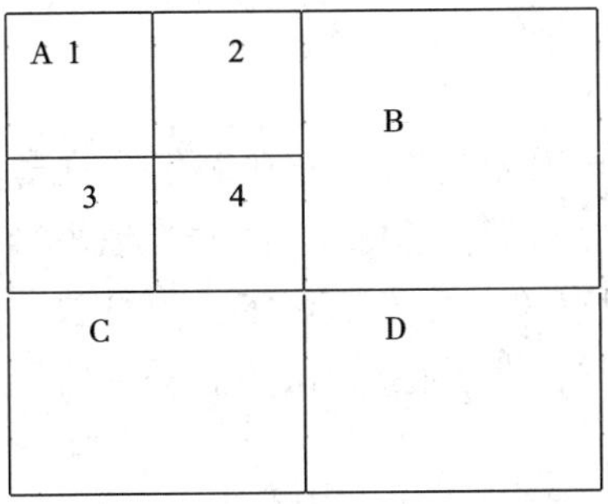

A 1　2　B
3　4
C　D

图 5-1-1　观测区域和观测小区的划分

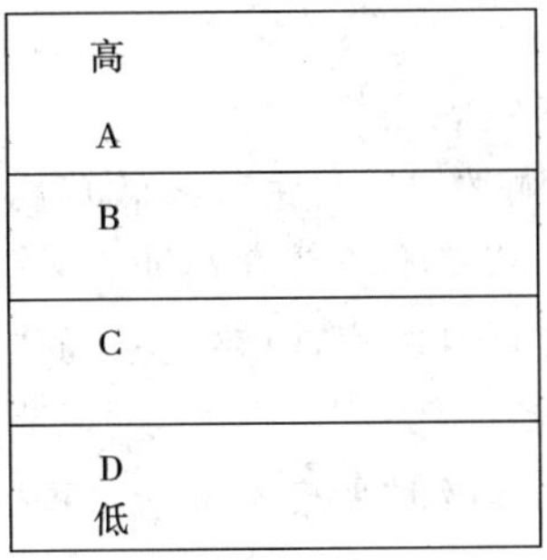

高
A
B
C
D
低

图 5-1-2　坡地观测区域的划分

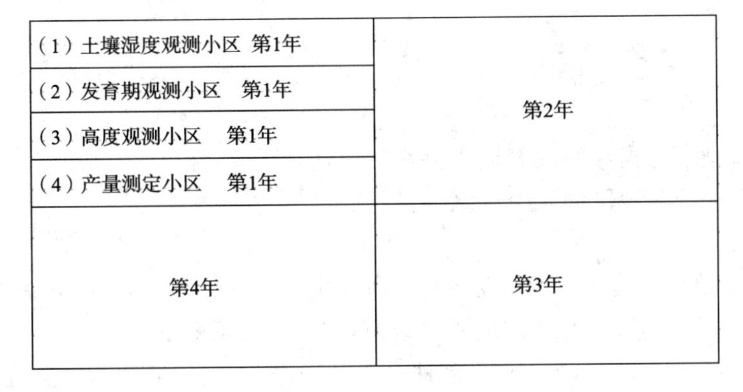

图 5-1-3　A 观测区域当年观测小区分布图

②观测项目小区的划分

在观测区域的每个当年观测区内再根据地势、牧草分布及生长状况等按条状分成土壤湿度、发育期、高度、产量等观测小区（图 5-1-3）。观测小区设置应充分考虑地势。小区划定后，绘制地段和观测点分布示意图，并应分别用 T 形木牌建立标界，用油漆写明小区号码和观测项目名称，当观测小区失去代表性时，可在附近更换，在备注栏注明原因。

(3)放牧场观测点的选定

在当地选一处草种、地形与观测地段相似的放牧场，作为放牧场草层高度测定、采食状况、灾害等观测点，不需专门维护。

(4)观测地段及放牧场观测点说明

观测地段及放牧场观测点选定后，要填写地段说明。内容包括：

①所在的地点和所属单位。

②在测站的方向、距离（m），两者海拔高度差（m）。

③地形（平原、山地、丘陵）、地势（平地、坡地等）、地段面积。如为坡地要注明坡向、坡度等。

④土壤状况。包括土壤质地（沙土、沙壤土、壤土、黏壤土、黏土等）、土壤性质（pH 值）。

⑤草场类型：分天然放牧场、割草场、人工草场，若为天然放牧场或割草场，应填写草场类型。

⑥主要共生牧草种类、名称：经有关部门正式鉴定，并参照《牧草资源种类名录》(http://www.chinaforage.com/zhongleiminglu.htm)写出中名及学名。

⑦地下水位深度（m）。

⑧其他。

(5)采集鉴定观测牧草标本

各牧草观测站均要采集观测牧草的标本,并按发育期标准分别采集。牧草名称在当地确定有困难时,应将草类牧草开花期和种子成熟期带有根系的标本,灌木半灌木带叶、花、种子的枝条,寄往省(自治区、直辖市)气象局或在当地请有关单位专家鉴定。每种牧草的标本要采集两份,一份镶在特制的标本盒内,供观测参考,由站长期保存;一份供有关部门鉴定。当观测牧草需要更换时,应及时采集鉴定新草种的标本。

5.1.2.2 牧草发育期观测

1. 牧草发育期观测的一般规定

(1)观测地点

在牧草观测地段上,当年的发育期观测小区里进行。

灌木、半灌木在观测地段的4个区域内进行。

(2)观测时间

①自返青期开始至黄枯期结束。在不漏测所规定的发育期的前提下,可根据牧草发育期出现的规律,由台站具体掌握,一般逢双或隔日观测,但旬末日必须进行观测或巡视。在有的地区或特殊年份,多年生牧草收获后,当年萌发新株或冬季回暖时出现幼苗,仍应注意观测,记载再生期。

②观测一般定在下午,但有的发育期在上午或中午出现最盛则例外。

(3)观测植株的选择

观测的牧草应是当地主要草种,能代表当地草场类型,家畜喜食或能刈割且产量较高。观测种类应根据当地牧草情况、台站人员多少而定,一般不少于三种,牧业气象试验站不少于6种。当牧草返青(出苗)后,在每个发育期观测小区内,每种牧草选有代表性的10株(丛);灌木或半灌木,在每个区域内每种分别选择中等大小的5株(丛)。定好顺序做好标志,进行定株观测。一般以主茎为准。当主茎受损时应另选植株,并在备注栏中注明。

(4)牧草进入发育期的百分率统计和标准

牧草进入发育期标准以观测总植株中进入发育期株数所占百分率而定。每次观测时,除规定不需要统计百分率的发育期外都要统计所观测牧草进入某一发育期的百分率。

$$\text{发育期百分率}=\frac{\text{固定观测牧草中进入某发育期的株(丛)数}}{\text{固定观测牧草总株(丛)数}}\times 100\%$$

计算结果取整数,小数四舍五入。

发育期的观测一般只记始期、普遍期,当进入发育期的株(丛)≥10%时为始期,≥50%时为普遍期;当某一发育期进入普遍期后即停止统计百分率。有的牧草,如莎草科的某些草种的开花、果实成熟达不到50%,则根据实际出现的植株数统计百分率。各种牧草的返青(出苗)、果实(种子)成熟、黄枯期只根据其特征表现,估测其普遍期,不进行百分率统计。

(5)观测注意事项

1)有些天然牧草,在返青期(出苗)时,草种往往不易识别。可按如下方法辨别:

①通过地下部分识别。多年生牧草有丰富的地下营养器官,如根茎、鳞茎、块茎等,新生枝条就在这些部分长出。

②借助上年残草的枯枝、残茎鉴别。天然牧草地上部分每年枯萎后，常有枯枝、残茬保留在原地，新生牧草往往又在其枯枝、残茎处萌发，或长出新芽。

2)由于干旱或其他原因造成春季不返青、发育期不出现、发育很慢或出现假死现象时，应在备注栏中说明，同时应随时观测，尤其是降水后，不要漏掉发育期。如选定植株失去代表性时，应就近另选植株。

3)有些灌木、半灌木先开花后长叶，有的多次开花结果，出现此类情况应按出现的先后顺序记载，在备注栏中予以注明。

4)有的发育期如果实(种子)成熟期确定较困难，可在小区外选取相似的植株进行剥查确定。

2. 禾本科草类发育期及其标准

禾本科草类属单子叶植物，多数为草本，少数为木质植物，具有丰富的须根系，有的还有根茎，茎秆有明显的节和节间，节间中空，少数为实心；叶互生，二列，由叶片和叶鞘组成，叶片常狭长，具平行叶脉，叶鞘从茎节长出，顺节间伸长，呈圆管包住节间，叶片形成后与茎分开，在叶鞘与叶片连接处，常有叶舌或叶耳；花数多、花体小且不明显，多为两性，由雄蕊和雌蕊及 2～3 枚肉质浆片生于 2 片苞叶内组成小花，数朵小花合成小穗，小穗排列成花序。果实通常为一颖果。常见的禾本科牧草有羊草(碱草)、披碱草、冰草、针茅、无芒雀麦等。

观测如下发育期：

返青(出苗)：春季越冬植株露出心叶，老叶恢复弹性，由黄转青或播种植株的第一片叶露出地面。

分蘖：春季出现 2～3 个叶片后，茎下部分蘖节上形成侧茎，并露出地面 1～2 cm。

抽穗：穗从叶鞘顶端或侧端露出。针茅属穗子不易抽出，以针芒露出作为抽穗。

开花：在穗上出现花药，散出花粉。自花授粉的花药不露出来，但在芒尖可见弯曲的花丝，也可用针将花颖拨开，如果花药破裂应记为开花。在不利天气条件下(空气湿度大、降水等)，异花授粉的也可采用拨查法。

种子成熟：穗上部变黄，籽粒变硬，呈现该品种的固有颜色，易脱落。

黄枯：植株地上器官约有三分之二枯萎变色。

3. 豆科草类发育期及其标准

豆科牧草属双子叶植物，叶子多为羽状或掌状复叶，着生于叶柄，通常有叶托；花聚集成总状花序，花冠有 5 个花瓣，一般牧草多属于蝶形花冠；果实通常为荚果，单个或多个；根为发达的直根系，耐旱性强，根部有根瘤能固定大气中游离的氮素，增加绿色部分和种子的蛋白质含量，以及土壤中的含氮物质，是很有发展前途的饲料，营养价值很高。常见的有黄花苜蓿、草木樨、直立黄芪、胡枝子等。

观测如下发育期：

返青(出苗)：春季越冬植株的叶子变绿，出现新的小叶或播种植株幼苗出土，两片子叶展开。

分枝形成：主茎基部或叶腋间产生侧芽，并形成新枝约 2 cm。

花序形成：叶腋间出现明显可见的花序。

开花：植株上有一朵花的花瓣展开。

果实成熟：第一批荚果和种子呈现该品种的固有颜色，籽粒变硬。

黄枯：植株地上器官约有三分之二枯萎变色。

4. 莎草科草类发育期及其标准

莎草科牧草属单子叶植物,多为多年生草本,很少为一年生。常生于湿地或沼泽中,簇生或有匍匐根茎;茎有节,茎节不增粗,茎内部充满髓,通常呈三棱形;叶子成直线形甚至细线形,大部分簇生于茎的下部或茎基;花极小且不明显,两性或单性;穗有时是单个的,但大多数是多个的;果实为坚果。常见的有寸草苔、披针苔、沙苔、蒿草等。

观测如下发育期:

返青:春季越冬植株从根茎上长出幼芽露出地面,出现淡绿色绿叶。

花序形成:在叶丛中出现浅褐色或褐色花序顶芽。

开花:小穗出现黄色花药。

果实成熟:小穗中小果实变硬,变干,易脱落。

黄枯:植株地上的器官约有三分之二枯萎变色。

5. 杂类草发育期及其标准

天然草场上的植物除禾本科、豆科、莎草科之外,其他各科植物如菊科、藜科、百合科、蔷薇科、伞形科、唇形科等统称为杂类草,在天然草场上杂类草占有很大的比重,种类很多,不做一一规定,主要观测的发育期如下:

返青(出苗):同禾本科或豆科。

花序形成(现蕾):同豆科或莎草科。

开花:同豆科或莎草科。

种子或果实成熟:种子变干,变硬,浆果果实变软有汁。

黄枯:植株约有三分之二的叶和茎枯萎变色。

6. 灌木、半灌木发育期及其标准

灌木、半灌木均为无明显主干的木本植物。半灌木木质化较灌木差。灌木、半灌木主要生长在荒漠半荒漠草场,是当地优势种植物,虽分别属于豆科、杂类草等,但与草本牧草生长发育期特征有明显的差异,因此,要按如下特征进行观测:

返青(芽开放):春季植株花芽突起,鳞片开裂,或叶芽露出鲜嫩的小叶。

展叶:观测的植株有小叶展开。

新枝形成:在主茎或侧枝上,出现了新生枝条长约 2 cm。

开花:花序上出现开放的花朵。

果实成熟:果实(荚果、浆果、蒴果)呈现该品种固有的颜色,种子变硬。

黄枯:当年生枝条老化,叶片变色或触及易脱落。

5.1.2.3 牧草生长状况的观测

1. 牧草高度(长度)的测量

(1)一年生或多年生草类高度(长度)的测量

1)测量时间

从牧草返青(出苗)开始,每旬末测一次生长高度,月末测草层高度和再生草草层高度,直到高度不再增加为止。

2)测量方法

高度测量同普通的米尺,以厘米为单位。

①生长高度:一年生或多年生草类(禾本科、豆科、莎草科、杂类草)在牧草高度观测小区内进行,各种观测牧草各固定 10 株(丛)共 40 株(丛)。从地面测至伸直叶片或茎、花序的顶端(不包括芒)。匍匐茎测量其长度。

②草层高度(自然高度):草层高度的测量是在每个生长高度观测小区内进行,各选有代表性的 5 个测点和放牧场观测点选 4 个点将直标尺垂直地面,平视草层的自然状态草层高度,对突出的少量叶和枝条不予考虑。将观测地段和放牧场的测值分别平均,即为该地区观测地段草层高度和放牧场草层高度。如果草层的高度分为两层:即高草层和低草层,则在每次测草层高度时,都要分两次读数,第一次读高草层,第二次读低草层(图 5-1-4),分别平均。测量的数据以分数的形式表示:分子记高草层的读数,分母记低草层的读数。植被稀疏和不均匀的荒漠、半荒漠草场不测草层高度。

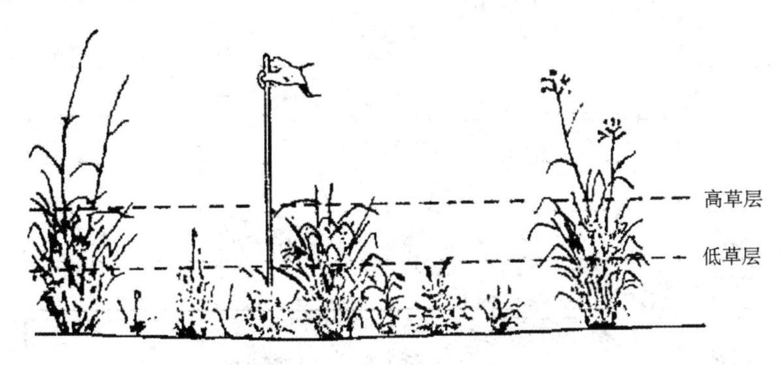

图 5-1-4　草层高度测量示意图

③再生草草层高度:测产的下一个月开始在测产样方上测量再生草草层高度,并填写其测产日期。

(2)灌木、半灌木新生枝条长度的测定

灌木、半灌木生长高度的测量采取定株观测,每个小区固定 5 株生长状况中等的观测品种测定新生枝条(新茎)长度。

①观测时间

从新枝形成普遍期后,每旬末进行测量,直到长度不再增加。

②观测方法

测量当年长出的新生枝条或新茎的长度。每个株丛从中部 4 个方位,各固定一个枝条进行测量。4 个小区共 80 枝(茎),每次测量从植株上一年木质化顶部测至枝条顶端(每次枝条不固定)。求出平均单枝长度,以厘米为单位。

2. 牧草覆盖度的观测

牧草覆盖度是以在一定面积(长度)内,牧草对地面的投影面积(长度)占总面积(长度)的百分比。

(1)观测地点和时间

多年生或一年生草类覆盖度在测产小区内进行。灌木、半灌木植被非常稀疏,可在观测地段内有代表性的地方进行测定。在每次测定产量前，先观测覆盖度再进行产量测定。

(2)一年生或多年生草类覆盖度的观测

采用目测法在测产样方内，从牧草的上方与地面垂直目测估计混合牧草的覆盖程度，按10等分估计，如1 m^2 范围的牧草覆盖地面达8成时覆盖度记为80%，四个小区取其平均值，取整数记载。

(3)灌木、半灌木覆盖度的观测

在荒漠、半荒漠草场，灌木、半灌木或非常稀疏的植被用线段法测定。在灌丛生长状况有代表性的地方，取长度为50 m的两个重复，共100 m。将皮尺在植株上方水平拉过，垂直观测皮尺下植株覆盖地面的各段长度(图5-1-5)，以厘米为单位取整数，计算植株覆盖地面的各段长度总和占总长度的百分比。

$$覆盖度=\frac{植株覆盖地面的长度总和(cm)}{10000(cm)}\times 100\%$$

图5-1-5所示的覆盖度(%)$=\frac{239}{10000}\times 100\%=2\%$.

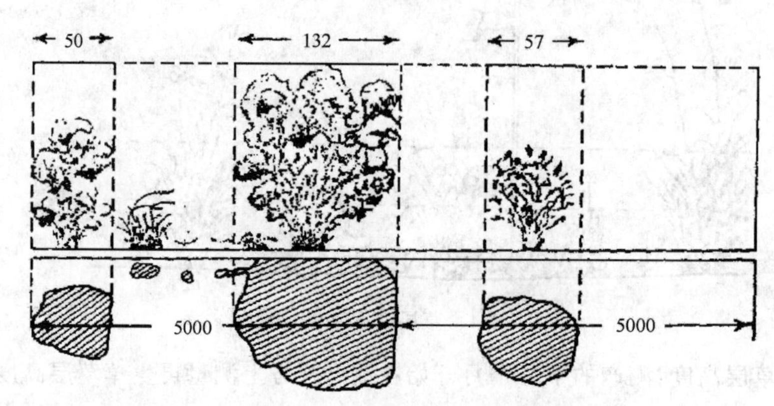

图5-1-5　线段法测灌丛覆盖度示意图(单位：cm)

3. 灌木、半灌木密度的测定

荒漠、半荒漠草场进行此项测定。5月末和8月末测产前，在观测地段的4个区域内各量100 m^2 的面积(4 m×25 m)，分别数其观测品种的株丛数，其余的灌木、半灌木记入“其他”栏内。求出每公顷分种(含其他)株丛数和总株丛数。

每公顷分种株丛数=400 m^2 分种草的株丛合计×25

每公顷总株丛数=各分种草(含其他)每公顷株丛数之和。

4. 牧草产量测定

(1)多年生或一年生草类产量的测定

1)测定时间

在所观测的牧草返青，优势草生长高度≥5 cm后，每月末测定一次，直到黄枯期止，黄枯期距月末在五日内不测。

2)取样地点和方法

在4个测产小区内，分别取1 m^2 的样本进行测定。具体做法是事先做一内面积为1 m^2

的方框(4 根宽 5 cm、厚 1 cm、长 110 cm 的板条或角铁),观测时将方框平整、垂直放在测点上,使方框两侧的整株草隔开。先观测覆盖度,再按以下步骤进行产量测定:

①测定分种牧草的鲜重:将方框内观测发育期的草种,按先高后低的顺序,留茬高度约为 3 cm,分别剪下分种称重,编好号放入布袋,对其中主要的一种要数清株数,并计算千株鲜重。以 g(克)为单位。牧草高度低于 10 cm 或枯黄期,大部分牧草种类难以辨别,只测混合草总产量。

②测定灌木、半灌木鲜重:在一年生或多年生牧草的测产样方内有灌木、半灌木时,取测产样方内所有灌丛的四分之一新生枝条装袋、称重、计算。

$$\text{测产样方内所有灌木、半灌木鲜重}=\text{四分之一新生枝条重量}\times 4$$

③测定杂草鲜重:将框内其余牧草(有毒和有害牧草分开)按分种草测定方法全部剪下或割下,编号放入布袋,编号顺序不要混淆。鲜草称重要及时,割后最迟不宜超过半小时。有害和有毒牧草不计入产量内。

④测定干重:将装好的布袋带回站内放在通风处风干。待风干后分别称重,每隔三天复称一次,两次称重差值与前者之比不超过 2%时,后者为风干重。然后计算每平方米各分种牧草、灌丛、杂草和混合草鲜重、干重及干鲜比。

⑤产量计算:

牧草产量测定的各重量单位均取一位小数。

$$\text{千株重(g)}=\frac{\text{4 个测产区主要牧草种类鲜重合计}}{\text{4 个测产区主要牧草种类株数}}\times 1000$$

$$\text{分种牧草重}(g/m^2)=\frac{\text{4 个测产区分种草重合计}}{4}$$

混合草重量(g/m^2):4 个测产区分种牧草、灌丛、杂草(鲜或干)重量(克)按区相加,各区合计除以 4。

$$\text{总产量}(kg/hm^2)=1\ m^2\ \text{混合草重量}(g/m^2)\times 10$$

$$\text{干鲜比}(\%)=\frac{\text{合计干重}}{\text{合计鲜重}}\times 100\%$$

(2)灌木、半灌木产量的测定

①测定时间

在荒漠、半荒漠草场,从新枝形成达到普遍期且长度≥5 cm 后,每月末测定一次,直到黄枯期。

②取样地点和方法

在观测地段 4 个区域,每区各观测品种根据地段株丛数量多少、体积大小选定 2~4 株(观测品种不足 3 个时,样本量不应少于 4 株),做上标记,分两批观测用。观测时用两根渔网线将单株灌丛分成四等分,每次贴老枝干按顺时针方向剪取该株丛的四分之一当年生长的新枝叶(或新茎),按品种分区装入布袋,用感量为 0.01 g 的天平称取鲜重和风干重。求出平均每株丛鲜干重。每株丛取 3 次,留下四分之一继续生长。第 4 次测产采用另外一批。如灌丛间还有一年生或多年生牧草,则应在每个区域取 1 m^2 的样方(共 4 m^2),将草离地面 3 cm 全部剪下(灌木、半灌木除外)称其混合草重,做好标记,装入布袋,待风干后称重(方法同草类)记入杂草栏。最后求算灌丛分种单株重、每公顷产量、杂草重、干鲜比。由于观测品种数量有限,灌丛间体积、重量差异又大,平均单株重代表性差,故暂不计算混合草重量和总产量。

③计算法

1/4 株丛平均重(g)=各区分种灌丛的 1/4 株丛(鲜、干)重合计/分种样本株丛数

单株丛重(克)=4×1/4 株丛平均重

分种公顷产量=分种单株丛重量×分种密度(株丛/hm^2)

分种密度采用规定时间测得的密度数值(每公顷株丛数),不需另行测定。

公顷杂草鲜、干重(kg)=4 m^2 杂草重(g/m^2)×2.5

(3)再生草产量的测定

一年或多年生草类秋季最后一次测产时,必须把以前各次测产样方内的再生草产量分别做一次测定,只测混合草产草量,不需分种测定和计算公顷产量,再生草高度<5 cm 可不测。测定方法见 5.1.2.3 节有关内容。如工作量大,当日完不成可延至第二天。

(4)几点说明

①遇有干旱年份,牧草生长缓慢,甚至无增长,月末仍应测产,但要在备注栏中注明。

②在规定测产日,如遇有特殊天气(大风、大雨等)而无法进行测产,可根据情况将测产日期顺延,但需在备注栏注明。

③注意样品保管,勿散落和霉变。

5. 草层状况评价

(1)观测地点、时间和方法

在观测地段上不分区进行草层状况的评价。从返青到果实(种子)成熟期,每月末在产量测定时对观测地段草层状况评定一次,采用等级评定法,评定优、良、中、差、很差。在评价整个草层状态时要考虑不同时期的下列性状:牧草的草层高度、覆盖度、密度、分枝情况和产量等,以及与历年的比较。高度、密度、覆盖度资料采用月末的观测记录,其余项目由观测员借助工作经验目测确定。

有时草层外观很好,但混入了有毒和有害的草类,等级评价应降低。当草层遭受气象灾害或病虫等的危害时,状态的等级评价依牧草的受害程度而定。

(2)草层状况评价标准

评价标准分以下 5 级:

等级	草层状态	草层特征
1	优	春季返青快,发育繁茂,枝叶生长良好,无干枯征兆,草层经济性状处最佳状态。产量较高,夏秋覆盖度>80%
2	良	春季返青良好,各类家畜均适宜放牧,夏秋季牧草发育良好,草层呈绿色,仅个别地方有黄斑状,产量较好,覆盖度达 61%~80%
3	中	春季草层发育较正常,小家畜尚可放牧,大家畜放牧困难。夏季草层高度中等,不够均匀,产量中等,夏秋覆盖度 41%~60%;秋季植株变黄较早,有时草层受到天气灾害和病虫的危害
4	差	春季返青生长不良,草层稀疏,不适宜放牧;夏季牧草发育受到抑制,发育期缩短,植株矮小、稀疏;没有新枝,牧草产量很低,无增长量,秋季大多数植株过早黄枯,新枝少、发育不良,最大覆盖度在 21%~40%。有时草层受天气灾害和病虫危害严重
5	很差	植株极少,覆盖度<20%,有时根本就不返青,草场不能利用

6. 放牧场家畜采食状况的观测

(1)放牧场采食度评价

在观测地段附近的放牧场上进行。自返青期到干枯期，每月末观测。

按下列等级对放牧场采食度进行评价：

等级		采食程度
1	轻微	很少采食或家畜根本未接触
2	轻	牧场轻微踏毁，草层中度采食，尽管许多被啃食过，但牧草主要部分被保留下来
3	中	牧场踏毁适中，可以正常放牧
4	重	牧场踏毁较重，草层被采食得很低，但地面上仍有剩余
5	很重	牧场踏毁严重，过度啃食，土壤裸露

(2)家畜采食率概算

进入打草季节，在四个观测区域的当年观测区内，各选一个代表性的样方(共 4 m^2)，按当地习惯留茬高度测定各区混合牧草鲜重 Y(距月末产草量测定日 5 天或以内，可不另测)，同时在放牧场观测点也选 4 个样方，测定各区混合牧草鲜重 Z，概算家畜采食率，以百分率整数记载。灌木、半灌木草场可不测。

$$采食率=\frac{Y(合计)-Z(合计)}{Y(合计)}\times 100\%$$

5.1.3　任务实施

任务实施的场地：应用气象实训室、农业气象试验站、校园内外草地。

设备用具：投影仪、白板或黑板、米尺；烘箱、天平；畜牧气象观测记录簿。

实施步骤：

(1)教师讲授主要内容；

(2)农田、野外实际观测，教师演示操作过程；

(3)抽查学生操作，其他学生指出问题，教师予以评价；

(4)将学生分成若干小组；

(5)分小组完成观测工作，教师给予评价；

(6)完成任务工单中的任务。

5.1.4　拓展提高

几种优质牧草简介

黑麦草：黑麦草是饲养猪、鹅、兔、羊等畜禽的优质牧草，种草养畜是一种种养结合的优良模式，是获取较高经济效益的一条好途径，黑麦草是冬季牧草的最佳品种，它具有适应性好、易种植、产量高、营养好、适口性好的优点。黑麦草一般在秋季栽种。

墨西哥玉米草：墨西哥玉米草是一年生的优质牧草，其茎秆粗壮，枝叶繁茂，质地松脆，味甜，牛、羊、猪、鱼、鸡、鸭、鹅都爱食。

再生能力强，年可割7～9次，每1亩产青草2万kg以上。营养丰富，粗蛋白含量为13.68%，赖氨酸含量0.42%。

玉米草既耐酸也稍耐盐碱、耐水肥、耐热，对土壤要求不严，在我国凡是能种玉米的地区均可种植。茎叶直接饲喂，也可青贮，消化率较高，赖氨酸含量高达玉米粒含赖氨酸的水平，投料20 kg即可养成1 kg鲜鱼，用它喂奶牛，产奶量比喂普通饲草提高5%～10%。种一亩墨西哥玉米草，可顶8～10亩玉米。

墨西哥玉米草播种季节与各地玉米近似，可育苗移栽，也可直播。行株距50 cm×30 cm，每亩5000～6000株穴，每穴2～3粒，播深2 cm，亩用种约1 kg。苗高50 cm可第一次刈割，每次留茬比原来留茬高度稍高1～1.5 cm，注意不能割掉生长点，以利再生。

皇竹草：皇竹草是从哥伦比亚引进的杂交育成多年生禾本科植物，生长期可达到25年。它具有高产、优质、用途广泛等优点，被誉为饲草之王。

皇竹草营养丰富，富含动物需要的17种氨基酸，干草粗蛋白含量达18%，精蛋白含量达16%，每亩所产鲜草相当于8～10亩玉米蛋白质含量，是草食畜禽的优质饲料。产量高，每年可收割10～12次，亩年产鲜草2万～2.5万kg，可喂4～6头牛，20～40头羊，200～400只兔。

用途广泛，效益好，使用该草喂畜禽可加快生长速度，降低饲料成本，以养牛为例，每头可增加收益300～400元。根系发达、生长茂盛、体型高大、茎秆坚实，可作绿篱围栏，可防洪护堤、保持水土，可绿化大地，美化环境，可作为生产纸张和食用菌的原材料，其汁还是无公害的绿色饮料。

适应性强，适宜各种土壤，耐瘠、耐湿，栽培简单，管理粗放，只需深耕松土，用农家肥作底肥，开出排水沟，亩用种量1000株，按行、窝距70～90 cm挖窝，土质较差适当增加栽种量，栽种时用土压实，浇足定根水。成活10天后，每亩用15～20 kg尿素提苗，每次收割后视情况施肥。该草几乎无病虫害，只需防治土蚕危害即可。

收割采用整株收割方式，留茬10～20 cm。饲喂兔、鸡、鹅、鱼、猪需收割嫩一些，饲喂牛、羊收割可老一些，繁殖可采取压秆和分蘖方式。

皇竹草在南方一年四季都可以栽种，北方除了冬天，其他季节也可以种。

台湾甜象草：台湾甜象草是从台湾地区引进的优质高产牧草。据台湾牧草种植委员会统计，每公顷产量为200～400 t，即亩产14～28 t，抗寒能力强于皇竹草，粗蛋白含量稍低于皇竹草。有关科研单位对台湾甜象草和桂牧1号杂交象草进行了为期两年的比较试验研究。结果表明，两品种均能适应试验地环境条件。台湾甜象草产草量最高，鲜草产量达到15423 kg/亩，比桂牧1号杂交象草的10367.2 kg/亩增产5055.8 kg，提高了32.8%，而且较耐寒，越冬后恢复生长快，抗性较强，试验期间未发现病虫害，粗脂肪、钙、磷含量均稍高于桂牧一号。是一种高产优质的牧草，值得推广应用。

紫花苜蓿：紫花苜蓿为苜蓿属多年生豆科植物，是世界上栽培最广泛、最重要，也是我国分布最广、栽培历史最久、经济价值最高的豆科牧草，被誉为“牧草之王”。1 kg优质紫花苜蓿草粉相当于0.5 kg精饲料的营养价值。氨基酸含量非常高，干草中必需氨基酸含量是玉米的5.7倍，并含有多种维生素和微量元素。据不完全统计，1997年我国有苜蓿栽培面积18万hm^2，随着我国农业结构的调整、畜牧业尤其是奶产业的蓬勃兴起，苜蓿产业必将会得到更大的发展。

紫花苜蓿适应性广泛，喜温暖和半湿润到半干旱的气候条件，在年降水量只有 300 mm、pH 值为 6.5～8.0 范围内均能生长。最适宜在地势高燥、平坦、排水良好、土层深厚、沙壤土或壤土中生长。具一定的耐盐性，据测定，幼苗的耐盐度(全盐含量)为 0.3%，成长植株的耐盐度一般为 0.4%～0.5%。国际上根据抗寒性的不同，将紫花苜蓿品种分为 10 个休眠级。休眠级为 10 的品种冬季不休眠，适于冬季温暖地区种植；休眠级为 1 的品种，适宜于冬季极其寒冷的地区种植。

任务 5.2　放牧家畜、牧事活动、畜牧气象灾害观测和调查

5.2.1　任务概述

【任务描述】

家畜观测调查除调查基本情况外，每月末日的早或晚在宿营地或棚圈内进行家畜头数、膘情项目的调查。家畜头数包括畜群总头数、成畜数、幼畜数。膘情调查，根据家畜特征评定膘情等级，并对膘情变化进行分析。当灾害出现后，及时进行畜牧气象灾害观测调查记载。

【任务内容】

(1)放牧家畜基本情况调查；

(2)放牧家畜膘情观测和调查；

(3)牧事活动观测、调查；

(4)畜牧气象灾害观测调查；

(5)生产性能调查。

【知识目标】

(1)熟悉放牧家畜基本情况观测和调查的内容；

(2)熟悉放牧家畜膘情、牧事活动观测和调查的内容；

(3)掌握畜牧气象灾害观测调查的方法。

【能力目标】

会放牧家畜基本情况观测和调查；会放牧家畜膘情观测，能进行放牧家畜膘情、牧事活动调查，能进行畜牧气象灾害观测调查。

【素质目标】

(1)熟悉观测规范；

(2)熟悉观测内容；

(3)培养学生团结协作的精神；

(4)提高学生自主学习的能力。

【建议课时】

4 课时，其中包括实训 2 课时。

5.2.2　知识准备

5.2.2.1　家畜观测调查的要求、调查时间和方法

(1)以当地主要畜种为主，固定畜群进行调查。在重大气象灾害发生后应扩大调查种类和

调查范围，写出专题报告。调查畜群必须在当地具有代表性。

（2）主要采用实地观测调查，严防道听途说，进行记载。对一些直接取得资料有困难的项目，可在畜群所属单位熟悉情况的人员协助下进行或通过放牧人员进行观测调查取得，但要使放牧人员了解我们调查的内容和标准。

（3）家畜基本情况调查每年调查一次。每月末日的早或晚在宿营地或棚圈内进行家畜头数、膘情项目的调查。家畜头数包括畜群总头数、成畜数、幼畜数。膘情调查，根据家畜特征评定膘情等级，并对膘情变化进行分析。

5.2.2.2　基本情况调查

（1）畜群所属单位（个人）名称。

（2）家畜品种。

（3）日平均放牧时数。分春、夏、秋、冬记载。

（4）有无棚舍，棚舍结构（砖木、土木等）、类型（有顶、无顶等）、面积、门窗开向等。

（5）其他。

5.2.2.3　小家畜膘情观测调查

羊等小家畜膘情调查，对成畜和幼畜采用触摸法估测膘情，标准可分为以下四级：

膘情等级	家畜特征
1　上	骶骨饱满，肌肉发达，背部、腰部和肋部有皮下脂肪沉积，腰背脊椎没有显露突出，大尾绵羊尾部有相当多的脂肪沉积
2　中	肌肉发达，背、腰和肋部的皮下脂肪中等，突出部分显露出来，大尾羊尾部脂肪沉积中等
3　下	躯体肌肉发育不良，背、腰、脊椎骨和肋部的突出部分特别明显，摸不到皮下脂肪的沉积。大尾羊尾部脂肪沉积很少
4　很差	瘦弱，行动不便

羊等小家畜膘情的观测，有条件的可以固定5只羯羊，称其体重。

5.2.2.4　大家畜膘情观测调查

牛、马、骆驼等大家畜膘情的观测采用估膘法，按以下四个等级：

膘情等级	家畜特征
1　上	体形滚圆，毛色光滑，骨架的骨节不突出，肌肉发育良好，肩胛骨略可见，胯骨充实，颈下部、臀下部、尾根部和膝部的皮下脂肪可摸到
2　中	体形略见棱角，毛色不甚均匀，骨架的骨节明显，肌肉发达，但不紧，肩胛骨、脊椎骨显露出来。胯骨发育中等，颈、背、腰、臀部较窄
3　下	躯干形状有棱角，毛色无光泽，皮肤较干燥，骨架的骨节明显，脊椎骨突出部分明显外露。肌肉发育不良，摸不到皮下脂肪
4　很差	躯干干瘦，皮毛干燥，行动不便

5.2.2.5 牧事活动生产性能调查

根据调查畜群种类,从以下项目中选择适合的项目进行,每旬末调查一次。

(1)剪毛(抓绒):记载剪毛日期,平均每只产毛重量(kg)。

(2)挤奶:挤奶日期、日产奶量、产奶牛只,平均每只产奶总量(kg)。

(3)配种:开始日期和终止日期。

(4)驱虫药浴:开始和终止日期。

(5)打草:开始和终止日期。每公顷平均产草量(kg)。

(6)产仔:记载产仔日期、产仔率和成活率。

$$\text{产仔率}=\frac{\text{产仔总数(包括死亡数)}}{\text{全群育龄母畜总数}}\times 100\%$$

$$\text{产仔成活率}=\frac{\text{产仔总数}-\text{死亡数}}{\text{产仔总数}}\times 100\%$$

(7)分群:记载具体日期和群体类型。

(8)去势:记载具体日期。

(9)断尾:记载具体日期。

(10)转场日期及转场距离,日行进速度。

5.2.2.6 畜牧灾害观测调查和天气气候影响评述

1. 牧草气象灾害和病虫害等的观测调查

(1)观测调查的时间、地点

当灾害出现后,及时进行观测调查记载。有些不利的天气过后,牧草受害征状并不立即呈现,应仔细观察,及时进行记载。地点以观测地段为主,结合大范围放牧场,打草场进行调查。

(2)观测调查的项目和评价标准

观测调查的主要项目有灾害名称、灾害起止时间、天气气候情况、牧草受害征状、目测器官受害和植株受害程度、受害等级、周围草场受害情况及所采取的防御措施等。观测调查的重点有霜冻、干旱、冰雹、暴雨、大风、病虫害、鼠害等。天气气候情况记载气象灾害发生时的天气气候情况,如最低气温及持续时间、连续无降水日数、降雹时间及最大冰雹直径、降水量、平均风速和瞬间最大风速。评价牧草器官受害程度分为个别器官(叶、枝、茎、根、花、花蕾、花序、子房、果实)受害,部分器官(少于一半)受害,大部器官受害,全部器官受害。评价植株受害程度按轻、中、重、很重灾害等级记载,并描述牧草的受害征状。

(3)霜冻对牧草危害程度评价

等级		受害征状
1	轻	个别植株叶片变成褐色,叶子边缘、叶尖受害
2	中	部分植株的叶片变成褐色,变黑、干枯
3	重	大部分植株的叶片、花序、花蕾、未成熟果实受冻
4	很重	植株全部被冻死

(4)干旱对牧草危害程度评价

等级		受害征状和受害程度
1	轻	个别植株叶子凋萎(<50%)
2	中	部分植株叶片大部分凋萎(≥50%)
3	重	大部分植株的全部叶子、枝、茎、开始泛黄或发褐变干
4	很重	生长季节各种牧草因干旱不返青,草场毫无生机;生长的牧草干枯死亡

(5)冰雹、暴雨、大风对牧草危害程度评价

等级		受害征状
1	轻	个别植株叶、花序、花蕾、子房、未熟果实受损,植株折断
2	中	部分植株叶、花序、花蕾、子房、未熟果实受损,植株折断
3	重	大部分植株茎秆折断、草倒伏、灌木、半灌木当年生枝条断落
4	很重	大部分植株被吹走,根系暴露,或被沙土掩埋

(6)病虫害对牧草危害程度评价

等级		受害征状
1	轻	个别植株叶片受害,残缺不全
2	中	部分植株叶片、花、果实、茎受害
3	重	大部分植株叶片、花、果实和茎受害
4	很重	全部植株茎、叶受害

(7)草地鼠对牧草危害程度评价

等级		受害征状
1	轻	草根被挖食,有明显挖出的新土丘、洞口,占地面积<10%
2	中	草根明显被挖食,挖出的新土丘、洞口,占地面积达25%
3	重	草场严重破坏,有新挖出的新土丘、洞口,占地面积达50%
4	很重	草根裸露,植株大量死亡,新土丘、洞口,占地面积>50%

每次灾害观测调查后,3级或以上的灾害,要扩大调查范围写出调查报告,写明灾害名称、发生时间、强度、受害程度、受害面积、调查日期和调查人姓名。并说明采取的防治措施。

2. 家畜气象灾害和病虫害等的观测调查

(1)观测调查的时间、地点和项目

遇有灾害发生应立即对放牧场和畜群进行观测调查,并记载以下项目:灾害起止日期、天气气候情况、家畜受害情况、受害程度、周围畜群受害情况和防御措施等。观测调查的重点有白灾、黑灾、暴风雪、大风、风沙等。

(2)白灾(雪灾)

冬春牧场降雪过多时,积雪过深掩埋牧草,家畜采食困难或根本采不到食,因饥饿而消瘦

以至死亡。这种灾称为白灾或雪灾。

白灾的发生不仅受降雪量、积雪深度、密度和时间的影响，而且与草场状况、牧业生产方式(放牧与舍饲)及补饲条件等紧密相关。

①起止日期

记载牧场形成白灾的起止日期。

②天气气候情况

以过程降雪量和草场积雪深度表示。草场积雪深度的观测，按照《地面观测规范》雪深和雪压观测方法，降雪后在气象站附近放牧场上选择地形和牧草有代表性的 4 个点测出平均雪深，并测出最大积雪深度。

③家畜受害情况

记载家畜放牧时间、采食、补饲、膘情、死亡等情况以及防御措施。

白灾发生时，家畜处于饥寒交迫的环境条件下，得不到草料补充，膘情显著下降，对不利环境和疾病的抵抗能力大大降低，常常造成母畜流产，仔畜死亡率增高和老弱病畜的死亡，还将影响家畜放牧、卧盘和压损棚舍等。

另外，由于冬季积雪，造成土壤湿度过大，春季地温升高较慢，造成牧草返青日期后延，春季家畜迟迟吃不到青草，影响膘情。

④受害程度评定

根据积雪深度、目测积雪掩埋牧草深度及家畜采食情况等，按以下灾害指标综合评定灾害程度和受害等级。

<table>
<tr><th colspan="2">灾害等级</th><th>草场类型</th><th>积雪深度
(cm)</th><th>积雪掩埋牧草
相当于牧草平均
高度百分数(%)</th><th>家畜受害情况</th></tr>
<tr><td rowspan="4">1</td><td rowspan="4">轻</td><td>高寒草甸草场</td><td>3～5</td><td>30～40</td><td rowspan="4">影响牛的放牧采食，对羊的影响尚小，对马放牧无影响</td></tr>
<tr><td>草甸草场</td><td>15～20</td><td>30～50</td></tr>
<tr><td>草原草场</td><td>10～15</td><td>30～50</td></tr>
<tr><td>荒漠半荒漠草场</td><td>5～10</td><td>30～40</td></tr>
<tr><td rowspan="4">2</td><td rowspan="4">中</td><td>高寒草甸草场</td><td>6～10</td><td>40～65</td><td rowspan="4">主要影响牛、羊放牧采食，对马的影响尚小</td></tr>
<tr><td>草甸草场</td><td>20～25</td><td>50～65</td></tr>
<tr><td>草原草场</td><td>15～20</td><td>50～65</td></tr>
<tr><td>荒漠半荒漠草场</td><td>10～15</td><td>40～65</td></tr>
<tr><td rowspan="4">3</td><td rowspan="4">重</td><td>高寒草甸草场</td><td>10～15</td><td rowspan="4">65～80</td><td rowspan="4">各类家畜放牧均受影响，如果防御措施不当，将造成大批家畜死亡</td></tr>
<tr><td>草甸草场</td><td>25～30</td></tr>
<tr><td>草原草场</td><td>20～25</td></tr>
<tr><td>荒漠、半荒漠草场</td><td>15～20</td></tr>
<tr><td rowspan="4">4</td><td rowspan="4">很重</td><td>高寒草甸草场</td><td>>15</td><td rowspan="4">80～100</td><td rowspan="4">家畜无法放牧，大量死亡</td></tr>
<tr><td>草甸草场</td><td>>30</td></tr>
<tr><td>草原草场</td><td>>25</td></tr>
<tr><td>荒漠半荒漠草场</td><td>>20</td></tr>
</table>

白灾发生后，在放牧场上除了进行积雪覆盖深度和放牧难易程度的观测外，还要对牧场上积雪的表面和土壤表面冰壳的覆盖情况(分布、厚度等)和对放牧的影响进行观测。

(3)黑灾(旱灾)

冬春放牧场上，人、畜靠吃雪解决供水问题，由于地表积雪少或者根本没有积雪，致使家畜长期处于缺水的条件下而造成的一种"渴灾"。这种灾害，实质上是旱灾，局限于无水草场被选作冬春牧场时才可能发生。

1)起止日期

黑灾发生在冬春日平均气温在0℃以下，成灾后以连续无积雪(含有积雪但积雪连续日数不足3 d)的开始和终止作为灾害的起止日期。

2)天气气候情况

灾害发生期间连续无积雪的日数。

3)家畜受害情况

黑灾对家畜的危害结合干旱对牧草的危害进行分析。对家畜的危害概括起来有以下两个方面，每次调查时，需要参照描述。

①难以解决饮水问题，畜群不能转入无水的冬季牧场；如果已经转入冬季牧场也需提前撤出。

②家畜处于长期缺水的条件下，虽未造成家畜大批死亡，但生理机能失调，新陈代谢受阻，造成家畜掉膘，特别是怀孕母畜，在水草奇缺时，为找水而长途跋涉，影响胎儿的正常发育。同时黑灾发生时还影响正常的放牧规律，并为一些传染病的发生创造了条件，加重寄生虫对畜体的危害程度，严重时也可造成家畜的大批死亡。

4)受害程度评定

以连续无积雪日数结合家畜受害情况按以下指标确定灾害程度等级。

等级		连续无积雪日数(d)
1	轻	20～40
2	中	41～60
3	重	61～80
4	很重	≥81

(4)暴风雪(冷雨、湿雪)

暴风雪为伴随显著降温和大风的降水天气过程。当降水以雪的形式出现时则称暴风雪，以雨或雨夹雪的形式出现时为冷雨、湿雪。

1)起止日期

记载暴风雪(冷雨、湿雪)天气过程出现的日期。

2)天气气候情况

记载过程降水量、日平均气温、风速、24小时的降温幅度等。一般以日平均气温≤5℃，24小时降温≥6℃，日降水量≥5 mm，风速≥8 m/s为指标。强度愈强灾害愈重。灾害发生后需认真记载上述要素值的实况。

3)家畜受害情况

①成畜：在放牧或转场时，遇到暴风雪的袭击，畜群受惊往往辨不清方向而顺风奔跑，甚至

掉进井、坑、湖泊、水泡和雪洼里。跑的时间过长,大量消耗体力,由于出汗多,更感寒冷。在秋季,放牧家畜长时间受雨淋后,加上剧烈的降温和大风的影响,家畜不能正常采食,体温下降,表现出弓腰、颤抖、瘫痪以致死亡。如剪毛后的羊只遇到冷雨或湿雪,就会有更大的危害,轻则感冒,重则冻伤或死亡。

②怀孕母畜:怀孕母畜在妊娠中、后期,一旦遇有暴风雪天气,受惊在逆境中奔跑,容易导致机械性流产。在春季,母畜处于饥寒交迫的环境,由于膘情差,抗寒能力相对较低,即使在棚圈内,也常常互相上垛、挤压取暖,往往造成瘦弱的怀孕母畜流产,有的母畜被活活压死。

③新生幼畜:新生幼畜体弱,对外界的不利环境抵抗能力差,对强降温和大风非常敏感,加上母畜采食不足,泌乳量减少、体弱,常爆发恶性传染病,特别是在恶劣天气反复出现时,导致新生幼畜死亡率剧增。

4)受害程度评定

根据气象要素强度和家畜受害情况,结合牧民的经验确定受害程度,按轻、中、重(1 级、2 级、3 级)记载。

(5)大风与风沙

大风是指瞬间风速达到或超过 17 m/s;风沙是指地面观测中的沙尘暴。由于强风将地面大量沙尘吹起,使空气混浊,出现水平能见度<1000 m 的天气现象。

大风和风沙对放牧家畜的危害较大情况,往往当风速达到 5～8 级时难以出牧,由于能见度差,家畜受惊后炸群乱跑,被吹散、摔伤,在转场期间损失更大,同时还会导致传染病流行或因草场破坏,膘情下降或死亡。

根据天气气候情况和家畜受害情况结合牧民的经验,评定受害程度,按轻、中、重、很重记载。

(6)疾病及虫害的调查

家畜疾病及虫害调查一般每月末进行。疾病大范围发生时随时调查如下项目:

①疾病发生日期、疾病名称、头数。应尽可能地记录发生、发展(或死亡)、病状消失及其治疗方法等。并统计发病率和死亡率。

$$发病或死亡率=\frac{牲畜发病(或死亡)数}{全群(包括病亡畜)数}\times 100\%$$

②危害家畜的虫害很多,各地常见的种类不同,台站可根据当地实际情况调查,记载初见和终见日期及危害情况。

③疾病和虫害防治采取的措施。

3. 天气、气候条件对畜牧业生产影响的评述

根据观测和调查资料,评述全年天气、气候对牧草生长发育和家畜放牧有利、不利的方面和影响,水、草对牲畜的满足程度并与历年进行比较分析。

5.2.2.7 畜牧气象观测记录簿的填写

1. 农气簿-4 基本情况

农气簿-4 共有 3 册,农气簿-4-1 为分种牧草观测记录簿,农气簿-4-2 为牧草综合观测记录簿,农气簿-4-3 为分种畜群调查记录簿。

2. 农气簿-4-1 的填写

(1)封面

牧草名称,如观测的为灌木、半灌木,除填写名称外,应在名称后注明,如××(灌木)。

(2)发育期观测记录

每个小区(或区域)观测 10 株或 5 株,在表头注明观测总株数。观测时若某株进入发育期,就把株号填写在相应的小区(或区域)栏内,累计进入发育期的株数和计算百分率。没有进入发育期时只填观测日期,记明未进入下一发育期。目测项目不需统计百分率,只记载目测的普遍期。

(3)牧草生长高度(长度)测量记录

草类的生长高度和灌木、半灌木的新枝长度均记入生长高度(长度)测量记录页。草类每小区测定 10 株,按要求在相应栏填写;灌木、半灌木,每栏记入 2 个枝条长度,按区号和株号顺序填写,2 个株号记录 1 个植株的 4 个枝条,80 个枝条求出平均,取厘米整数。

3. 农气簿-4-2 的填写

(1)观测地段、放牧场观测点说明

填写牧草观测地段及放牧场观测点说明,绘制其分布示意图。示意图标明地段及放牧场在台站的方向、地段地形、面积、小区和观测点的位置。

(2)草层高度(自然高度)测量记录

分地段和放牧场两部分,分子记高草层高度,分母记低草层高度。均以厘米整数记载。

(3)再生草草层高度测量记录

各次测产样方的再生草草层高度均记入该页。测产的下一个月即开始测再生草层高度,按测产日期的早晚顺序记录,以厘米整数记载。

①测量日期:记载测量草层高度的日期。

②测产日期:记载样方当时测产的日期。

由于测产样方逐月增加,再生草草层高度测量样方和记录栏也逐月增加。

(4)牧草覆盖度观测记录

①一年生或多年生草类,记在再生草产量栏下方该栏内,分区以百分比表示,求其平均取整数记载。

②灌木、半灌木或稀疏植被,将两个 50 m 长度内植株覆盖段的各个长度,记入观测簿灌木、半灌木覆盖度测定记录页内,求其合计、覆盖度(%)。

(5)灌木、半灌木的密度测定记录

各区分种记录 100 m^2 内株丛数,未作观测品种的灌丛数量,统计后记入“其他”栏内。每公顷分种株丛数和总株丛数记入相应栏。

(6)牧草产量测定记录

草类和灌丛的产量采用同一格式,每次测定占用 2 页。

①多年生或一年生牧草,对所观测品种的牧草测分种产量,分别记录,其中各区的灌木、半灌木所有株丛重量记入灌丛分区,计算合计、平均,其余为杂草产量记入杂草栏,各种牧草(含灌丛)重量之和为混合草重,以 g/m^2 为单位。总产为每公顷牧草产量(kg)。

②灌木、半灌木对所观测品种分种测定产量。在牧草名称栏记明地段测定株数,以便计算

单株丛重。各分种灌丛按区测定各株丛四分之一的重量，填入鲜、干重和合计、平均栏，单株丛重量和公顷产量记入同一栏，以斜线分开，上面为单株丛重，下面为公顷产量。灌丛间一年生或多年生草类分区记入杂草栏，换算成公顷产量。混合草和总产量栏空白。

③再生草的产量分别记入各次测定牧草产量相应栏内。不需分种测定，记录各区混合草干、鲜重、合计、平均(g/m^2)、干鲜比(%)。

(7)草层状况的评价记录

评定整个地段草层状况，记载草层等级，分别以优、良、中、差、很差记入牧草产量页平均栏内。

(8)放牧场采食状况的观测记录

①放牧场采食度按月评定等级，以轻微、轻、中、重、很重记载于草层状况评价栏下方该栏内。

②家畜采食率的概算，于打草季节测定Y、Z值(参见5.1.2.3节)，计算采食率后记入最后一次牧草产量记录页该项的平均栏内。

(9)牧草、家畜气象、病虫等灾害观测调查记录

遇有5.2.2.6节所提到灾害出现后，及时观测调查，分别记入牧草和家畜受害观测、调查记录页内。

(10)天气、气候条件对牧草、家畜影响评述

根据牧草、家畜的观测、调查资料，简要综合分析天气、气候条件对牧草、家畜影响的利弊程度，与历年比较作出气候评价填入该页。

4. 农气簿-4-3的填写

(1)每种调查畜群用一本观测簿。

(2)逐项填写调查畜群基本情况。

(3)膘情调查记录

调查记载家畜不同类型膘情等级的头数。畜群总头数为各膘情等级成畜和幼畜头数的总和，记入纵横合计栏内。死亡头数记载上月调查到本月调查期间死亡数。有条件进行羯羊体重观测的站记载体重项。膘情变化和病畜、死亡现象发生应分析原因，记入膘情分析栏。

(4)牧事活动生产性能调查

牧事活动名称、日期，分别记入牧事名称、日期栏。牧事活动的效果和生产情况记入生产性能栏，例如产毛量、产奶量、产仔率、成活率等。

5.2.3 任务实施

任务实施的场地：多媒体教室、牧场。

设备用具：投影仪、白板或黑板；米尺；台称。

实施步骤：

(1)教师讲授主要内容；

(2)实地观测，教师演示操作过程；

(3)抽查学生操作，其他学生指出问题，教师予以评价；

(4)将学生分成若干小组;

(5)分小组完成观测工作,教师给予评价;

(6)完成任务工单中的任务。

5.2.4　拓展提高

发展肉蛋奶生产　提高人民生活水平

随着国家一系列惠农富民政策的落实和居民收入的稳步增长,我国城乡居民的消费方式发生了显著的变化,居民的消费结构不断升级,生活质量不断提高,生活水平有了明显改善,食品消费的结果有了很大的变化。

为稳定和保障大中城市的主要副食品(蔬菜、畜产品、水产品)的有效供给,我国政府从1988年开始实施了“菜篮子”工程项目。畜产品生产是“菜篮子”工程项目的主要组成部分,畜产品是“菜篮子”的主要产品,其供给状况对于提高人民的食物质量水平,繁荣经济、稳定市场、安定社会,具有十分重要的意义。

近些年,肉蛋奶等食品价格还在持续增长,价格波动大。食品价格连着群众的餐桌,也牵动着经济社会的神经。近来,国务院专门召开了“菜篮子”会议,还连续发出紧急通知,要求各地稳定发展生猪等农产品生产,保障市场供应。

如今重提“菜篮子”,与当年相比,农业发展水平不一样,经济社会背景不一样,面对的问题也不一样。

首先是我国加入世贸组织以后,国内外粮食等农产品市场联系更加紧密。近年来,受气候等自然灾害影响,一些农业大国的粮食生产纷纷歉收,库存减少;一些国家利用粮食作物开发生物能源。这些都导致粮价上涨、饲料价格上涨,带动国内猪肉等畜产品价格上涨。看来我们发展农业,越来越要有全球眼光。

其次,随着农村城市化、城乡一体化进程加快,我国主要农产品供求关系发生了不小的变化。前些年,我国9亿农民当中,大部分劳力在家种田,即使在乡镇企业或在城里打工的,农忙季节大多回家务农。种粮、种菜、养猪,没人把这些劳力当作成本。现在不同了,农村外出劳力稳定务工,农忙时,要么雇工,要么租农机,养猪也用专业饲料,农业生产社会成本增加了。而且,进城务工农民也从生产者变为消费者,拉动了农产品消费。因此,从某种角度看,以往丰富而低廉的农副产品供应,是靠农民廉价的贡献来支撑的。如今,这种局面已经发生了改变,农业稳定发展,农产品市场稳定供应,需要城里人和农村人共同承担,协调解决。

还有,农业生产水平的提高,对农业基础条件提出了更高的要求。近几次猪肉和鸡蛋大幅涨价,禽流感、猪链球菌病、猪蓝耳病都是祸水。近年来,农民养殖水平普遍提高,养殖规模迅速扩大。可是,我国动物防疫基础跟不上趟,一旦重大疫情暴发蔓延,往往损失惨重。由此需要加强基层动物防疫体系建设。

如今,“菜篮子”里又装了新内容,群众既要产品丰富,还要质量安全。我们既要加强农业基础地位丝毫不能放松,又要不断提高现代农业的发展水平。

学习情境6

农业小气候观测

任务6.1　农业小气候观测的一般规范及观测仪器

6.1.1　任务概述

【任务描述】

农业小气候是指农业生物生活环境(如农田、果园、温室、畜舍等)和农业生产活动环境内(如晒场、喷药、农产品贮运环境等)的气候。这些小环境内的气候与农业生物和农业生产有着密切的联系,主要表现在它们之间直接地进行能量和物质交换。农业小气候观测,也就是对农业小气候系统中某些物理特征量的测定。选择使用农业小气候仪器,必须遵循适用的原则。

【任务内容】

(1)农业小气候概述;

(2)农业小气候仪器。

【知识目标】

(1)了解农业小气候观测的特点;

(2)熟悉农业小气候观测的一般规范;

(3)熟悉常用的农业小气候观测仪器。

【能力目标】

会使用常用的农业小气候观测仪器。

【素质目标】

(1)熟悉观测规范;

(2)熟悉观测内容;

(3)培养学生团结协作的精神;

(4)提高学生自主学习的能力。

【建议课时】

4课时。

6.1.2　知识准备

6.1.2.1　农业小气候观测的一般规范

1. 农业小气候观测的范围、内容和特点

(1)农业小气候观测的范围

农业小气候是指农业生物生活环境(如农田、果园、温室、畜舍等)和农业生产活动环境内

(如晒场、喷药、农产品贮运环境等)的气候。这些小环境内的气候与农业生物和农业生产有着密切的联系，主要表现在它们之间直接地进行能量和物质交换。农业小气候范围(尺度)，是以农业生物或农业生产活动所处的地点为起点，垂直方向大约在几米范围之内，一般不超过10 m；水平方向上没有明确规定，小到数米，大到数百米以上。

农业生物和农业生产种类很多，它们分别处在不同类别的农业小气候系统中。农业小气候系统是由众多客观存在的、并通过某些物理过程将其相互联系且相互发生作用的客观实体所组成。由于构成农业小气候系统的实体不同，以及联系这些实体之间的主要物理过程不同，从而区分出不同类别的农业小气候系统。例如，农田小气候系统、园林小气候系统、保护地小气候系统、温室小气候系统、畜舍小气候系统、贮藏库小气候系统以及地形小气候系统、水域和岸边小气候系统等。以上所举各系统，前者的尺度均小，后者的尺度较大。

(2)农业小气候观测的要素

农业小气候观测，也就是对农业小气候系统中某些物理特征量的测定。我们把描述农业小气候系统中的这些物理特征量称之为农业小气候要素。常用的农业小气候要素大致包括如下五个方面：

①表征辐射的各种特征量，如辐照度、辐照时间、总辐射量、光合有效辐射和光照度、光照时间以及辐射的光谱特征等。

②表征热的各种特征量，如介质(空气、土壤、水等)温度、表面温度和环境平均辐射温度等。

③表征气体成分(主要是二氧化碳、氧气等)的各种特征量，如密度(质量浓度)、质量份额、摩尔浓度、摩尔份额和容积份额等。

④表征水汽的各种特征量，如水汽压、绝对湿度、相对湿度、露点和饱和差等。

⑤表征空气运动的各种特征量，如风速(系指水平流速)、垂直速度、风向(指水平方向)等。

农业小气候观测值的计量单位用表示各物理量的国际单位，可以用平均值、极值、积分值等表示，有时也常用各种表格、图等予以说明。

(3)农业小气候观测的特点

农业小气候系统内的小气候与大、中尺度的气候相比，有其自身的特点，这些特点，对农业小气候观测的设计有重要意义，大体上可以归纳为如下三个特点：

①农业小气候系统与大气候相比，没有人工控制设备的(如通风等)系统中，各组成成分之间和能量与物质交换速度比较缓慢，因此，农业小气候要素在空间上的分布差异大，即在水平方向和垂直方向上有较大的梯度。而各要素梯度的存在，使农业小气候观测在空间上的布点显得十分困难。因此，需要周密地选择测点的位置与观测的高度。此外，为了避免仪器和观测人员的影响，遥测和隔测的方法是非常重要且需经常使用的。

②在农业小气候系统中，农业小气候要素的日、年变化特点，除了受外界天气气候背景的日、年变化规律影响外；还强烈地受到系统内农业生物的生命活动和群体变化的影响；有时还要受到小气候系统围护结构、调控设备、管理制度等因素的影响。这样，由几种因素叠加，合成了系统中农业小气候要素日、年变化的特点。这种复杂的时间变化、也增加了农业小气候观测时间设计的困难。为了描述出完整的时间变化规律，连续定时观测的方法也必须考虑。

③农业小气候系统中各组成成分和系统所处的天气气候背景确定后，则该系统特有的农业小气候特征将比较稳定。因此，除非特殊需要，通常不必对农业小气候系统进行长期持续的

观测,一般只在典型季节、典型天气或农业生物、农业生产的关键时期进行观测。农业小气候观测大多是多要素、多点的连续观测。

综合以上观测特点可以看出,在农业小气候观测工作中,短期的、综合的、多测点的自动遥测是十分必要和理想的。在以上观测的基础上,对某农业小气候系统进行长期的观测有时也是需要的,但观测的要素、测点等都比较少。

2. 农业小气候观测的任务

农业小气候观测的主要任务是根据农业科研或生产所提出的要求,对农业小气候环境中的各农业小气候要素进行观测。这些观测的数据,要在一定程度上反映出环境变化的真实情况,供给各类问题的分析使用。

农业小气候观测是与一定观测目的密切联系的,与之相配合的还有农业生物观测、农业技术措施观测以及与农业小气候环境控制技术相配合的观测。

3. 农业小气候观测的分类

农业小气候观测的划分方法一般可分为以下四种,即按农业小气候系统划分、按观测目的划分、按观测期限划分和按观测方法划分。按系统进行分类,可分为农田小气候观测、园田小气候观测、保护地小气候观测、温室小气候观测、畜舍小气候观测、农业地形小气候观测、农业水域小气候观测等。

(1)农田小气候观测

包括没有作物覆盖的休闲地和有作物的农田。此外,又有水田与旱田之分,旱田中又有灌溉地与非灌溉地之别。灌溉地又有畦灌、沟灌、喷灌与滴灌的区别。按作物的种类可分高秆与低秆作物及按种植方式有密植、稀植、间套作之分。通常又按作物种类划分为麦田小气候、稻田小气候、玉米地小气候等等。

(2)园田小气候观测

在农业小气候中,主要的指菜园和果园,也包括花卉栽培地。其中菜园与花圃的小气候观测与农田小气候观测类似,但果园小气候观测则有其特点,在各种果园小气候中,苹果、梨、桃、柑橘等单株主干树型多成行列栽培,树冠较大;葡萄则有成行,搭架等多样形式。此外,野生果林木多在山坡地带无规则生长,应不属园田。

(3)保护地小气候观测

主要是指农田或园田上采取了一定的有益于小气候条件改善的简单保护设施。如地膜覆盖地小气候、阳畦小气候、凉棚小气候、防风障小气候、防护林小气候等。这些农业小气候系统各有特色,在观测内容和方法上,也有一定差别。

(4)温室小气候观测

主要是指冷季使用的植物种植室。包括大棚塑料温室、各种类型(单斜面、双屋面、连栋式等)的玻璃温室。此外,还有加温温室与不加温温室之分。由于用途上的区别,还有开间较小的实验温室与通间的栽培温室之分。由于温室内的作物对小气候形成也有重要影响,还可以有番茄温室、黄瓜温室、叶菜温室、花卉温室之分。

(5)畜舍小气候观测

这里所说的畜舍也包括了禽舍。畜(禽)舍按开放的程度,有全开放式的棚舍(圈)以及半开放式的、全封闭的畜(禽)舍。如果按畜禽种类,则可以分为猪舍、牛舍、鸡舍、羊圈和马厩等。

(6)农业地形小气候观测

包括了尺度较小,有一定种植意义的(单纯的)山坡地、谷地、山前平地等农业小气候系统,但并不包括几种地形在内、范围较大的地形气候观测。

(7)农业水域小气候观测

包括具有一定养殖意义的湖、塘、水库、水池等水体以及与水体邻近的岸边农业小气候系统。

4. 农业小气候观测设计的基本原则

在制定农业小气候观测计划时,应遵循以下顺序和原则,按照下列各项的要求,制订详细的观测计划:

(1)观测目的

首先要有明确、具体的观测目的,而且结合到每个观测计划时,还必须有具体的目标。在进行小气候观测方案的设计时,不宜兼顾多种目的。如欲在一次观测中,完成不同的目的,亦应分别制定方案,然后再将两种目的的小气候观测内容,合并成一个实施方案。

(2)观测项目

观测项目的选择,决定于观测目的。观测项目必须完整和重点突出,不仅要确定所要观测的农业小气候要素,还要考虑到由农业小气候要素观测值计算出的项目,如平均值、积分值、极值以及透过率、通量等。

(3)仪器选择

选择使用农业小气候仪器,必须遵循适用的原则。仪器的选择也与观测的目的有密切的联系。仪器的选择包括种类、技术性能、使用性能。

仪器本身的技术性能的参数很多,要特别注意它的测量值、测量范围和误差。仪器的误差通常以绝对误差、相对误差、系统误差和随机误差表示。有时也使用精密度、准确度和精确度表示;还有些仪器使用线性度、重复性、迟滞、灵敏度、时间漂移、零点和灵敏度的温度漂移、阈值、分辨率和死区等表示仪器的性能。所有这些特征,均综合反映在仪器的误差中。本规范在规定选择仪器时,一般说来,要考虑仪器的绝对误差或相对误差。

仪器的绝对误差是指在使用条件下的测量值 M 与真值 T 之间的差值 Δ。即 $\Delta=M-T$。

仪器的相对误差是指仪器的绝对误差 Δ 与被测量的真值 T 的比值。即 $(\Delta/T)\times100\%$(用百分率表示)。

仪器的使用性能包括仪器的体积大小、形状等,原则上要求它不能破坏农业小气候系统内固有的小气候特征以及携带、安装方便。有时还要考虑到是否必须满足隔测与遥测的要求。

5. 地段选择

所谓观测地段有两种含义:一是指农业小气候系统所处的地理背景;二是指在农业小气候系统内划出的一定范围,可把所有测点设置在该范围内。无论是对哪一种情况,我们都规定该地段必须具有独立性和代表性。个别情况下,如在对比观测时,只要能满足相互对比的条件,也是允许的。

如果我们观测的农业小气候系统较小(如温室、风障地)则可把该系统看成是一个观测地段,该系统必须能独立反映出在本地区的特有农业小气候特征,而不受其他特殊环境的影响,这样，在该系统内观测所得的结果和代表本地区同类观测所得到的结果，才能代表本地区同类系统的小气候特征。如果该系统较大(如农田、园田)，则应在该系统中划出一较小的地段，在该地段上布点观测，而该地段应能代表全田的小气候特征。应尽可能地避免将地段选择在地形、遮蔽、肥力、生物群体和边界条件较特殊的部位。

关于观测地段的大小，除较小的系统可将其包括在全部观测地段内，在大的系统中所选的地段大小，应该注意到该地段上各观测点之间，不会由于仪器安置、人员观测而相互影响。

6. 测点布置

在观测地段内，往往要设置多个测点。测点的多少，决定于两个因素，一个因素是考虑到观测的重复性，即重复设点以便取其平均值或进行误差分析，这种情况出现在系统内农业小气候要素分布较均匀时。通常设立 2～4 个重复，因仪器、人员以及观测自动化程度而定。

另一种情况是考虑到农业小气候系统内的小气候要素分布不均匀，为了反映出要素的水平分布特征，而必须设置多个观测点。原则上规定，在沿梯度存在的方向上布点，布点的数目应能反映出梯度的变化。点与点之间的距离决定于梯度值的大小，应使两测点之间的观测值的差值，不小于所使用仪器的绝对误差值。多数情况下在源与汇之间要素随距离的变化呈对数关系。所以，通常在单对数坐标纸上决定测点之间的绝对距离。如果水平方向上要素值梯度表现在许多部位具有重复，还可以考虑设置重复测点。在某些情况下，可能只需设置 1～2 个点，那么，就要考虑设在平均状况出现的部位或关键部位。

7. 观测高度

在观测点上，设置仪器的高度，也是十分重要的设计内容。高度的计算，通常以地面为零，有时也以活动面高度为零。本规范采用以地面高度为零。有作物覆盖的农田，多以作物高度的 2/3 处为活动面，但在许多情况下，很难确定活动面的高度，通常则以农业生物或有关的关键部位高度为基准。

在观测高度的设置上，也遵循与水平布点同样的原则。通常在垂直方向上设置 3～7 个高度。某些情况下，可以只设 1～2 个高度，该高度大多选在平均状况处或关键部位。

8. 仪器安装

仪器安装要符合仪器的特点、避免干扰和方便观测的原则。辐射与光照观测仪器必须水平和避免遮阳。温度、湿度观测的仪器要避免辐射的影响，气体测量仪器应处在观测人员所处的上风向。

9. 观测时间

观测日期除周年持续观测外，一般要从观测目的出发，选择季节、生育期和天气背景。通常使用公历按月、日计。如果分季节观测，大多采用天文季节划分方法，大致是 2—4 月为春季；5—7 月为夏季；8—10 月为秋季；11—翌年 1 月为冬季，虽然它与温带地区的温度季节有些差异，但是，这种划分方法简单、通用。

观测时间除全天持续自动观测记录外，大多采用定时观测。一般在一昼夜内有 24 次、12 次、8 次和 4 次观测之别，即相应地每隔 1 小时、2 小时、3 小时、6 小时观测一次。选择在什么时间观测，则根据能反映要素完整日变化为原则。而且至少应将日变化中的最高值、最低值或接近值包括进去。农业小气候观测，除太阳辐射观测采用真太阳时外，其余要素观测均采用地方平均太阳时。此外，考虑到与天气气候台站观测记录的比较，还要照顾到与台站观测时间同步，至少要有一次同步，必要时可以增加一次，以达到同步要求。观测均采用以 20 时为观测日界，以 20 时开始观测和 20 时结束观测。

10. 观测步骤

在一次定时观测时，所有的观测项目不可能同时进行，因此，采用定时观测时，观测步骤的设计应以某一测点的观测为主。几个测点同步观测，则使用相同的步骤。定点流动观测，则需将测点顺序编号。不同测点上有不同的观测项目时，则分别制订观测步骤。

在观测重复读数不是很多的情况下，温、湿、辐射的观测，大多可顺序地在 10 min 以内先后完成。而风的观测，通常需要持续观测 10～20 min。进行植物冠层内的辐射观测，可能要持续 20 min。但总的说来，一次观测持续时间不能超过 20 min，尤其在小气候要素时间变化较大的时候。

通常以正点观测时间提前 10 min 开始，至正点后 10 min 终止。准备工作的时间应提前在正点 10 min 以前完成。

11. 观测组织

在进行农业小气候观测时，时间性、规范性很强，各个测点必须同步按规定的时间、操作顺序进行。

小气候观测的组织，应有农业小气候观测方案实施的总负责人。每次定时观测时，要有现场负责人，负责现场观测记录的审核工作。观测人员要经过严格的训练，并明确观测的目的任务、总体设计方案、各项观测的意义和熟悉仪器及其使用方法。还应该有现场仪器维修保障。

12. 观测记录与审核

观测记录表格，应在制订观测方案时，一并设计并印制出。表格中列有观测时间、项目、各项目读数顺序、次数、备注以及观测员、审核员签字栏目。

观测记录的内容要认真、仔细、清晰地填写。在观测进行中，观测人员要注意观测数值的相互比较，判断其合理性。如发现可疑的数据，须认真核对和寻找原因，加以注明。但应注意，只要观测到的是实际情况，仪器和环境没有发生异常变动，绝对不可以任意改变观测值。如有改动，原观测值亦必须保留，并在备注栏中加以说明。当一次观测结束时，要认真地及时自审记录是否有漏测或不合理处，以便进行补救。并及时整理完成观测记录表格中初步统计项目。最后，由观测人员签字、并交审核人员审核签字。观测资料的审核应在观测之后立即进行，并应在观测现场进行。

13. 观测资料整理与复核

资料整理表格，也要在制定农业小气候观测方案时，一并制订和印制出。观测的结果要及时抄写在相应的资料整理表格上，以便汇总全部观测资料，按规定要求，进行统计，得出所需要的数据。在整理资料时，对缺记的观测现场说明，应由观测员及时补齐。资料抄写与计算人员均应在表格上签字。资料整理之后，应由复核人员认真进行复算，并签字负责。

6.1.2.2 农业小气候观测仪器

农业小气候仪器,主要包括五个方面:即测量辐射和光的仪器、测温仪器、测湿仪器、气体分析仪器以及风速测定仪器。

1. 辐(射)照度和光照度仪器

(1)短波总辐射表

短波总辐射表(简称总辐射表)是用于短波总辐射观测的仪器,也可用于地面短波反射辐射的观测。该仪器配以万向吊架,可作为携带式农业小气候观测仪器使用。该仪器用于测量水平面上的短波总辐射和下垫面上的短波反射辐射。

与该总辐射表配套使用的还有毫伏表。

(2)光量子仪

光量子仪用于与植物生长环境有关的农业小气候测量,尤其在光合作用环境测量时。它所测定的是光合有效辐射范围内的光量子通量密度($\mu mol/(s \cdot m^2)$),也是光合有效辐射的一种表示方法。

光量子感应器输出的电信号经放大后由液晶数字显示,也可配以数字电压表显示读数。

(3)照度计

照度计是用于测定光照度(lx)的仪器。它是以人眼对光的明亮感觉为基础设计的仪器。它的单位是一种相对单位,不具有能量意义。

虽然动物视觉与人的视觉在光谱反应上有很大区别,但目前畜、禽的光生物学研究与生产实践上,尚未找到合适的感光仪器,所以常用照度计代替。

(4)净全辐射表

净全辐射表是测量波长 300～30000 nm 的太阳、大气和下垫面之间的辐射差额值(下垫面净辐射)的仪器,它是农业小气候观测中的重要仪器之一。

2. 温度观测仪器

(1)干球温度表

干球温度表主要用于测定空气温度,也可直接用于测量其他介质温度,它是最常用的测温仪器。

(2)湿球温度表

湿球温度表可以和干球温度表组成干湿球温度表,用于测定空气湿度;它也可以独立地表示出一定空气温度和风速下,流经潮湿物体表面空气所能达到的温度。

(3)最高温度表

最高温度表可用于观测某段时间间隔内所出现过的最高温度。

(4)最低温度表

最低温度表可用于测定某段时间间隔内所出现过的最低温度。

(5)插入式温度表

插入式温度表主要是用于野外流动观测土壤上层温度或其他介质内(如粮袋、堆肥堆中)温度。

(6)水温表

水温表适用于测量较深层水的温度。

3. 空气湿度、CO_2 浓度和氧浓度观测仪器

(1)通风干湿表

通风干湿表可以用于测定空气温度和湿度,有电动式和发条式两种。

(2)湿敏电容湿度测定仪

湿敏电容湿度测定仪是用高分子膜式湿敏电容元件制成的湿度传感器,配有电源及数字显示系统,用于空气相对湿度的测量,具有测量范围宽、线性好、精度高、响应时间短、使用寿命长、长期使用不需清洗、互换性好等特点,可以在一般农业小气候观测中使用。

(3)红外 CO_2 分析仪

红外气体分析仪是利用 CO_2 气体对红外线具有选择性吸收的原理制成的。当仪器中的红外光源发出的光线穿过气室时,气室中的 CO_2 气体吸收了一部分能量,使到达感光元件上的能量衰减,而能量衰减的多少与气室中的 CO_2 浓度有关,从而建立了空气中 CO_2 浓度与光电讯号强度的关系。

(4)测氧仪

便携式测氧仪可用于测量空气中的氧浓度和水体中的溶氧量。农业小气候环境中氧浓度的测定在农业生物研究以及养殖业中有重要的意义。

4. 风速观测仪器

(1)三杯风速表

三杯风速表用于观测水平风速。由于转杯的起动风速较大,所以一般在田间、室外观测使用。有多种不同型号。

(2)热球式微风速计

热球式微风速计在农业小气候观测中使用,对测定风速小于 1 m/s 的微风较为适宜。在农业小气候系统中观测固定的通风速度尤其适用。目前国内生产的热球式微风速计,主要用于观测瞬时风速,适合于测定气流速度稳定环境。目前常用的仪器有 QDF-1 型热球式电风速计。

5. 农业小气候自动综合观测仪器

现代化的农业小气候观测,实行多要素综合、自动观测,并对所取得的大量数据进行自动处理,这就需要使用小气候自动综合观测仪器。

目前我国还没有定型的、适合于农业小气候观测的自动观测仪器生产,大多数情况下,都是使用单位自行组装。一般商品生产或研制的自动气象站,不属于农业小气候自动综合观测仪器。为了方便使用者自行组装或便于厂家组装生产农业小气候自动综合观测仪器,需要有统一标准的传感器和数据采集处理系统。

6. 农业小气候观测架

农业小气候观测架是进行农业小气候观测必不可少的设备,用以架设观测仪器或仪器的敏感器。该观测架应轻便、易装卸。尤其是所用材料宜细小、坚固,避免架体对周围小气候的影响。

(1)观测仪器架包括立杆、横杆两大部分,立杆下部有插座,腰部有固定牵绳固定环,横杆上有钓钩、座盘和固定夹,立杆长度 2 m 和 1 m(可用 0.5 m 的主杆连接),横杆长度为 0.5 m。

(2)用于仪表架或仪表平台、仪表箱,用于安置仪器主机部分,要有防辐射、防雨乃至防尘功能并有电源插座。其高度不高于 0.8 m。

(3)防辐射罩是农业气象观测必不可少的一部分,它相当于气象台站所使用的小百叶箱,起到防辐射作用,但具有一定的通风能力。目前尚无十分完善的防辐射罩。

7. 其他仪器

在农业小气候观测中,虽然有一些仪器没有写入本书中,但在实际工作中仍需经常使用,这些仪器有毕氏蒸发表、黑球温度表、经纬仪等。

8. 农业小气候仪器的自然对比检定

农业小气候观测是在自然条件下进行的,而农业小气候仪器的检定是在严格控制环境下,即在专用的检定设备内完成的。因此,将仪器安置在自然条件下使用时,由于整个仪器或仪器的传感器受到环境辐射、温度、气流等因素的综合影响,使仪器的观测值产生了一定的误差。而且,尽管是同一型号的仪器,由于对环境反应不同,也会形成不同的误差值,从而使该组仪器的一致性变差,为此,必须在观测现场进行自然对比检定。

自然对比检定是选择一台误差较小的仪器为参比仪器。在自然条件下与其他待检定的仪器进行对比观测,从而确定待定仪器的订正值。

同类型的仪器通过自然对比检定,并不能提高仪器准确度,只能减少观测之间的差异。

6.1.3 任务实施

任务实施的场地:应用气象实训室、农业气象试验站。

设备用具:投影仪、白板或黑板、米尺;农业小气候观测仪器。

实施步骤:

(1)教师讲授主要内容;

(2)教师演示操作过程;

(3)抽查学生操作,其他学生指出问题,教师予以评价;

(4)将学生分成若干小组;

(5)分小组完成观测工作,教师给予评价;

(6)完成任务工单中的任务。

6.1.4 拓展提高

小气候特征及农田小气候

小气候特点

与大范围气候相比较,小气候有五大特点:

1. 范围小,铅直方向大概在 100 m 以内,主要在 2 m 以下,水平方向可以从几毫米到几十千米，因此，常规气象站网的观测不能反映小气候差异。对小气候研究必须专门设置测点密度大，观测次数多，仪器精度高的小气候考察。

2. 差别大，无论铅直方向或水平方向气象要素的差异都很大，例如，在靠近地面的贴地层内，温度在铅直方向递减率往往比上层大 2～3 个量级。

3. 变化快，在小气候范围内，温度、湿度或风速随时间的变化都比大气候快，具有脉动性。例如，M. N. 戈尔兹曼曾在 5 cm 高度上，25 min 内测得温度最大变幅为 7.1℃。

4. 日变化剧烈，越接近下垫面，温度、湿度、风速的日变化越大，例如，夏日地表温度日变化可达 40℃，而 2 m 高处气温日变化只有 10℃。

5. 小气候规律较稳定。只要形成小气候的下垫面物理性质不变，它的小气候差异也就不变。因此，可从短期考察了解某种小气候特点。

由于小气候影响的范围正是人类生产和生活的空间，研究小气候具有很大实用意义。我们还可以利用小气候知识为人类服务，例如，城市中合理植树种花，绿化庭院，改善城市下垫面状况，可以使城市居民住宅区或工厂区的小气候条件得到改善，减少空气污染。

农田小气候

农田小气候是指农田贴地气层、土层与作物群体之间的物理过程和生物过程相互作用所形成的小范围气候环境。常以农田贴地气层中的辐射、空气温度和湿度、风、二氧化碳以及土壤温度和湿度等农业气象要素的量值表示。是影响农作物生长发育和产量形成的重要环境条件。研究农田小气候的理论及其应用，对作物的气象鉴定，农业气候资源的调查、分析和开发，农田技术措施效应的评定，病虫害发生滋长的预测和防治，农业气象灾害的防御以及农田环境的监测和改良等，均有重要意义。

光和辐射

太阳光进入农田作物层中，受到茎叶层层削弱，有些被吸收，有些被反射，部分透过第 1 层叶片，进入第 2 层之后又被反射和吸收，部分则经过茎叶空隙直达地面。作物茎叶对太阳光能进行多次反射和吸收。透射的强弱程度与作物本身的生育状况和群体结构有关，后者也反过来影响作物的生长发育。

在作物生长发育的盛期，不同高度上单位体积内的茎叶表面积数量表现为上层多、下层少；上层茎叶密集，遮挡了大量的直射光透入下层。茎叶对光能的削弱作用，也是上层显著，下层较差。总辐射、直接辐射和漫射辐射的铅直分布趋势基本相似，都是从上往下递减，并且都在开始时递减缓慢，通过枝叶密集的作物群体上层时递减迅速，到了下层递减速度又减慢。晴天农田各个高度上太阳辐射的日变化基本一致，均为早晚弱而中午强；但是量值变化白天在各个高度上却存在差异；高度越高光照强度越大，反之则越小。

温度

农田作物层中的空气温度，主要决定于作物群体结构内不同茎叶层透入太阳辐射和湍流交换（影响水汽和热量输送）强弱的对比关系。在作物群体密度大的情况下，由于作物群体内辐射被削弱，作物层内白天的空气温度与裸地比较相对较低，夜间则相对较高。如作物密度不大，则在其对湍流的削弱作用大于对辐射的削弱作用情况下，作物层中的温度在夜间就可能相对高些。由于不同作物和不同生育期农田小气候的物理学和生物学基础不一，农田上温度的铅直分布情况有相当的差异。

温度在水田上的分布情况和旱地有异。这种差别在贴近水面的气层内，表现得最为明显。

在水田中，白天铅直分布的特点同旱地一样，也有一个温度铅直分布的最高点处在某高度上。在此高度以上，温度铅直分布趋势同旱地基本相似，也呈日射型分布，但在此高度以下，由于水体蒸发耗热和对太阳辐射的减弱作用，温度呈辐射型分布，类似裸地夜间温度分布情况。夜间，植株上层空气虽然较冷，而贴近水面的空气温度仍较高，温度铅直分布的形式恰与白天相反，即下部呈日射型，上部略呈辐射型。

湿度

农田中的空气湿度状况主要取决于农田蒸散（即土壤蒸发和植物蒸腾之和）和大气湿度两个因素。农田作物层内土壤蒸发和植物蒸腾的水汽，往往因为株间湍流交换的减弱而不易散逸，故与裸地比较农田中的空气湿度一般相对较高。

绝对湿度　绝对湿度铅直分布情况同温度近似。在植物蒸腾面不大、土壤或水面蒸发为农田蒸散主要组成部分的情况下，农田中绝对湿度的铅直分布，均呈白天随离地面高度的增加而减少，夜间则随高度而递增的趋势。在作物生长发育的盛期，作物茎叶密集，植物蒸腾在农田蒸散中占主导地位，绝对湿度的铅直分布就有变化。邻近外活动面的部位，在白天是主要蒸腾面，因而中午时分绝对湿度高；到了夜间，这一部位常有大量的露和霜出现，绝对湿度就低。

相对湿度　农田中相对湿度的铅直分布比较复杂，它取决于绝对湿度和温度。一般在作物生长发育初期，不论白天和夜间，相对湿度都是随高度的升高而降低。到生长发育盛期，白天在茎叶密集的外活动面附近，相对湿度最高，地面附近次之；夜间外活动面和内活动面的气温都较低，作物层中各高度上的相对湿度都很接近。生长发育后期白天的情况和盛期相近，但夜间由于地面气温低，最大相对湿度又出现在这里。

水田中湿度铅直分布相对比较简单，不论白天和夜间绝对湿度都随高度增加而降低；相对湿度在白天和绝对湿度的分布一致，夜间则相反。

风

农田中的风速与作物群体结构的植株密度关系很大。由于植株阻挡，摩擦作用使农田中的风速相对较小。从风速的水平分布看，风速由农田边行向农田中部不断减弱，最初减弱很快，以后减慢，到达一定距离后不再变化。从铅直方向看，风速在作物层中茎叶稠密部位受到较大削弱；顶部和下部茎叶稀少，风速较大；离边行较远的地方的作物层下部风速较小。

二氧化碳

农田二氧化碳的状况，决定于农田湍流交换强度、大气中二氧化碳含量和土壤释放二氧化碳数量三方面的因素。作物层内二氧化碳浓度在叶面积密度最大层次附近为最低。在白天，农田二氧化碳由作物层上部向下和由地面向上输送。

任务6.2 裸地和密植地小气候观测

6.2.1 任务概述

【任务描述】

裸地又称为裸露土壤地,既无植被也无任何覆盖的农田。了解裸地小气候特征,从而为各类型小气候特征的研究奠定本底基础,作为对照,可以鉴定作物地及各种农田技术措施,各种人工设施的小气候效应。

密植作物地主要包括麦类、水稻、谷子、油菜、大豆、紫花苜蓿等株高1 m左右,以撒播、条播等种植方式的单作农田和夏季牧场。了解有作物覆盖情况下的农田小气候特征,可以鉴定农作物生长发育的农业气象指标,也可用于鉴定各种农业技术措施的小气候效应。

【任务内容】

(1)裸地小气候观测;

(2)密植作物地小气候观测。

【知识目标】

(1)了解裸地小气候、密植作物地小气候特点;

(2)熟悉裸地小气候观测方法;

(3)熟悉密植地小气候观测方法。

【能力目标】

会裸地小气候、密植作物地小气候观测设计,能进行裸地小气候、密植作物地小气候观测。

【素质目标】

(1)熟悉观测规范;

(2)熟悉观测内容;

(3)培养学生团结协作的能力;

(4)培养学生自主学习的能力。

【建议课时】

8课时,其中实训4课时。

6.2.2 知识准备

6.2.2.1 裸地小气候观测

裸地又称为裸露土壤地,即无植被也无任何覆盖的农田,休闲地、耕翻晒垡地、冬闲地、播种后或刚出苗、地面覆盖很少的农田均可认为是裸地。

1. 观测目的

了解裸地小气候特征，从而为各类型小气候特征的研究奠定本底基础，作为对照，可以鉴定作物地及各种农田技术措施，各种人工设施的小气候效应。

2. 观测项目

主要观测项目有：

(1)到达裸地表面的短波总辐射、地面短波反射辐射、地表面的净全辐射。

(2)空气温度、土壤温度。

(3)空气湿度。

(4)空气中的 CO_2 浓度。

(5)风速。

3. 仪器的选择

(1)DFY2 型总辐射表、DFY5 型净全辐射表和 DT-930F 电表。

(2)HM3 型电动通风干湿表、WMY-01 型温度表。

(3)GXH-305 型红外 CO_2 分析仪。

(4)DEY3-1A 型数字风速表。

(5)农业小气候观测架等。

4. 地段选择

(1)观测地段：面积为 2500 m^2(50 m×50 m)左右。必须处于四周空旷平坦，能代表当地一般地形、地势、土壤的农田中央。

(2)观测地段各边距林带、建筑物等障碍物的距离，至少是该障碍物的十倍以上，距道路、河流、水库等至少在 200 m 以上。

5. 测点布置

(1)在选定的观测地段至少应布置两个观测点，以便比较。

(2)为避免两个测点间的相互干扰，应使两测点连线与主风向垂直。两测点间相距至少在 10 m 以上。

6. 观测高度(深度)

(1)总辐射、反射辐射、净辐射等辐射观测高度设在距地面 1.5 m 处。

(2)空气温、湿度、CO_2 浓度和风速的观测设在 0.2 m、0.5 m、1.5 m 高度上。

(3)土壤温度取地表面和 0.1 m、0.2 m、0.4 m 深度。

7. 观测时间

(1)在春夏秋冬四季选择体现当地各季特点的时段，在各观测时段内选择晴天、阴天、多云天三种典型天气分别观测 1～2 d，也可连续观测若干天，但至少应包括晴、阴天。

(2)采用定时观测。由 20 时至次日 20 时，每隔 1 小时观测一次，连续观测 25 次。日落、日出前后半小时各加测一次；也可以每隔 2 小时观测一次，连续观测 13 次，或每隔 3 小时或 6

小时观测一次。

(3)每次观测持续时间不得超过 20 min,于正点前 10 min 开始,至正点后 10 min 终止。

(4)辐射观测采用真太阳时,其余要素观测可采用地方平均太阳时。均以 20 时为日界。

8. 仪器安装

(1)参考图 6-2-1 在一个测点上布置仪器。图 6-2-1 中 1 处设 2 m 高的观测杆,在 0.2 m 和 1.5 m 的高度上安装电动通风干湿表,CO_2 进气管口和风速表,2 处为 1.5 m 高的观测杆,在其上安装观测高度为 0.5 m 的通风干湿表、CO_2 进气管口和风速表(图 6-2-2)。注意 1、2 两杆的连线应与主风向垂直。3 处安置地温表,4、5 处分别安装净辐射表和总辐射表。

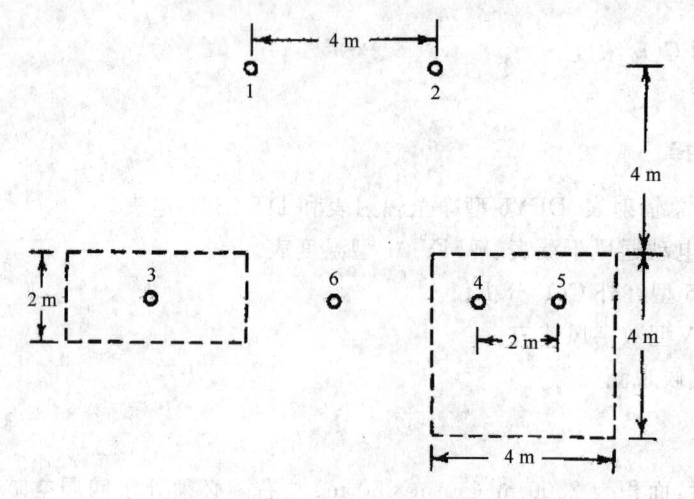

图 6-2-1　仪器平面布置示意图

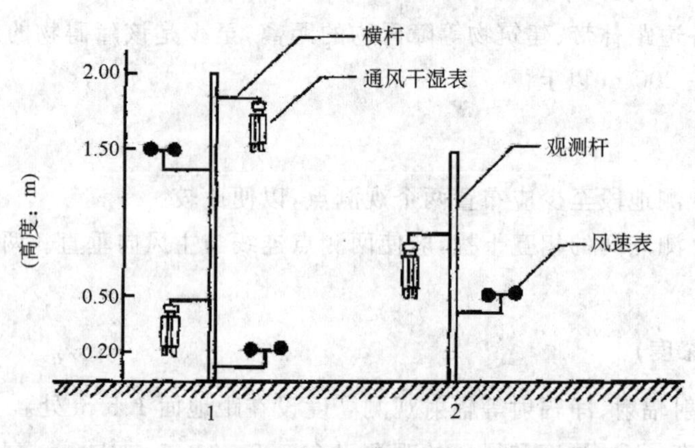

图 6-2-2　仪器安装示意图

(2)将各仪器的导线和尼龙管分别整理成束,逐个接上相应的仪器,注意仪器的防护,太阳伞等防护设备应设在下风向距测点 5～10 m 处。

9. 观测步骤

(1)检查所有仪器的电源状况,对直流电电源,应检查其电压是否足够维持到观测结束。如无法维持,则需及时充电或更换电池,并准备足够的备份电池。

(2)观测前对红外 CO_2 分析仪预热 15 min,并进行调零与校准。

(3)每次观测参考表 6-2-1 进行。

(4)在观测进行过程中,应及时记载日光情况和云状云量、风的状况的变化,尤其是辐射观测前,更应细心观察记录。

表 6-2-1 裸地小气候观测程序表(以 14:00 为正点)

时间	观测项目	仪器	操作内容
13:45	巡视	全部仪器	巡视全部仪器,记录天气状况。仪器调零和校准。湿润湿球,接通通风干湿表电源
13:50	CO_2 浓度	红外 CO_2 分析仪	按 0.2 m,0.5 m,1.5 m 顺序接通测量气路,第一次读数
13:52	土壤温度	土壤温度表	按 0.0 m,0.1 m,0.2 m,0.4 m 顺序读数
13:54	风速	风杯风速表	从低到高顺序开启开关,再次湿润湿球
13:55	辐射	净全辐射表,总辐射表	打开罩盖,第一次读数,按净辐射、总辐射、反射辐射顺序观测。每种仪器读 3 个数
13:57	空气温、湿度	通风干湿表	按 0.2 m、0.5 m、1.5 m 顺序第一次读数
13:59	辐射	各类辐射表	第二次读数。每种仪器读 3 个数
14:01	空气温、湿度	通风干湿表	按 1.5 m、0.5 m、0.2 m 顺序第二次读数,切断电源。
14:03	辐射	各类辐射表	第三次读数。每种仪器读 3 个数
14:05	风速	风杯风速表	停止记数,并读数。
14:06	土壤温度	土壤温度表	按 0.4 m、0.2 m、0.1 m、0.0 m 顺序第二次读数
14:08	CO_2 浓度	红外 CO_2 分析仪	按 1.5 m、0.5 m、0.2 m 顺序第二次读数
14:10			记录天气状况、日光情况。检查全部记录

10. 观测组织

(1)进行 24 小时连续观测时,应由三组人员轮流值班观测。

(2)每组需观测员 3 人,每人负责一个测点,另一人总负责,协调两测点同步观测,保证仪器正常工作和记录的审核。

11. 观测记录与审核

(1)仪器安装完毕,应及时记录各仪器的编号,仪器的检定证书内容及所处的位置、高度或深度。并附测点布置及仪器高度示意图。

(2)认真填写观测地点、观测日期、观测时间、天气状况、日光情况、下垫面状况。

(3)将各次观测数据、必要的订正值、平均值等,准确无误地记在记录表格的相应栏内。每次定时观测后,由观测员签名。

(4)观测员签名后,立即交审核人员,审核原始观测记录,对可疑数据要查出原因,加以注明。如有漏测、漏填项目,应及时补救,并加以注明。

12. 观测资料整理与复核

(1)将一日连续观测的结果,按观测点分别填入观测汇总表和单要素统计表。资料整理人员要签名负责。

(2)资料整理结果,应由复核人员复算,核对并签字负责。

(3)绘制各正点时刻,各农业小气候要素铅直分布图(也称廓线图)。对风速、温度、湿度可使用半对数坐标。

(4)绘制各观测高度(深度)上,各农业小气候要素时间变化图。

(5)绘制各农业小气候要素的等值线图。以时间(t)为横轴,高度(深度)(z)为纵轴,在坐标(t,z)处注明要素值,然后用平滑的曲线将要素值相等的各点连接成等值线图,由此图可了解各要素的时空分布规律。

6.2.2.2 密植作物地小气候观测

密植作物地主要包括麦类、水稻、谷子、油菜、大豆、紫花苜蓿等株高1 m左右,以撒播、条播等种植方式的单作农田和夏季牧场。由于密植,在作物封垅以后,全田植被覆盖,冠层内叶面积水平分布均一。

1. 观测目的

了解有作物覆盖情况下的农田小气候特征。与作物生长发育平行观测,可以鉴定农作物生长发育的农业气象指标。也可用于鉴定各种农业技术措施的小气候效应。

2. 观测项目

主要观测项目有:

(1)植被上方与植被内的总辐射;植被表面的反射辐射和净辐射;到达植被上方和植被内的光量子通量密度。

(2)植被上方和植被内的气温、土壤温度。

(3)植被上方和植被内的空气湿度。

(4)植被上方和植被内的CO_2浓度。

(5)植被上方和植被内的风速。

3. 仪器选择

(1)DFY2型总辐射表、DFY5型净全辐射表,光量子仪。

(2)WMY-01型温度表和防辐射通风罩,土壤温度表。

(3)RSY-1A型湿度测定仪和防辐射通风罩。

(4)GXH-305型红外CO_2分析仪。

(5)热球微风计和DEY3-1A型数字风速表。

(6)农业小气候观测架等。

4. 地段选择

(1)观测地段面积约2500 m^2(50 m×50 m),必须处于四周作物一致,能代表当地一般地形、地势、土壤的农田中央。

(2)观测地段距林带、建筑物等障碍物的距离,至少是该障碍物高度的十倍以上,距道路、河流、水库等至少应在200 m以上。

(3)观测地段上的作物生长高度、密度、发育期等一致以保证植被均匀一致。

5. 测点布置

(1)在观测地段上选择 2 个测点,严格地说,如观测地段所在农田附近有空旷裸地,还应在裸地上设对比观测地段,并设 2 个对照点以便比较,但本书对此不作规定。

(2)为避免两个测点间的相互干扰,应使两测点连线与主风向垂直,其间距至少在 10 m 以上。

(3)安装仪器用的农业小气候观测架应尽可能设在距田埂、毛渠远一些的地方;如为条播作物,观测架设立在行间。仪表架设在田埂、毛渠上。

(4)保持测点及其周围作物的自然生长状态。作物自然生长状态受到破坏时,则需在观测地段另选测点。

6. 观测高度(深度)

(1)自地面以上,共设 4 个高度,即距地面 1.5 m、植物表面(即植物自然高度处)、活动面和近地面 0.2 m 处。若植被自然高度小于 0.5 m,则取近地面 0.1 m 高度。地表面也是一个观测高度。自地面以下共设三个深度,即 0.1 m、0.2 m、0.4 m。

(2)植被上方的各项辐射观测高度一般均设在距地面 1.5 m 处,但株高大于 1 m 时,此高度随株高增加而增加,始终保持距植被表面 0.5 m。冠层内总辐射和光量子通量密度观测高度也设在 0.2 m、活动面高度、植被表面处。

(3)植被内和植被上方的空气温、湿度、风速、CO_2 浓度观测均设在 4 个高度上,即 0.2 m、活动面高度、植株自然高度和 1.5 m(或植株上方 0.5 m)高处。

(4)土壤温度观测取地面和 0.1 m、0.2 m、0.4 m 3 个深度。

(5)对于水田(如水稻田)则需加测水层温度。

7. 观测时间

(1)一般地面完全被作物覆盖以后,各类作物生育关键期的普遍期内选择晴天、阴天、多云天三种典型天气分别观测 1～2 d,也可连续观测若干天,至少应包括晴、阴天。

(2)采用定时观测。24 小时内可观测 25 次或 13 次或 9 次或 5 次,均从 20 时开始。日落、日出前后半小时可各加测一次。在条播作物地上,当太阳所处方位与行向一致时,可加测一次。

(3)每次观测持续时间一般不得超过 20 min,于正点前 10 min 开始,至正点后 10 min 止。

(4)除辐射观测采用真太阳时外,其余要素的观测采用地方平均太阳时,特殊情况下,其余要素的观测也采用真太阳时。以 20 时为日界。

8. 仪器安装

(1)仪器的布置参考图 6-2-1、6-2-2。

在图中观测架 1 上设置活动面和 1.5 m 两个高度,观测架 2 上设置 0.2 m 和植被表面两个高度。在规定的观测高度上,安装空气温度、湿度表、防辐射通风罩以及热球微风仪和 CO_2 采气管口。此外,在植被表面和 1.5 m 处加设风杯风速表。

(2)在 3 处于植株行间安装土壤温度表。

(3)在 5 和 4 处安装观测高度为 1.5 m 的总辐射表;净全辐射表和光量子仪。

(4)群体内的辐射观测设置在6处,将高1.0 m的观测架安放在畦埂内边处,在其上按0.2 m、活动面高度和植被表面三个高度拧上横杆,作为辐射观测杆的支撑点。

(5)要求各仪器感应部位均位于所设定的观测高度上;1、2处观测杆连线与主风向垂直,并位于偏北方向,特别注意尽量减少对植被自然状况的破坏。

(6)在测点的下风向(或侧风向)处,设置仪表架,将所有仪器的导线整理后分别连接在相应的位置。

9. 观测步骤

(1)巡视全部仪器状况使之处于正常状态。检查电源,开启全部开关,进行仪器调整。

(2)记载观测地段地面状况和天气状况。

(3)每次观测参考表6-2-2进行。

(4)植被内的辐射观测比较复杂,具体步骤如下:

①揭开金属罩盖,将观测杆顺行平放在观测支架上最低观测高度的横杆上。使感应面伸入群体内距畦埂0.5 m以上。注意如在南北行向农田中,观测员应站在感应面北面畦埂上手扶观测杆,以避免观测员可能遮蔽感应面。如不是南北行向,观测员也应尽量站在感应面偏北的方向,并穿深色衣服。

②水平移动观测杆,使感应面伸入群体,在1 m范围内均匀选取5个样点,即得到同高度上的5个辐射观测值,分别读数为N_1、N_2、N_3、N_4、N_5。记在表格的相应栏内。注意移动观测杆变换取样点时,均应在电表数码稳定后再读数。有风或天空云量云状变化迅速时,电表数码往往闪跳频繁,而观测可持续的时间有限,因此可取来回闪跳的平均值作为读数记录。

③将观测杆向上移至相邻观测高度,重复②。

④如③顺序观测记录到达植被自然高度处,在此高度观测完毕的时刻,应恰好为正点。然后从此高度开始,自上而下重复前述观测,得到各高度上的观测读数N_6、N_7、N_8、N_9、N_{10}。

⑤至最低高度0.2 m观测结束后,将金属罩盖盖在感应面上。

⑥在上述观测的同时,应及时记载日光情况、云状云量及风的状况的变化。

⑦要特别注意,伸入群体内的感应面必须保持水平和稳定在所观测的高度上,并尽量不破坏作物群体生长的自然状态。

表6-2-2 密植作物地小气候观测(一个测点)的观测程序表(以14:00为例)

时间	观测项目	仪器	操作内容
13:45	巡视	全部仪器	巡视全部仪器,记录天气状况。仪器调零和校准
13:50—14:10	植被内的辐射	总辐射和光量子仪	详见观测步骤4和校准
13:50	CO_2浓度	红外CO_2分析仪	接通测量气路,按0.2 m、活动面高度、自然株高、1.5 m顺序第一次读数
13:52	土壤温度	土壤温度表	按0.0 m、0.1 m、0.2 m、0.4 m顺序读数
13:54	风速	风杯风速表、热球微风速表	启动风速表
13:55	植被上方的辐射	净全辐射表、总辐射表、光量子仪	打开罩盖,按净辐射、总辐射、反射辐射、光量子通量密度顺序第一次观测

续表

时间	观测项目	仪器	操作内容
13:57	空气温、湿度	温度表、湿度表	按 0.2 m、活动面高度、自然株高、1.5 m 第一次读数，先读温度，后读湿度
13:59	植被上方的辐射	净全辐射表、总辐射表、光量子仪	第二次读数，顺序记录净辐射、总辐射、反射辐射、光量子通量密度
14:01	空气温、湿度	温度表、湿度表	顺序按 1.5 m、自然高度、活动面高度、0.2 m 第二次读数，先湿度，后读温度
14:03	植被上方的辐射	净全辐射表、总辐射表、光量子仪	详见观测步骤 4
14:05	风速	风杯风速表，热球微风速表	同时关闭风速表，读数
14:06	土壤温度	土壤温度表	顺序按 0.4 m、0.2 m、0.1 m、0.0 m 第二次读数
14:08	CO_2 浓度	红外 CO_2 分析仪	顺序按 1.5 m，自然高度、活动面高度、0.2 m 第二次读数，关闭气泵。
14:10			记录日光、天气状况，检查全部记录。

10. 观测组织

(1)24 小时昼夜观测时，应将观测员分为三组，轮流值班观测。

(2)定时观测时，每 3 人负责一个测点，其中 2 人负责植被内的辐射观测，1 人观测其余要素。有 1 人总负责，保证仪器正常工作，协调同步观测、检查、审核记录等。

11. 观测记录与审核

(1)仪器安装完毕，应及时记录各仪器的位置，离地面高度及相应仪器的编号等，并绘制测点、仪器分布草图。

(2)认真填写各表格上除数据以外的附加记录项目，如观测日期、地点、时间、天气状况、日光情况、下垫面状况、作物名称及发育期、作物高度和密度、观测、审核、复算签名等。

(3)将各次观测数据准确无误地记在相应表格上相应的栏内。

(4)对各要素观测值进行仪器器差订正、零点订正、查算等。

(5)对各要素各高度上的 10 次、2 次或 3 次观测值进行平均，得到该次观测平均值。对各高度风速求出正点前后 10 min 或 5 min 内的平均值。

(6)审查原始记录的可靠性、合理性，以决定记录的取舍。此外，还要自审记录中有无遗漏之项，以便及时补救。

12. 观测资料整理与复核

(1)将观测结果填入一日观测的汇总表。并按规定统计整理。

(2)绘制各正点时刻各要素随高度(深度)的垂直分布图(廓线图)。

(3)绘制各高度的农业小气候要素日变化图。

(4)绘制要素等值线图。

(5)对上述一系列统计整理过程进行复算、复审，以确保资料的完整与准确。

6.2.3　任务实施

任务实施的场地：应用气象实训室、农业气象试验站、农田、裸地。

设备用具：投影仪、白板或黑板、米尺；小气候观测架、农业小气候观测仪器。

实施步骤：

(1)教师讲授主要内容；

(2)教师演示操作过程；

(3)抽查学生操作，其他学生指出问题，教师予以评价；

(4)将学生分成若干小组；

(5)分小组完成观测工作，教师给予评价；

(6)完成任务工单中的任务。

6.2.4　拓展提高

农业小气候观测系统

由于农田、温室、草场等农业生产场所采用不同的农业耕作措施、不同的作物和作物群体动态变化的影响，不断改变着农田活动面的状况和各项物理特性，导致局部辐射平衡和热量平衡各分量的变化，从而形成各种不同类型的农田小气候特征。在一定的农田小气候形成后，作为农作物生长的环境条件，会直接影响农作物的生长发育进程和产量。研究农田小气候的意义就在于通过对农田小气候各要素的分布和变化特征的分析，寻找改善作物生长环境条件(即农田小气候条件)的措施，从而使这些小气候条件有利于作物的生长发育，提高农作物的产量和质量。

农业小气候观测系统是针对农田、草场、温室等小尺度环境特点设计制造的，它能对与植被和农作物生长密切相关的土壤、水气、光照、热量等环境参数进行连续监测。系统可测量如下环境要素：

辐射：包括光合有效辐射、辐照度、总辐射、反射辐射、净辐射、散射辐射、光照度、光照时间。

热量：气温、地温(地表温、浅层地温、深层地温)、水温、环境平均辐射温度、土壤热通量等。

水汽：环境湿度、水气压、露点。

风：风速、风向等。

墒情：土壤湿度、土壤含水量。

降水：液态降水、固态降水(雪、雨夹雪)。

蒸发。

气体：二氧化碳含量。

地下水位。

学习情境7

农业气象测报业务系统软件

任务 7.1 农业气象测报业务系统管理

7.1.1 任务概述

【任务描述】

农业气象测报业务系统是针对《农业气象观测规范》的观测任务和业务工作需要而设计的一套业务应用软件。本软件适用于人工观测方式的农业气象观测站、农业气象试验站的作物生育状况、土壤水分状况、自然物候和畜牧气象观测业务。系统管理包括用户管理、参数设置、数据库维护等功能块。

【任务内容】

(1)农业气象测报业务系统用户管理;

(2)农业气象测报业务系统参数设置、数据库维护。

【知识目标】

(1)熟悉农业气象测报业务系统用户管理;

(2)掌握农业气象测报业务系统参数设置、数据库维护。

【能力目标】

会农业气象测报业务系统用户管理、参数设置、数据库维护。

【素质目标】

(1)熟悉操作规范;

(2)熟悉管理内容;

(3)培养学生团结协作的精神;

(4)提高学生自主学习的能力。

【建议课时】

2 课时,其中包括实训 2 课时。

7.1.2 知识准备

7.1.2.1 系统的组成与功能

1. 系统组成

农业气象测报业务系统(Agrometeorological Observation Data Operation System,英文简写为 AgMODOS)是针对《农业气象观测规范》(上卷)的观测任务和业务工作需要而设计的一套业务应用软件。本软件只适用于人工观测方式的农业气象观测站、农业气象试验站的作物生育状况、土壤水分状况、自然物候和畜牧气象观测业务。

AgMODOS主要包括系统管理、数据编辑和数据设置三大组成部分。各组成部分又可分为参数设置、用户管理、数据库维护、数据编辑、数据编报、报表处理、图表分析、传输和帮助等九大功能块。

2. 系统各组成部分的功能

(1)系统管理

系统管理包括用户管理、参数设置、数据库维护等功能块。

①用户管理

添加、删除用户,修改用户的密码、属性。

权限管理——分配用户的管理及使用权限。

②参数设置

台站信息设置:设置区站号、档案号、地理位置及人员信息(必选)。

土盒编码设置:设置土壤水分测定用的土盒编码、重量参数。

观测数据极值:初始化台站各种观测项目数据的最大、最小值范围(必选)。

作物发育期常数:设置本站观测作物各发育期日期的常年值(必选)。

作物观测参数:初始化及设置本站观测作物规定的观测项目、内容等参数(必选)。

植物动物观测参数:设置观测植物、动物名称,植物物候期(默认)。

牧草观测参数:设置观测牧草名称、牧草观测的发育期(默认)。

气象水文现象观测参数:设置气象水文现象观测项目(默认)。

③数据库维护

数据库备份:系统数据库备份,有副本、时间点备份方式。

数据库还原:系统数据库还原,与备份相匹配。

数据库查询:执行SQL命名查询观测数据库的内容,查询结果可生成报表。

数据库清理:数据库记录整理、优化,可删除记录簿及其相应的观测数据。

数据库合并:合并、整理同站两套输入的观测记录数据库。

数据库临时数据清除:数据清理包括删除数据库备份文件和系统临时生成的相关数据。

(2)数据编辑

创建记录簿:创建作物、土壤水分、自然物候和畜牧气象观测记录簿。

数据录入:录入作物、土壤水分、自然物候和畜牧气象观测数据。

数据浏览:浏览作物、土壤水分、自然物候和畜牧气象观测数据,结果可报表输出。

数据修改、删除:以表格单元形式,修改作物、土壤水分、自然物候和畜牧气象观测数据,或删除整条记录。

(3)数据编报

作物观测要素编报:编制实时作物观测要素数据文件(Z文件、下同)。

土壤水分要素编报:编制实时土壤水分观测要素数据文件。

自然物候要素编报:编制实时自然物候观测要素数据文件。

畜牧气象要素编报:编制实时畜牧气象观测要素数据文件。

农业气象灾害要素编报:编制作物气象灾害、自然气象灾害、畜牧气象灾害发生时观测要素数据文件。

基本气象要素编报：编制基本气象旬(月)要素数据文件。

观测记录年报表：生成 Excel、FlexCell 电子格式的观测记录年报表。

(4)图表分析

作物发育期变化：制作作物全生育期的发育期、植株密度变化直方图。

作物叶面积变化：制作作物全生育期的单株叶面积、叶面积指数变化直方图。

作物灌浆速度变化：制作作物全生育期的含水率、生长率和灌浆速度变化直方图。

土壤水分变化：制作全年各土层土壤相对湿度、重量含水率、水分储存量变化直方图。

农业气象灾害统计：统计、制作全年出现各种灾害的频次直方图。

(5)资料传输

Z 文件上传：以 FTP 方式上传六大类 Z 文件。

农业气象观测记录年报表：以 FTP 方式上传各类观测项目 FlexCell 年报表(文件)。

3. 系统的安装

(1)下载 AgMODOS_Setup_版本(日期).exe 系统完全安装包程序。

(2)运行 AgMODOS_Setup_版本(日期).exe 程序。显示“欢迎”信息，提示当前安装的版本信息，点击【下一步(N)】按钮。

(3)输入用户信息，可以直接点击【下一步(N)】按钮。

(4)选择安装包。农气测报系统提供源代码，若需要同时安装系统源代码(程序)，在“程序功能”栏下选中“源代码”复选框(√)，系统源代码大约 14MB 大小。点击【下一步(N)】按钮。

(5)选择安装文件夹(路径)。安装程序默认的位置 C:\Program Files\AgMODOS。

建议选择不同的位置，键入新的路径，如 D:\AgMODOS。点击【下一步(N)】按钮。

(6)安装快捷方式文件夹。系统默认的快捷方式文件夹为 AgMODOS，另外，安装包将在桌面上创建 AgMODOS 快捷方式。点击【下一步(N)】按钮。

(7)准备安装系统。提示 AgMODOS 安装版本、安装文件夹和快捷方式文件夹信息，确定后点击【下一步(N)】按钮。

提示安装文件的进程。

(8)提示安装成功信息。点击【完成(F)】按钮。

4. 系统业务流程

(1)修改系统默认的 Admin 管理账户的密码，增添本站使用人员的账户，并分配使用的权限。建议本站人员的账户使用中文标识如张三、李四等，便于管理。

(2)设置本站的台站信息，包括区站号、台站名称、地址、所在的经度、纬度、海拔高度、气象档案号以及台站人员信息。

(3)编制土壤水分测定用的土盒编码，包括分组编盒号、输入盒重。

(4)初始化本站观测作物、土壤水分、自然物候和畜牧气象观测项目的极值，包括最大值、最小值，文字描述的观测项目如发育期名称等除外。

(5)设置本站观测作物及观测项目。从系统提供“规定观测作物”列表中，选择作物添加到“本地观测作物”表，根据本站观测的内容适当修改。

(6)初始化其他的观测参数。主要包括植物动物名称、植物物候期、牧草名称、牧草发育期、灾害名称、气象水文现象等相关参数。当本系统参数不正确时，可以重复此操作。

(7)创建当年作物、土壤水分、自然物候、畜牧气象观测记录簿(索引)。确认各项参数(作物名称、品种类型、品种熟性、越冬作物、地段类型、年度等)正确后再输入观测数据。

(8)录入观测数据。按作物、土壤水分、自然物候和畜牧气象逐项观测内容录入，不要交叉录入。没有观测的项目(表)不需要录入，没有分析完毕的不要录入部分数据，如干物质测量、产量因素、产量结构、土壤水分测量等项目，等分析结束后再录入。

(9)当天录入形成观测数据后，待当天已无观测任务后，结束观测资料录入，编制Z文件，按传输规范规定的时间内上传Z文件；若发现上期已上报的观测数据存在错误而修正后，应及时编报更正报。

(10)年终或结束观测项目后，及时整理、撰写各项年度分析评估报告，并输入到相应的记录表中；制作作物、土壤水分、自然物候、畜牧气象观测记录年报表以及N文件，打印存档、报送省局。

(11)定期进行观测数据备份工作，主要备份“农气簿记录索引.mdb”、“土壤水分状况.mdb”、“自然物候.mdb”和“畜牧气象.mdb”五个数据库。建议每周至少备份一次，并保存一份在不同的分区中。

7.1.2.2 系统管理

1. 用户管理

(1)用户登录注册

①首次使用

首次使用，使用系统初始默认的高级管理员(Admin)身份登录。从主菜单上选择“文件→登录”项或点击工具栏中【登录】按钮，进入用户登录界面：

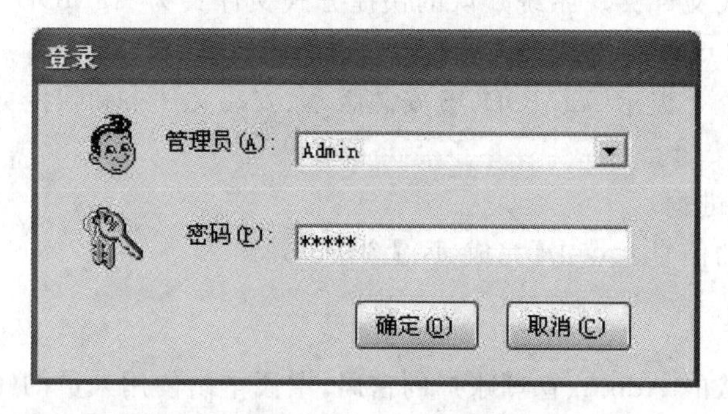

从“管理员”栏中选择系统默认管理员为Admin管理员用户，在“密码”栏中输入密码(向管理人员索取。默认密码一般是123456)，点击【确定】按钮。然后建立一些用户，根据工作性质的不同分配使用权限。

②用户登录注册

使用具有管理员身份的账户登录(系统登入界面中仅列出管理员账户名单)。从主菜单上选择“用户→登录”项或点击工具栏中【登录】图标按钮。

进入用户登录注册界面，选择账户、输入密码登录系统。

(2)用户权限管理

以管理员身份登入后，选择“用户→用户管理”菜单项，或点击工具栏中【用户管理】图标按钮；

显示“用户管理”对话窗：

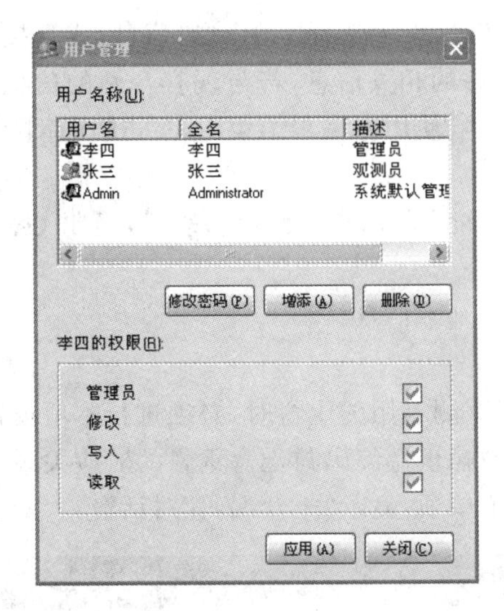

点击【增添】按钮建立用户表，分配用户的使用系统资源（数据操作）的权限，包括管理员、修改、写入、读取四个级权限。另外，可以修改用户密码，双击用户名（栏）以修改用户的属性。

2. 参数的配置

（1）测站信息的设置

本地台站信息包括台站名称、区站号、经度、纬度、海拔高度、所属省份以及台站的人员信息，在观测数据的管理和应用中，经常使用这些信息。为了方便操作使用和避免操作失误而导致出现同一台站的数据记录存在不同的台站信息，系统运行中将直接使用默认的本地台站信息资源。因此，要求各农业气象观测站在使用本系统对观测数据进行管理与应用前，事先必须创建本地台站信息表。除测站人员信息、地址信息外，其他的项目不允许随便更改，特别是区站号。

选择“设置→测站信息”菜单项，或点击工具栏中【测站信息】图标按钮：

显示“测站信息”对话窗：

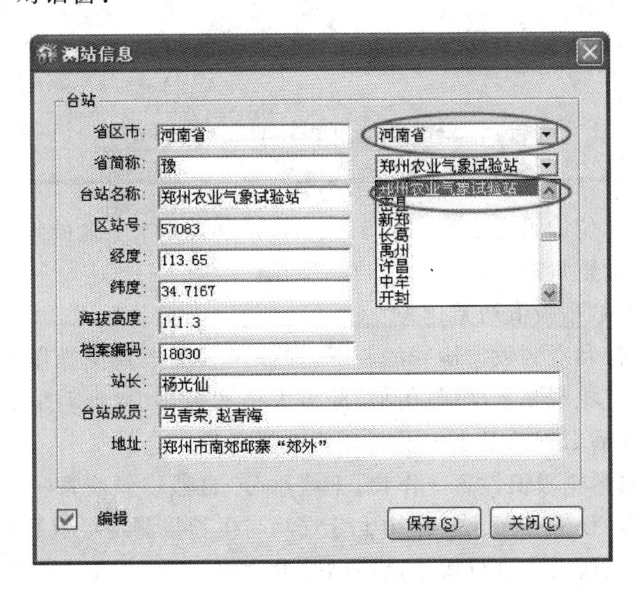

在进行各项编辑前，先选中“编辑”项，出现“√”标志方可编辑测站信息。首次使用时，从右上方的省会及相应的台站信息表中选择本测站的信息，或直接在右边各栏输入相关信息。系统预设全国2463个气象台站的相关信息，若与现有台站的信息不符合的，请以本站的信息为主，直接在栏目中修改，不影响使用。编辑结束后，点击【保存】按钮，把本站的信息保存到本地参数的数据库中。

测站信息中的“经度”、“纬度”单位均采用°(度)表示，而非°(度)、′(分)形式；海拔高度单位为m(米)。

首次使用必须设置本站的基本信息。

(2)测站土盒参数的设置

首次使用或更换、新增土壤测墒用的土盒时，必须进行本项设置。在录入土壤水分观测数据之前，做好土盒编码工作，创建土盒编码与土盒重量的对应关系。

选择“设置→土盒编码”菜单项，显示“土盒编码”对话窗：

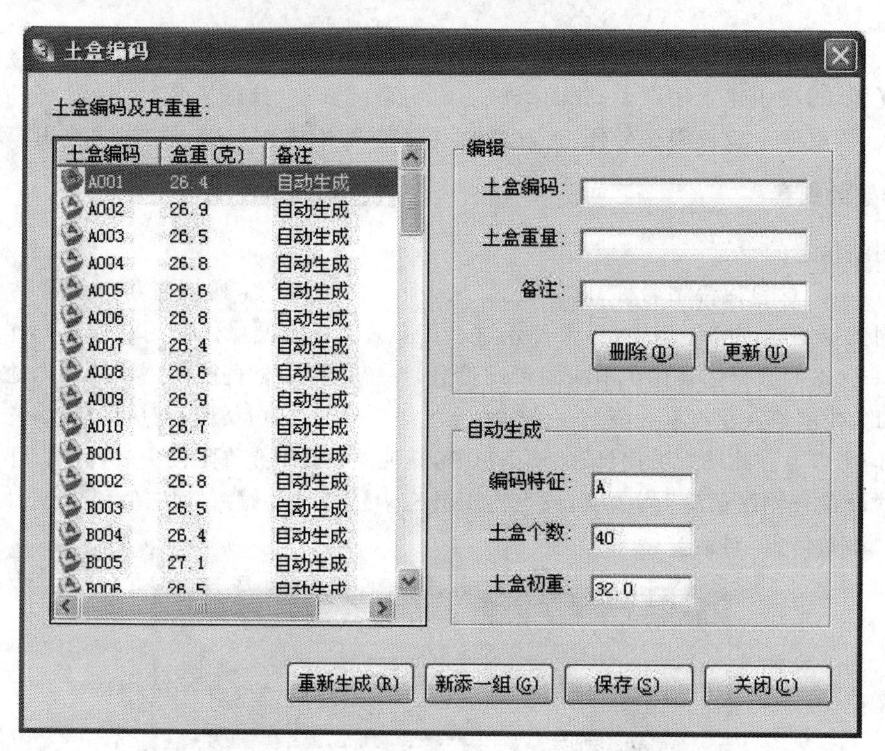

系统默认的将按4位编码生成从“A001”至“A040”的40个土盒的编码，默认盒重32.0 g。实际情况应对逐个土盒重量进行修正。

(3)农业气象观测数据极值初始化

极值数据库可以控制观测数据输入的范围，在一定程度上减少操作失误而输入超出范围的数据。初始化农业气象观测数据(数值型)的极大值和极小值，自动生成农业气象观测数据的极值数据库，并在今后数据的录入中不断自动更新完善。

选择“设置→观测数据极值设置→作物、土壤水分、自然物候或畜牧气象”菜单项，分别进入各类观测数据极值的设置界面，如“作物生育观测与生长量测定极值数据编辑”对话窗，可对各类观测数的各个表或所有表进行操作，设置好“最大值”、“最小值”后，点击【自动生成】按钮，自动生成默认值;选中“允许更新”选项,再逐个表、字段进行修改,系统自动保存。

首次使用必须进行各类观测数据极值的初始化工作,在进行观测数据录入过程中,其极值将被新的观测数据动态更新。

(4)修改观测参数

系统默认的参数是根据《农业气象观测规范》制定的,本地对于作物、土壤、物候和畜牧的观测有特殊规定或需求时,可以修改这些参数,包括作物观测参数、植物动物名称、植物物候期、牧草名称、牧草发育期、灾害名称、气象水文现象。

首次使用必须进行观测参数初始化工作。

从 AgMOManage 模块的主菜单中选择“设置→观测参数→初始化”项目:

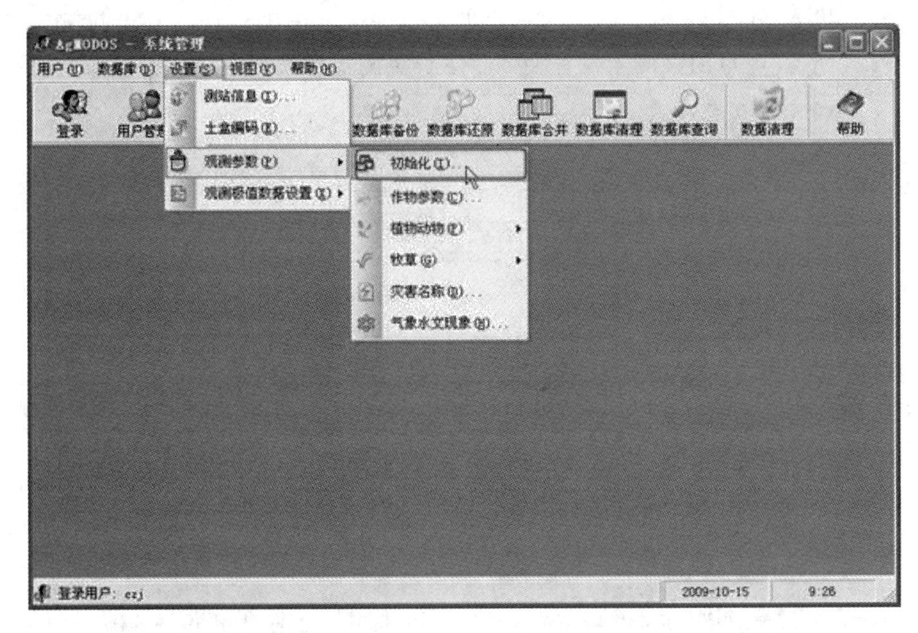

显示“观测参数初始化”对话窗,实现从系统提供的默认参数配置到本地观测参数,以便进一步维护。在“观测参数初始化”模块中,根据本站承担的观测项目选择 1 至 6 的观测项目内容(作物观测项目为必选观测项目,不包含在本选项内)。

1)作物参数

首次使用需要配置本地的作物观测参数。

从 AgMOManage 模块的主菜单中选择“设置→观测参数→作物参数”项目,显示“本地作物参数”对话窗。

依据《农业气象观测规范》规定,作物观测参数包含常规的作物观测项目和大田调查项目,各项观测内容严格按照《农业气象观测规范》制定的内容填写,不得随意变更、修改名称,特别是作物名称、品种类型、熟性、发育期名称、产量因素(结构)等项目。

“常规观测项目”栏下列出相应观测作物的观测项目及其所包含的观测内容,需要观测的内容以“,”分开各项,如水稻的“作物名称”项中包含“水稻,双季早稻等”。“作物”项是该类作物的统称,如水稻、麦类等,其包含的具体作物在“作物名称”项目内罗列描述,其他的项目如“品种类型”、“熟性”等项目的内容也类似。其中,编辑状态下的“作物代码”和“作物”不支持更改。

①“作物名称”项目：控制作物类所包含的具体作物名称集合，如作物“水稻”包含“水稻，双季早稻、双季晚稻、一季稻”。

②“品种类型”项目：控制作物类的所有品种名称集合，如“常规籼稻，常规粳稻，杂交稻，糯稻，杂交籼稻”。

③“作物发育期”项目：控制需要观测的作物发育期项目。如“水稻”的“未，播种，出苗，三叶，移栽，返青，分蘖，拔节，孕穗，抽穗，乳熟，成熟”等发育期。

④“目测发育期”项目：控制需要开展目测的作物发育期项目，目测发育期不须统计小区发育的百分率。如“水稻”的“出苗，移栽，返青，乳熟，成熟”等几个发育期。

⑤“生长状况测定发育期”项目：控制需要进行生长状况测定的发育期项目，“水稻”的“移栽，返青，分蘖，拔节，抽穗，乳熟，成熟”等发育期需要进行生长状况测定。“高度测定发育期”、“密度测定发育期”、“产量因素测定发育期”和“生长量测定发育期”等项目的控制参数也类似。

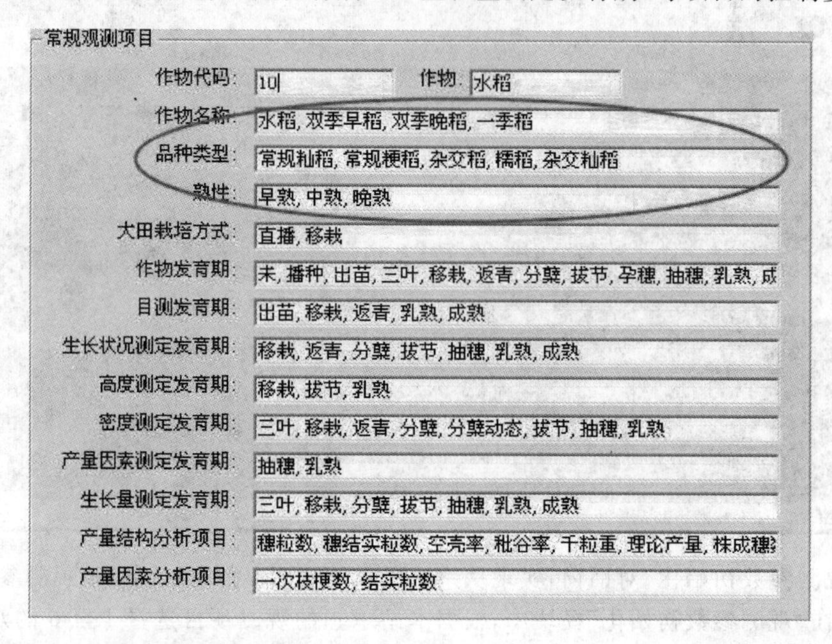

首次使用时，请根据本站多年来承担的观测作物进行配置，右边的“本地观测作物”将列出本站的所有观测作物。若需要添加新的观测作物，从“全部作物列表”选择本站要观测的作物如“谷子”，点击【新增(A)】按钮后，修改相应的观测参数，最后点击【保存(S)】按钮。

2)其他的参数

包括植物动物名称、植物物候期、牧草名称、牧草发育期、灾害名称和气象水文现象等项目作为公共参数，这些观测参数也必须符合《农业气象观测规范》的要求，不得随意变更、修改已有的项目。

植物动物参数——控制木本、草本植物和动物的名称及其所需观测的物候期及其子物候期(名称)；

气象水文现象——控制气象、水文所需观测的现象及其子现象(名称)；

牧草发育期——控制豆科、禾本科、杂草科牧草所需观测的发育期(名称)；

灾害名称——控制农业气象灾害及作物病虫害观测的灾害(名称)。

各模块可进行增加、删除和修改的操作。

7.1.3 任务实施

任务实施的场地:实训机房。

设备用具:投影仪、白板或黑板、电脑。

实施步骤:

(1)教师讲授主要内容;

(2)教师演示操作过程;

(3)抽查学生操作,其他学生指出问题,教师予以评价;

(4)将学生分成若干小组;

(5)分小组完成观测工作,教师给予评价;

(6)完成任务工单中的任务。

7.1.4 拓展提高

计算机——人类的好帮手

计算机(computer)俗称电脑,是一种用于高速计算的电子计算机器,可以进行数值计算,又可以进行逻辑计算,还具有存储记忆功能。是能够按照程序运行,自动、高速处理海量数据的现代化智能电子设备。由硬件系统和软件系统所组成,没有安装任何软件的计算机称为裸机。可分为超级计算机、工业控制计算机、网络计算机、个人计算机、嵌入式计算机五类,较先进的计算机有生物计算机、光子计算机、量子计算机等。

计算机是20世纪最先进的科学技术发明之一,对人类的生产活动和社会活动产生了极其重要的影响,并以强大的生命力飞速发展。它的应用领域从最初的军事科研应用扩展到社会的各个领域,已形成了规模巨大的计算机产业,带动了全球范围的技术进步,由此引发了深刻的社会变革,计算机已遍及一般学校、企事业单位,进入寻常百姓家,成为信息社会中必不可少的工具。它是人类进入信息时代的重要标志之一。随着物联网的提出发展,计算机与其他技术又一次掀起信息技术的革命,根据中国物联网校企联盟的定义,物联网是当下几乎所有技术与计算机、互联网技术的结合,实现物体与物体之间环境以及状态信息实时的共享以及智能化的收集、传递、处理。

任务 7.2　农业气象测报数据编辑与应用

7.2.1　任务概述

【任务描述】

通过农气簿封面管理方式，建立观测对象的基本信息及其观测数据记录的索引，并进行观测数据录入、编辑操作。进而生成符合《农业气象观测规范》规定的农业气象观测记录年报表。

【任务内容】

(1)记录簿管理；

(2)观测数据的管理；

(3)观测数据服务；

(4)数据库安全管理。

【知识目标】

(1)熟悉农业气象测报业务系统记录簿管理；

(2)掌握农业气象测报业务系统观测数据服务和数据库安全管理方法。

【能力目标】

会创建、修改农气记录簿，会观测数据的录入、修改；能制作农业气象观测记录年报表；会农业气象观测数据图表分析；会数据库的备份、还原、合并等操作。

【素质目标】

(1)熟悉操作规范；

(2)熟悉管理内容；

(3)培养学生团结协作的精神；

(4)提高学生自主学习的能力。

【建议课时】

6 课时，其中包括实训 6 课时。

7.2.2　知识准备

7.2.2.1　数据编辑

1. 创建农气簿

通过农气簿封面管理方式，建立观测对象的基本信息及其观测数据记录的索引。在观测数据录入之前，必须在农气簿封面中建立相应记录索引档案，产生记录索引编码、记录名称以及保存该观测对象的基本属性。依据《农业气象观测规范》制定的观测内容，分为作物、土壤水分、自然物候和畜牧气象四大类观测对象，设计相应的4个簿封面记录管理模块。

(1)登录编辑系统

启动AgMOEditor程序。从程序组“AgMODOS”中选择“AgMOEditor”程序项，启动农业气象测报数据编辑程序。以具有“修改”以上权限的账户登录。

(2)创建作物观测记录簿

从水平菜单中选择“农气簿→管理→作物”项，或点击快捷工具栏【农气簿管理】图标按钮下“作物”选择。

显示“作物观测记录簿管理”对话窗。

观测记录簿管理对话窗划分为三个功能区，上方的“浏览状态”区，显示记录簿中记录内容细节；中间的“属性”区，提供对数据库数据编辑；下方的“操作命令”区，提供数据库操作的功能命令按钮。

①新增簿记录

在录入观测数据之前，先为数据库储存空间申请相应的记录编码，建立一条索引记录，并保存相关的基本信息，如给记录簿中该记录命名、保存创建的时间、修改的次数等信息，详见“属性”栏中项目。

在“操作命令”栏中点击【新增(A)】按钮，“属性”栏中允许编辑的项目由无效状态转变为有效状态，等待操作员输入或选择操作，填写各项内容，并确定检查无误后，点击“操作命令”栏中的【保存(S)】按钮，保存新建立的记录；若点击【放弃(C)】按钮，则不保存新输入的数据，返回等待状态。

“属性”栏中的“作物名称”、“作物品种”、“作物熟性”、“栽培方式”、“年度”等项目可以直接从相应的组合列表框中选择或由键盘输入，无内容输入“/”，不可“空白”，冬小麦、油菜等越冬作物，务必选中“越冬作物”复选框项(√)；“记录簿编码”由系统根据有关参数所决定而产生，操作员不能进行编辑，请参照“农气簿编码规则”；“记录簿名称”可自动产生，双击“记录簿名称”文本编辑框，自动产生由“年度”+“台站名称”+“作物名称”+本类数据特征名称(生育状况观测记录)组成的字符串，但操作员可进行修改；“修改次数”、“首次修改时间”和“最后修改时间”的内容由系统确定，操作员不能进行编辑。

②修改簿记录

在“浏览状态”栏中的簿记录列表中，移动光标选择要修改的项目，或在“操作命令”栏中点击记录移动按钮，如点击【第一个(F)】、【下一个(N)】、【上一个(P)】和【最后一个(L)】按钮，则在“属性”栏中的各项内容将随之改变；当确认选择好要修改的簿记录后，点击“操作命令”栏中的【修改(E)】按钮，进入编辑状态；当编辑完毕，点击【保存(S)】按钮，则保存修改后的记录；若点击【放弃(C)】按钮，则放弃修改，返回等待状态。

当创建了某观测数据记录簿的记录后，若还没有在相应的数据库中录入观测数据，则系统允许修改其内容；若该簿记录已在相应的数据库中录入观测数据，则系统发出警告。此时，系统只允许修改与“记录簿编码”无关的内容；若修改与“记录簿编码”有关的项目后并进行保存操作，系统将发出警告，不保存修改的数据。

作物生育状况观测记录簿录入观测数据后，只允许修改“栽培方式”、“品种名称”、“越冬作物”复选项和“记录簿名称”，其他的项目不允许修改。

③删除簿记录

未在相应的数据库中录入观测数据的簿记录可以直接删除;但已在相应的数据库中录入观测数据的簿记录不能做删除操作,系统发出警告。

创建土壤水分测定记录簿、创建自然物候观测记录簿、创建畜牧气象观测记录簿等与创建作物观测记录簿类似。

2. 观测数据的管理

农业气象观测数据以农气簿记录为基础进行存储与管理,系统以数据库形式分别储存作物、土壤水分、自然物候和畜牧气象观测数据,簿观测数据的录入、浏览和修改(删除)采用相互独立的操作模块。农气簿(观测数据记录簿)包括作物、土壤水分、自然物候和畜牧 4 大类、7 个子记录簿管理项目(作物生育状况观测记录簿、作物生长量测定记录簿、土壤水分测定记录簿、自然物候观测记录簿、牧草生长发育观测记录簿、牧草综合观测记录簿和家畜观测数据),每项包括“数据录入”、“数据浏览”和“数据修改”3 个数据编辑模块,进行观测数据录入、编辑操作。

(1)观测数据的录入

从水平菜单中的“农气簿→打开”项,或点击工具栏上的【打开农气簿】图标按钮,打开“农气簿管理”模块窗体,以树状目录结构的分类和列表结构的观测记录方式显示已建立的农气簿记录情况。农气簿包括农气簿-1(作物)、农气簿-2(土壤水分)、农气簿-3(自然物候)和农气簿-4(畜牧气象)四大类,其所属的各项内容与《农业气象观测规范》规定的记录方式一致。

①选择相应的一条簿记录,以便下一步做观测数据的录入、浏览和编辑操作。如点击“农气簿-1(作物)”项,选择所属的“作物生育状况观测记录簿”分类下的“2003 年郑州农业气象试验站冬小麦生育状况观测记录”记录索引,进入作物生长发育观测数据的录入工作状态:

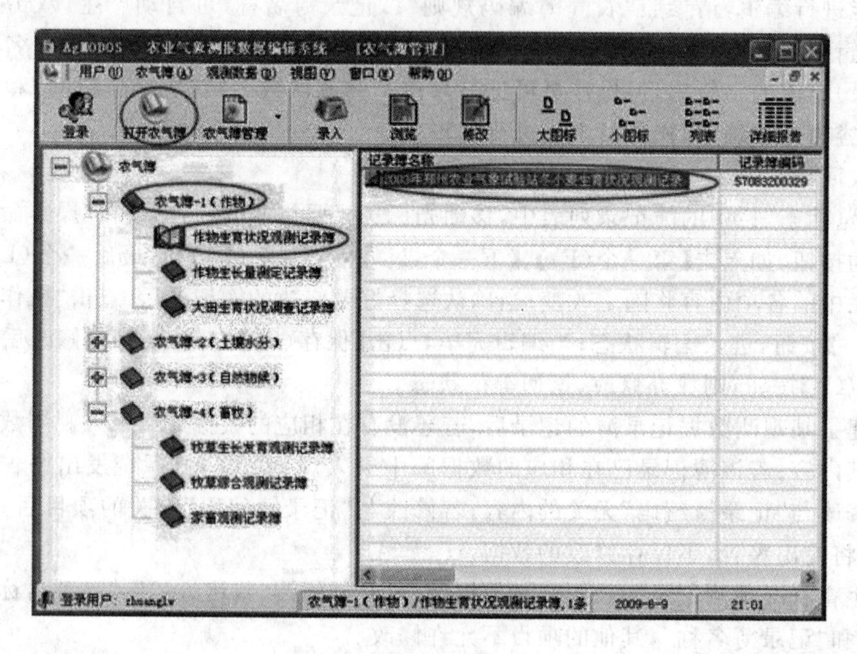

②从水平菜单中的“观测数据→数据录入”项，或点击工具栏上的【录入】图标按钮，开始进行观测数据录入过程：

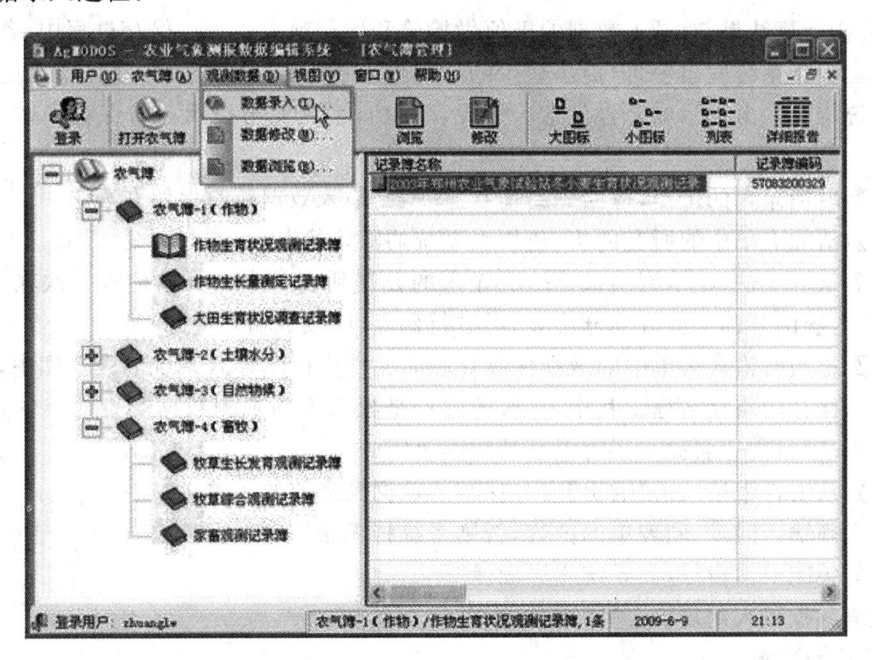

③录入观测数据。各类观测数据录入对话窗均由书签页、报表表单、命令按钮和状态条组成，如“作物生育状况数据录入”对话窗的界面结构如图：

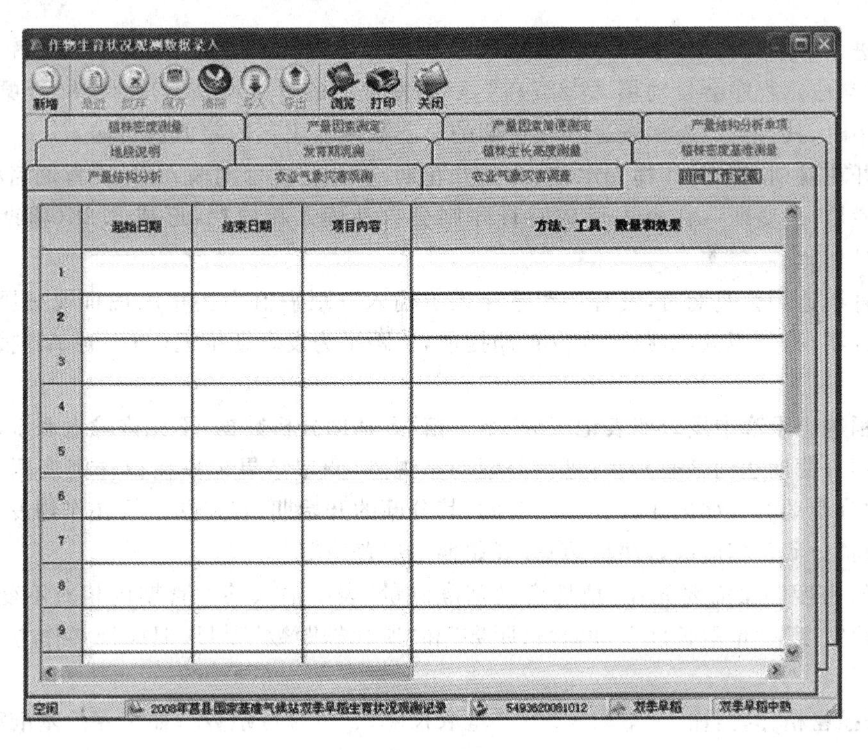

【新增】：进入数据录入状态，可以在表单中录入数据。此时，命令按钮的状态由等待输入的状态变为数据编辑状态，【新增】和【关闭】按钮无效，可以执行保存、放弃、清除、输入操作，如

果最近已录入数据，则还可以调出最近一次输入的数据。

【保存】：实现对表中的输入数据进行有效性检查、进行必要的统计计算并往表单中填写相应项目的分析计算结果、对录入数据的极值做检验和保存观测数据。保存过程中，若检测到缺少必要的输入项，系统发出警告，提示缺少的项目位置（所在的行和列）。此外，无论保存成功或失败，系统均会发出提示或警告信息。若保存成功，系统发出提示。若保存失败，系统发出警告。

【放弃】：取消录入的工作，返回到新增状态，但已输入数据暂时保留在表单中。

【清除】：清除表单中的所有内容，还原到系统的默认状态。

【最近】：从历史输入中，调出最近一次输入的数据到表单中。可以检查上次输入的内容，或上次输入内容的基础上进行部分修改，再进行保存，以减少输入量。

【导出】：把当时输入表单中的数据保存在临时文件中而不存入系统的数据库中，输出成功后，系统提示保存的路径名称。其中，存放的路径是根据不同观测数据类别而定的，文件名称由本表单中的项目内容名称及当时保存的时间决定的。

【导入】：从文件中读入由【输出】命令保存的数据到当前的表单中。

注意：必须输入同类、同表单的内容，否则系统将无法处理数据。

【关闭】：关闭对话窗，返回系统主界面。

(2)观测数据输入约定

1)作物生育状况

①“地段说明”中的地段面积、产量及观测地段说明项目，在作物收获后，取得数值后一并输入。

②未进入下个发育期、播种期和发育期目测项目，不需统计进入发育期百分率，4个测区不需填写（空白），程序会自动填入“32744”，目测发育期的百分率按50%计算；分蘖作物计算分蘖百分率时，其“茎数”必须按进入发育期的总茎数减去主茎的差值进行输入。

③有开花盛期观测的作物如水稻、油菜开花期，在开花发育期输入时，发育期名称输入“开花”、备注栏填写“盛期”，在报表形成时程序则会自动读入相应栏，形成5.28（盛期）的形式，“末期”也是如此。

④发育期达到普遍期时，发育期距平需人工输入。距平值为当年出现日期减历年发育期平均出现日期，符号照输，负距平为发育期提前，正距平为发育期推迟（与平时AB报的编码符号相反）。

⑤水稻等记录簿中发育期表记载的“基本苗”等辅助分析数据，不允许输入系统。

⑥水稻分蘖期达到普遍期后，进行分蘖动态观测，测定结果记录在植株密度测量表中，发育期填写“分蘖动态”；如果在秧田已分蘖的，其分蘖的开始期、普遍期记录在作物发育期表中，发育期填写“分蘖”，相应的备注栏填写“开始期”或“普遍期”。

⑦植株密度测量需要先在“植株密度基准测量”表中输入某发育期内相对不变的观测参数，如“量取宽度”、“量取长度”、“所含行距数”和“所含株距数”项目，但应视耕作方式不同，输入相应的项目：

(a)条播密植作物：输入“量取宽度”、“量取长度”、“所含行距数”；如小麦的基准测量：

	观测日期	发育期	测点	量取宽度	所含行距数	所含株距数	量取长度	1米内行数
1	2009-10-28		1	9.05	32		1.00	
2			2	9.90	32		1.00	
3			3	9.07	32		1.00	
4			4	9.03	32		1.00	
5		三叶	5					

(b)稀植或穴播(栽)作物：输入“量取宽度”、“量取长度”、“所含行距数”或“所含株距数”；如玉米的基准测量：

	观测日期	发育期	测点	量取宽度	所含行距数	所含株距数	量取长度	1米内行数
1	2009-07-06		1	7.36	10		5.35	
2			2	7.19	10		5.43	
3			3	7.28	10		5.52	
4			4	7.42	10		5.47	
5		七叶	5					

(c)散播作物：不需输入基准测量；水稻秧田每个测点取 0.04 m^2，测点面积不到 1 m^2，需订正面积，即测定面积的“订正系数”输入“6.25”。

⑧在“植株密度测量”表中，密度测定项目为随发育期变化的参数值，如株(茎)数、总株(茎)数、有效总株(茎)数或所含株距数、所含行距数等；作物所处的耕作方式必须选择正确，包括条播、稀植(穴播、穴栽)、撒播、间套。

植株密度测量 | 产量因素测定 | 产量因素简便测定

	观测日期	发育期	测定过程项目	耕作方式	测定面积(平方米)	订正系数	测点 1	2	3	4	5
1	2009-10-28	三叶	所含株数	条播	32,744.00	32,744.00	56	62	52	65	

植株密度测量 | 产量因素测定 | 产量因素简便测定

	观测日期	发育期	测定过程项目	耕作方式	测定面积(平方米)	订正系数	测点 1	2	3	4	5
1	2009-07-06	七叶	所含株数	稀植	32,744.00	32,744.00	20	20	20	20	

⑨在植株干物质重量测定表中，植株干物质重量测定的样本总重，系统采用三位小数输入、运算(规范要求两位)，计算结果保留一位小数；输入干物质重量时，必须已完成输入同发育期的密度测量值，且按测定时间前后顺序输入干物质重量测定值。首次进行干物质测量，不分析计算生长率，值为“32744”。

⑩在进行植株叶面积分析时，需先输入单株、逐叶的叶面积(长、宽)，叶面积仪器测量的，直接输入面积值；扫描叶面积结果的，需转换为单株叶面积值后，直接按 1 株、1 叶的面积测量值输入。另外，需先输入、计算同期的植株密度测量值。

⑪小麦越冬死亡率，在“产量因素简便测定”表输入，输入原则为在“总和”里输入正数(有死亡)、无死亡时输入“0”，样本数一律输入“1”；玉米的双穗率的输入：总和里输入整数，样本数输入“40”(双穗率也可以按农气簿的记载内容在产量因素测定里输入)。

⑫在产量结构分析表中，输入各项分析结果，不需输入分析过程；在产量结构分析单项表

中，最多可以输入 60 个（6×10）样本数据，但个数多少不限。

⑬在输入大田调查项目时，需自命名调查的“大田名称”，如：“一类田”或“二类田”等，也可以“1”或“2”，只要能区别则可；高度、密度、产量因素等仅输入观测项目的分析结果，不需输入分析过程。

⑭在农业气象灾害观测、调查表中，灾情类型或对产量影响程度“轻”以下的，不需输入减产成数或减产趋势估计，系统自动填写“32744”。

⑮界面内单项内容如果有下拉三角选择框，尽量选择其中的内容，其他界面的内容也一样。

⑯在录入数据时，要采用默认的发育期名称，不要修改，比如作物高度的“拔节”、“乳熟”等，不要人为添加“拔节普遍期”，这样在报表形成时程序会读不进去的。

⑰本地作物参数中，“作物代码”、“作物”、“作物名称”和“品种类型”栏目的内容不能随意修改。

⑱在作物参数等内容中，修改内容时，观测项目内容罗列时，使用半角逗号“,”隔开，不要用全角逗号“，”。

⑲创建作物发育期状况、土壤水分测定记录簿时，是越冬作物的或需要输入跨年度的观测数据的，必须选择上“越冬作物”选项；记录簿名称最好采取在其空格处双击鼠标的办法，形成系统默认的文件名。

⑳在数字输入中，如果小数点输不进去，可把输入状态转换成“中文”或“英文”状态下，再输入。

㉑田间工作记载的录入：如果纸质观测簿的田间工作记载的项目里都是填写的田间管理，在系统录入时的项目内容可选择为“田间管理”或“田间管理（其他）”，否则需要选择具体的田间工作内容。

	起始日期	结束日期	项目内容
1	2009-10-25	2009-10-25	田间管理（其他）

㉒地段说明、农业气象条件鉴定、物候分析等内容的录入：不要人为加空格控制排版格式，采取默认格式即可，内容换行使用“Ctrl＋Enter”组合键进行换行，否则形成报表时会显示不完整所输入内容。

2）土壤水分测定

①在土壤水文物理参数表中，至少需要输入“田间持水量”一项参数，常规下，加密地段（逢三）不需进行“水分贮存量”的计算，所以加密地段的土壤水文物理参数表可不输入土壤容重和凋萎湿度值。

②在土壤水分测定表中，视不同的观测地段类型，依次输入 1 至 4 个重复、逐个土层的测

量值。作物、固定地段要求至少输入3个重复，加密地段至少2个、附加地段至少1个；土壤水分的分析计算由“土壤水分分析”表完成，土壤水分测定输入完成后，选择输入的土壤水分测定日期进行保存分析、计算重量土壤含水率、土壤相对湿度等项目。

③旬内出现多次渗透观测时，可以逐一输入出现的日期（月．日）、渗透量；旬内出现多次灌溉时合计后一并输入系统（纸质气簿分别填写），旬内出现多次降水时合计后一并输入系统，若连续降水的，日期用横线“—”连接（如5.7—9），若间隔降水的，日期使用顿号“、”隔开（如5.7、9）。

④土壤冻结或解冻未出现时，只需输入土层已出现冻结或解冻现象的日期，未出现的先不必输入，但一旦出现时，需要补充输入。

⑤作物地段土壤水分中的发育期栏，若出现两个以上发育期的，填写旬内最后出现的一个发育期，并手工添加出现普遍期的日期，如“拔节（5.1）”，其他的发育期填写在系统的纪要栏（纸质气簿-2-1记在取土当日的备注栏）。

3）自然物候

①木本植物物候现象未出现时，系统的“出现日期”栏空白，“备注”栏中，按《农业气象观测规范》要求填写备注信息，如“未出现”、“宿存”、“0℃未落”、“未脱落”、“干枯未落”、“1.12（2008）”等内容。

②草本植物物候现象未出现时，系统的“出现日期”栏空白，“备注”栏中填写“未出现”、“宿存”、“未脱落”、“未散落”等内容。

③某动物物候未出现的、某气象水文现象未出现的，系统的“出现征状日期”、“出现日期”栏目空白，“备注”栏填写“未出现”，或规定其他标注。

④年度内物候期出现两个的，年初（先）出现的日期填写在“出现日期”栏目，年终（后）出现的日期以“月．日”形式填写在对应的“备注”栏里。如果初次积雪未出现在冬季，而出现在第二年的春季，当年的初次积雪出现时间不填写，备注栏填写“未出现”（纸质的农气簿-3中当年的初次积雪栏填写“未出现”），第二年的“雪开始融化”栏填写出现的日期或空白，初次积雪填写在“雪开始融化”的备注栏中，如“1.4（初次积雪）”。

⑤若春季的霜、雪终日未出现，将上一年的终日日期填入当年系统的“终日”栏，其备注栏填写出现的上年年份，如（2009）（纸质的农气簿-3中当年的终日栏填写，如：12.25（2009））；如秋季未出现初日而出现在第二年的春季，当年“初日”栏填写“未出现”，第二年的“终日”栏正常填写出现的日期，初日填写在“终日”的备注栏中，如“2.2（初日）”。

4）畜牧气象

①播种、目测发育期，不需填写小区进入发育期的数量；已进入普遍期的，选择“已进入普遍期”为“是”（打钩），发育期百分率自动设为“80％”。

②牧草生长高度测量表，可以输入一年（多年）生的牧草或灌木、半灌木的生长高度。某测区或测量方位无观测值，可以不填写（空白）。

③在草层高度测量表中，“高层草”和“低层草”在同张表中输入，必须分两次输入与保存，如先输入“高层草”的，再输入“低层草”的。

④灌木、半灌木产量测量时，必须先输入同期的灌木、半灌木密度测量值，方可计算公顷产量。

5）其他的约定

①作物名称、品种类型、品种熟性、作物发育期、灾害名称、物候现象名称等固定的观测项

目名称，务必按照《农业气象观测规范》、《传输规范》或系统提供的默认输入，不要随意修改，如输入“水稻”、“小麦”、“玉米”等均不符合作物名称规范。

②输入植株密度测量的日期，一定要与观测作物的发育期日期一致，包括植株高度测量时间，此三项同时编报上传。

③在作物生长量测量中，输入的干物质测定与叶面积测定的日期也必须一致，此两项同时编报上传。

④凡各项观测项目输入表格单元不能输入的内容（如记录簿中说明、注解），系统未做另行规定填写的，一律填写在相应的备注栏中。

(3)观测数据的浏览

簿观测数据浏览模块用于浏览已录入的观测数据。该模块要求只拥有“读取”权限的操作员操作。

①从程序组“AgMODOS”中选择“AgMOEditor”程序项，启动农业气象测报数据编辑程序。

②从水平菜单中的“用户”菜单下选择“登录”项或点击工具条上的【登录】图标按钮，并以任何户身份登录系统。

③从水平菜单中的“农气簿”菜单下选择“打开”项，或点击工具条上的【打开农气簿】图标，出现以树目录结构形式展示农气簿记录情况的“农气簿管理”窗体。

在农气簿管理窗体中，左半窗口列出农气簿-1至农气簿-4及其所属的子簿共7项。首先，选择（点击）子簿项，则在由右半窗口列出该子簿已创建的记录（簿）名称及其相关的信息项；然后，在右半窗口中选择要浏览的簿记录，默认值为首项，如选择“自然物候”的“2001郑州农业气象试验站自然物候观测记录”观测记录。

④从水平菜单中选择“观测数据→数据浏览”项，或点击工具条上的【浏览】图标按钮，进入数据浏览模块。

各类簿观测数据编辑模块均采用书签页和网格列表框相结合的方式显示数据库中观测数据，每个书签页对应该类数据库中的一个表，而网格中的内容为该表的具体观测数据。通过选择不同的书签页面、移动网格表中的水平或垂直滑动杆来阅读表中的数据。

点击【输出(Excel)】按钮可以以Excel格式输出表单中的内容；或点击【打印预览(P)】按钮以报表方式打印输出内容。

(4)观测数据的修改

观测数据修改模块用于修改或删除已录入的观测数据。该模块要求具有“修改”权限以上的操作员才能操作。

①从程序组“AgMODOS”中选择“AgMOEditor”程序项，启动农业气象测报数据编辑程序。

②从水平菜单中的“用户”菜单下选择“登录”项或点击工具条上的【登录】图标按钮，并以任何户身份登录系统。

③从水平菜单中的“农气簿”菜单下选择“打开”项，或点击工具条上的【打开农气簿】图标，出现以树目录结构形式展示农气簿记录情况的“农气簿管理”窗体。

④在右半窗口中选择要浏览的簿记录，默认值为首项，如选择“自然物候”的“2001郑州农业气象试验站自然物候观测记录”观测记录；从水平菜单中选择“观测数据→数据修改”项，或点击工具条上的【修改】图标按钮，进入数据浏览模块：

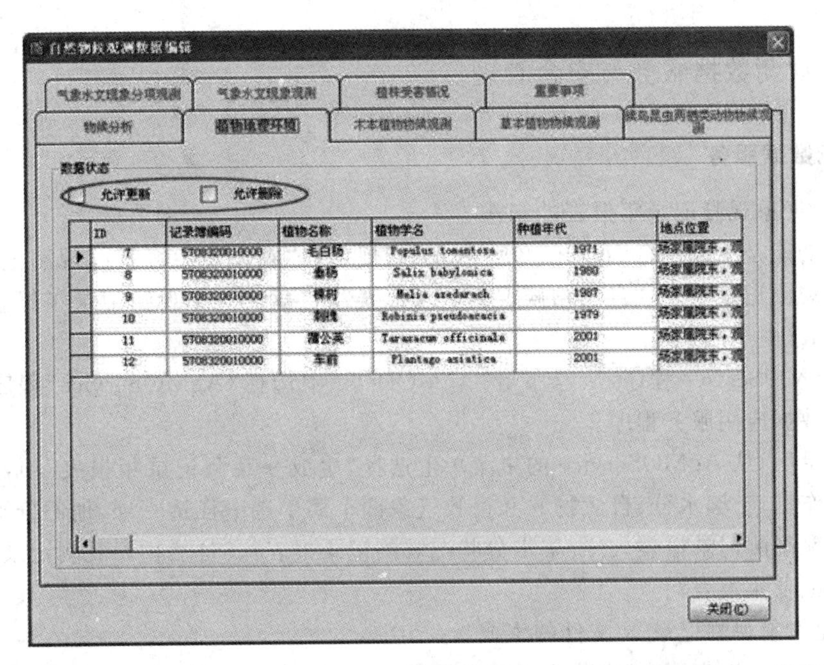

各类簿观测数据编辑模块均采用书签页和网格列表框相结合的方式显示数据库中观测数据，每个书签页对应该类数据库中的一个表，而网格中的内容为该表的具体观测数据。在“数据状态”栏下有两个复选框选项，分别标有“允许更新”、“允许删除”，表示对数据库操作的功能。选中“允许更新”项，允许操作员更改网格中的内容(除了系统锁定的项目以外)；选中“允许删除”项，允许操作员通过按【Del】键来删除整条记录。例如修改“植物地理环境”项目植物“毛白杨”的“种植年代”字段。

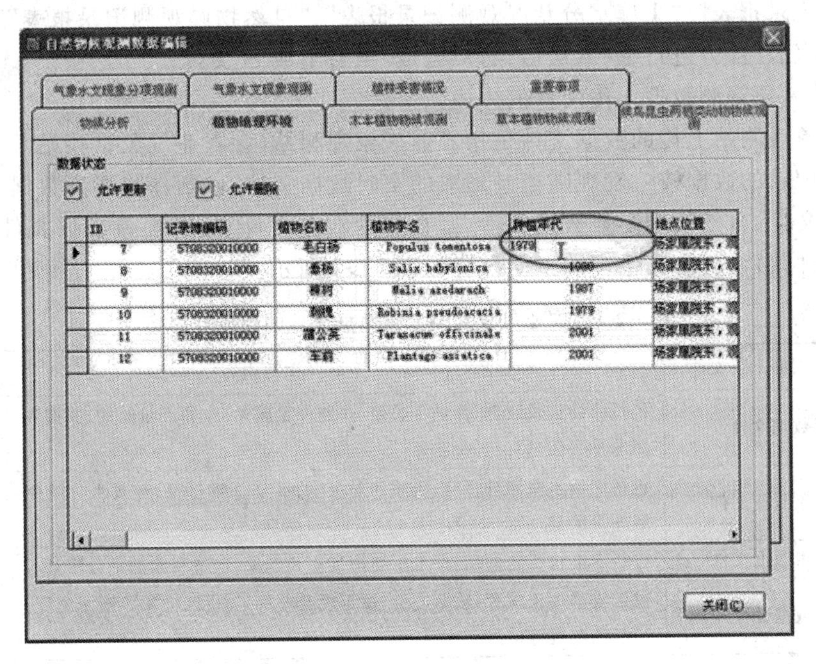

当然，在执行更新或删除命令时，系统会提示信息，要求确认后才能执行。点击【确定】按钮修改并保存，点击【取消】按钮取消修改。

7.2.2.2 观测数据服务与安全管理

1. 观测数据服务

(1)农业气象观测记录年报表的制作

该模块功能是生成符合《农业气象观测规范》规定的“农作物生育状况观测记录报表”“土壤水分状况观测记录报表”“自然物候观测记录报表”和“畜牧气象观测记录年报表”四大类观测记录年报表(电子)。

启动 AgMOService 程序,从程序组“AgMODOS”中选择“AgMOService”程序项,启动农业气象测报数据应用服务程序。

用户登录后,从 AgMOService 的主菜单上选择“生成→观测记录年报表”项,再从其下级菜单包含的作物、土壤水分、自然物候和畜牧气象四个菜单选中任选一项,他们分别对应于《农作物生育状况观测记录报表》、《土壤水分状况观测记录报表》、《自然物候观测记录报表》和《畜牧气象观测记录年报表》。

(2)农业气象观测记录 N 文件的生成

该模块功能是生成符合《中华人民共和国气象行业标准》规定的“农业气象观测记录年报数据文件格式”的数据文件。

启动 AgMOService 程序,从程序组“AgMODOS”中选择“AgMOService”程序项,启动农业气象测报数据应用服务程序。

用户登录后,从 AgMOService 的主菜单上选择“生成→观测记录年报表”项,再从其下级菜单包含的作物、土壤水分、自然物候和畜牧气象四个菜单选中任选一项,分别先对“农作物生育状况观测记录报表”、“土壤水分状况观测记录报表”、“自然物候观测记录报表”和“畜牧气象观测记录年报表”部分进行编码,最后选择“合成”项目生成 N 文件。

(3)农业气象观测数据上传文件的生成

农业气象观测站上传的数据文件是指农业气象观测站(含农业气象试验站)通过人工观测或仪器自动记录的数据按一定规则记录形成的实时数据文件,包括作物要素数据文件、土壤水分要素数据文件、自然物候要素数据文件、畜牧要素数据文件、灾害要素数据文件和基本气象要素数据文件共六大类,其包含的主要内容如表 7-2-1 所示。

表 7-2-1 农业气象观测上传数据文件的组成与内容

农业气象观测数据上传文件	主要内容
作物要素数据文件	包括作物生长发育、作物生长量、作物产量因素、作物产量结构、关键农事活动和本地产量水平等信息
土壤水分要素数据文件	包括土壤水文物理特性、土壤相对湿度、水分总储存量、有效水分储存量和土壤冻结与解冻等信息
自然物候要素数据文件	包括木本植物物候期、草本植物物候期和气象、水文现象的部分信息
畜牧要素数据文件	包括牧草生长发育、牧草产量、覆盖度及草层采食度、灌木半灌木密度、家畜膘情等级与羯羊重调查等信息
灾害要素数据文件	包括农业气象灾害观测、农业气象灾害调查和畜牧灾害等信息
基本气象要素数据文件	包括旬气象要素和月气象要素信息

(4)农业气象观测数据图表分析

农业气象观测数据图表分析应用模块是利用系统录入采集的农业气象观测数据,从时间序列上的分析数据的变化情况,并通过图表的方式进行表现。农业气象观测数据分析应用包括作物生长分析、作物叶面积分析、作物灌浆速度分析、土壤水分分析和气象灾害分析。

启动 AgMOService 程序,从程序组“AgMODOS”中选择“AgMOService”程序项,启动农业气象测报数据应用服务程序;从 AgMOService 的主菜单上,选择“图表”菜单下的子菜单项,根据需要选择不同应用功能,进入相应的图表分析模块。

如发育期分析:

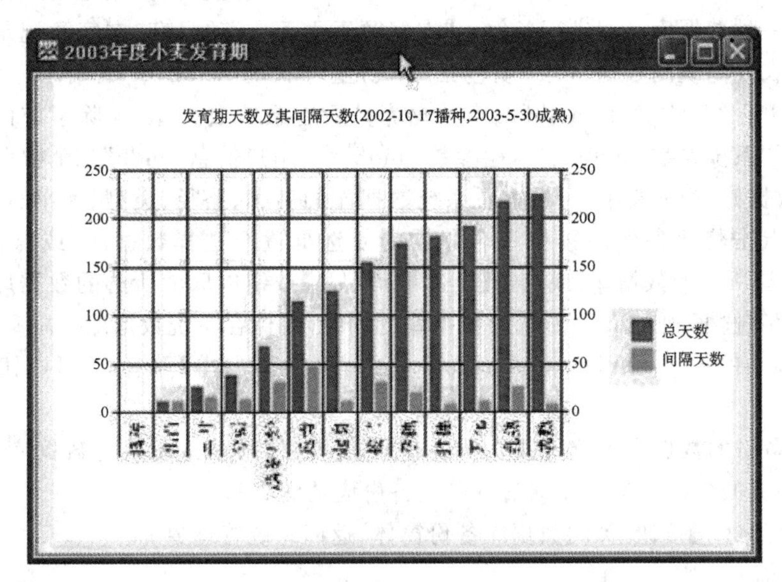

如土壤湿度分析:

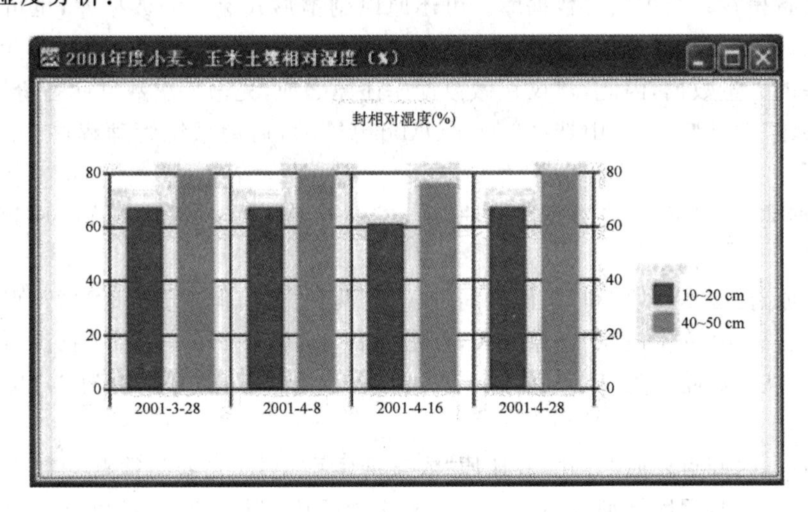

2. 数据库安全管理

(1)数据库备份

数据库备份模块用于对系统数据库的观测数据、系统参数配置进行备份,以防止数据录入、修改、删除的误操作或其他原因造成的数据丢失,确保系统数据的安全。数据库的备份有两种方式:方式一,保存系统数据库的副本,直接拷贝系统所有的数据库到默认的文件目录下或用户指定的目录下进行保存;方式二,备份时,在数据库名称后加上备份的日期(年月日时分),并拷贝到默认的文件目录下进行保存,不同时间备份的数据库将形成不同的备份文件。

①从程序组“AgMODOS”中选择“AgMOManage”项,启动系统管理程序,从“用户”菜单下选择“登录”项以管理员身份登录系统。

②从“数据库”菜单下选择“数据库备份”项,或点击工具栏上的【数据库备份】图标按钮,显示“数据库备份”对话窗。

“数据库类型”有三个选项,即“农气簿索引记录”、“农气簿观测数据记录”和“所有系统数据库”,可任选一种数据库类型进行备份。“农气簿索引记录”项只有“农气簿记录索引 . mdb”一个数据库;“农气簿观测数据记录”项包括“作物生育状况 . mdb”、“土壤水分状况 . mdb”、“自然物候 . mdb”、“畜牧气象 . mdb”四个数据库;“所有系统数据库”项除了前两项的五个数据库外,还包括“系统参数 . mdb”、“本地参数 . mdb”和“用户信息 . mdb”三个数据库。

在“系统数据库”列表窗中,可以查看系统数据库的名称、路径、类型、大小、创建的时间和修改的时间。点击将要备份的数据库名称前的复选框逐个选择数据库,或点击【全部选择(A)】按钮以选择所有的数据库,或点击【全部取消(U)】按钮以取消所选的数据库;若选择“系统数据库副本”复选框,则在备份所选的数据库的同时,也保存系统数据库的副本,并保存在指定的路径下(默认的为[D:]\Dbase\Backup_Sys),用户可点击【路径(S)】按钮设置备份的路径。

③选择要备份的数据库后,点击【开始备份(B)】按钮,系统开始执行数据库备份操作,备份完毕,提示相关的数据库备份详细信息以及备份成功的提示。

④点击【关闭(C)】按钮,关闭数据库备份窗体,返回系统管理界面。

(2)数据库还原

还原以前备份在系统中系统数据库。可还原以副本形式保存的数据库,也可选择不同时间备份的数据库进行还原。但做数据库还原操作要特别小心,一旦还原错误,将无法修补系统所需的数据库的大量数据,因此,建议在做数据库还原之前,先做一次数据库备份操作。

①从程序组“AgMODOS”中选择“AgMOManage”项,启动系统管理程序,并以管理员身份登录系统;

②从“数据库”菜单下选择“数据库还原”项,或点击工具栏上的【数据库还原】图标按钮,显示“数据库还原”对话窗。

数据库还原有“副本还原”和“备份时间点还原”两种方式,但不能同时进行,可选其中的一种还原方式。若采用“副本还原”还原方式,点击“副本还原”框下的“还原数据副本”复选项,选中该项(√),默认还原路径为[D:]\Dbase\Backup_Sys,用户可点击【路径(S)】按钮设置还原的路径。

若采用“备份时间点还原”方式,有还原“农气簿索引记录”、“农气簿观测数据记录”和“所有系统数据库”三个数据库类型选项,在“选择备份数据库”列表窗中,可以查看以前备份的系统数据库的名称、路径、类型、大小、创建的时间和修改的时间;在“还原时间”组合下拉列表中,用户可选择一个备份时间点进行还原(备份时间点由系统自动搜索获得)。

点击将要备份数据库名称前的复选框,或点击【全部选择(A)】按钮以选中所有的数据库,或点击【全部取消(U)】按钮以取消所选的数据库。

③选择要还原的数据库后，点击【开始恢复(R)】按钮，系统开始执行数据库还原操作，还原完毕，提示相关的数据库还原信息。点击【关闭(C)】按钮，关闭数据库备份窗体，返回系统管理界面。

(3)数据库合并

数据库合并是指合并在不同计算机上录入相同台站的不同观测项目(作物、土壤水分、自然物候和畜牧气象)或相同观测项目的不同观测内容的观测数据纪录。农气测报系统的数据库是采用单机结构，若使用安装在两台以上的测报系统分别录入本站不同类型的观测数据后，需将录入的观测数据整合在同台业务计算机上进行有关观测数据的服务，包括生成报表、数据传输等业务。

①从程序组“AgMODOS”中选择“AgMOManage”项，启动系统管理程序，并以管理员身份登录系统。

②从“数据库”菜单下选择“数据库合并”项，或点击工具栏上的【数据库合并】图标按钮，显示“数据库合并”对话窗。

确保被合并的“农气簿记录索引”、“作物生育状况”、“土壤水分状况”、“自然物候”和“畜牧气象”等目标数据库(mdb)存放在同一文件夹下。在“目标数据库”栏下选择所在目录，如果存在目标数据库，则在“数据库列表”中将显示所有数据库内容(文件名称)。另外，在“合并到数据库”栏下，选择将要合并的数据库类型，包括“作物生育状况”、“土壤水分状况”、“自然物候”和“畜牧气象”四个观测数据库类型，可根据实际分工输入资料的情况，只对某个观测数据库进行合并，如选择“作物生育状况”项，仅对作物生育状况的观测记录数据部分进行合并操作。

③点击【合并(M)】按钮开始进行数据库合并。在执行合并之前，系统提示进行数据库的备份工作，建议在进行合并数据库之前先执行数据库备份工作。

④数据库合并操作后，系统会提示合并操作成功或失败的信息。

(4)数据库清理

应用“数据库清理”功能可以完成清理重复的观测记录，或删除全部的农业气象观测记录，包括农气簿记录索引和各类观测数据。使用本操作前，请先进行系统数据库备份工作。

①从程序组“AgMODOS”中选择“AgMOManage”项，启动系统管理程序，并以管理员身份登录系统。从“数据库”菜单下选择“数据库清理”项，或点击工具栏上的【数据库清理】图标按钮，显示“数据库清理”对话窗。

数据库类型包括“作物生育状况”、“土壤水分状况”、“自然物候”和“畜牧气象”四种。“农气簿记录”栏中列表相应数据库类型下所建立的农气簿索引记录，每条记录均指向系统数据库中的一系列记录，他们之间通过“簿记录编码”数据库内码进行关联，删除农气簿记录索引将丢失系统数据库中与之相关联的观测数据。

②清理重复记录。首先选中“允许清理记录”复选框(√)，然后在“数据库类型”栏下选择分析的观测记录数据类型，如选择“作物生育状况”项，再从“农气簿记录”栏下选择将要分析的簿记录名称，即点击“农气簿记录”列表中的要分析的簿记录名称前的复选框(√)，最后点击【删除重复(C)】按钮，系统开始分析记录，发现存在重复(2条以上相同)记录时，删除多余的记录，系统默认以“最新优整理”方式清理数据，即保留观测日期为最新的记录，其余的将被删除，否则保留数据库中记录号(ID)大的记录。

③删除观测记录。可以删除农气簿观测记录的所有数据，包括农气簿记录索引。首先选

中“允许删除记录”复选框(√)或选中“删除簿记录索引”复选框(√),然后在“数据库类型”栏下选择分析的观测记录数据类型,如选择“作物生育状况”项,再从“农气簿记录”栏下选择将要删除的簿记录名称,即点击“农气簿记录”列表中的要删除的簿记录名称前的复选框(√)。

点击【删除记录(D)】按钮,系统发出删除警告提示,点击【确定】以确认删除,点击【取消】以取消删除操作。

若选择删除操作,当执行完毕时,在“处理信息”栏中将提示执行删除数据库数据的有关信息。

④点击【关闭(C)】按钮,关闭数据库清理对话窗。

(5)数据库查询

使用农业气象观测记录数据库查询功能获取所需的观测记录,以 Excel 方式组织观测记录,形成电子报表;也可以通过数据库查询功能,实现删除不符合观测记录要求或错误记录数据,非业务管理人员或不熟悉业务技术人员,执行数据库查询删除记录务必谨慎。

①从程序组“AgMODOS”中选择“AgMOManage”项,启动系统管理程序,并以管理员身份登录系统。从“数据库”菜单下选择“数据库查询”项,或点击工具栏上的【数据库查询】图标按钮,显示“数据库综合查询”对话窗。

②在“查询”栏下选择需要查询的数据库及其所属的数据库表,数据库包括“作物生育状况”、“土壤水分状况”、“自然物候”和“畜牧气象”。单击“字段”列表中的字段名称可获取其在数据库中的数值,并填写在“取值”列表中;双击“字段”列表中的字段名称可作为查询条件,并填写在“过滤条件”栏目下,再选择“关系”符号、双击“取值”列表中的项目以组成查询条件,查询条件应符合 SQL 查询语法。例如需查询“自然物候”数据库的“草本植物物候观测”表的“草种名称”为“蒲公英”的有关观测记录。

③点击【查询(Q)】按钮,显示“草种名称”为“蒲公英”有关记录。

④查询结束后,可进行报表打印或保存 Excel 文档输出。

7.2.2.3 数据清理

数据清理包括删除数据库备份文件和系统临时生成的相关数据。临时数据文件保存在[系统文件目录]\Temp 下,包括观测数据临时保存(输出)的数据、最新录入观测数据的临时数据、报表临时输出的数据;数据库备份文件保存在[系统文件目录]\Dbase\Backup 下,包括作物发育状况、土壤水分状况、自然物候和畜牧气象观测项目不同时间点备份的数据库文件。

(1)从程序组“AgMODOS”中选择“AgMOManage”项,启动系统管理程序,并以管理员身份登录系统。从“数据库”菜单下选择“数据清理”项,或点击工具栏上的【数据清理】图标按钮,显示清理临时数据对话窗。

(2)选择清理对象如“临时数据”项下的“簿录入最新数据”,文件列表框中将列出该类数据的临时文件及其相关信息。点击“文件名称”前的复选框,选择要清理的临时文件或数据库,或点击【全部选择(A)】按钮选中所有的临时文件,或点击【取消选择(U)】按钮取消选中所有文件;点击【删除文件(D)】按钮删除所选中临时数据文件;点击【关闭(C)】按钮关闭对话窗。

7.2.3 任务实施

任务实施的场地：实训机房。

设备用具：投影仪、白板或黑板、电脑。

实施步骤：

(1)教师讲授主要内容；

(2)教师演示操作过程；

(3)抽查学生操作，其他学生指出问题，教师予以评价；

(4)将学生分成若干小组；

(5)分小组完成观测工作，教师给予评价；

(6)完成任务工单中的任务。

7.2.4 拓展提高

软件开发

软件(中国大陆及香港用语，台湾称软体)是一系列按照特定顺序组织的计算机数据和指令的集合。一般来讲软件被划分为系统软件、应用软件和介于这两者之间的中间件。其中系统软件为计算机使用提供最基本的功能，但是并不针对某一特定应用领域。而应用软件则恰好相反，不同的应用软件根据用户和所服务的领域提供不同的功能。

软件开发是根据用户要求建造出软件系统或者系统中的软件部分的过程。软件开发是一项包括需求捕捉、需求分析、设计、实现和测试的系统工程。软件一般是用某种程序设计语言来实现的。通常采用软件开发工具可以进行开发。软件并不只是包括可以在计算机上运行的程序，与这些程序相关的文件一般也被认为是软件的一部分。软件设计思路和方法的一般过程，包括设计软件的功能和实现的算法和方法、软件的总体结构设计和模块设计、编程和调试、程序联调和测试以及编写、提交程序。

软件开发可以分为以下 6 个阶段：

(1)计划

对所要解决的问题进行总体定义，包括了解用户的要求及现实环境，从技术、经济和社会因素等 3 个方面研究并论证本软件项目的可行性，编写可行性研究报告，探讨解决问题的方案，并对可供使用的资源(如计算机硬件、系统软件、人力等)成本，可取得的效益和开发进度作出估计，制订完成开发任务的实施计划。

(2)分析

软件需求分析就是对开发什么样软件的一个系统分析与设想。它是一个对用户的需求进行去粗取精、去伪存真、正确理解，然后把它用软件工程开发语言(形式功能规约，即需求规格说明书)表达出来的过程。本阶段的基本任务是和用户一起确定要解决的问题，建立软件的逻辑模型，编写需求规格说明书文档并最终得到用户的认可。需求分析的主要方法有结构化分析方法、数据流程图和数据字典等方法。本阶段的工作是根据需求说明书的要求，设计建立相应的软件系统的体系结构，并将整个系统分解成若干个子系统或模块，定义子系统或模块间的接口关系，对各子系统进行具体设计定义，编写软件概要设计和详细设计说明书，数据库或数据结构设计说明书，组装测试计划。在任何软件或系统开发的初始阶段必须先完全掌握用户需求，以期能将紧随的系统开发过程中哪些功能应该落实、采取何种规格以及设定哪些限制优先加以定位。系统工程师最终将据此完成设计方案，在此基础上对随后的程序开发、系统功能和性能的描述及限制作出定义。

(3)设计

软件设计是把许多事物和问题抽象起来，并且抽象它们不同的层次和角度。建议用数学语言来抽象事务和问题，因为数学是最好的抽象语言，并且它的本质就是抽象。将问题或事物分解并模块化使得解决问题变得容易，分解得越细模块数量也就越多，它的副作用就是使得设计者考虑更多的模块之间耦合度的情况。

(4)编码

软件编码是指把软件设计转换成计算机可以接受的程序，即写成以某一程序设计语言表示的"源程序清单"。充分了解软件开发语言、工具的特性和编程风格，有助于开发工具的选择以及保证软件产品的开发质量。

当前软件开发中除在专用场合，已经很少使用20世纪80年代的高级语言了，取而代之的是面向对象的开发语言。而且面向对象的开发语言和开发环境大都合为一体，大大提高了开发的速度。

(5)测试

软件测试是使用人工操作或者软件自动运行的方式来检验它是否满足规定的需求或弄清预期结果与实际结果之间差别的过程。它是帮助识别开发完成（中间或最终的版本）的计算机软件（整体或部分）的正确度、完全度和质量的过程。

测试应该尽早进行，最好在需求阶段就开始介入，因为最严重的错误不外乎是系统不能满足用户的需求。测试并不仅仅是为了找出错误，通过分析错误产生的原因和错误的发生趋势，还可以帮助项目管理者发现当前软件开发过程中的缺陷，以便及时改进。

(6)维护

维护是指在已完成对软件的研制（分析、设计、编码和测试）工作并交付使用以后，对软件产品所进行的一些软件工程的活动。即根据软件运行的情况，对软件进行适当修改，以适应新的要求，以及纠正运行中发现的错误，编写软件问题报告、软件修改报告。

在实际开发过程中，软件开发并不是从第一步进行到最后一步，而是在任何阶段，在进入下一阶段前一般都有一步或几步的回溯。在测试过程中的问题可能要求修改设计，用户可能会提出一些需要来修改需求说明书等。

学习情境8

农业气象试验

任务 8.1　农业气象试验概述

8.1.1　任务概述

【任务描述】

农业气象试验是提高农业气象科技服务水平的重要手段。本任务主要是了解农业气象试验的特点、农业气象试验的方法种类和研究内容，初步掌握农业气象试验研究计划的拟定内容和方法。

【任务内容】

(1)了解农业气象试验的特点；

(2)了解农业气象试验的方法种类和研究内容；

(3)农业气象试验研究计划的拟定内容和方法。

【知识目标】

(1)熟悉农业气象试验的特点；

(2)熟悉农业气象试验的方法种类和研究内容。

【能力目标】

会简单的农业气象试验研究计划的拟定。

【素质目标】

(1)熟悉农业气象试验的基本知识；

(2)培养学生团结协作的精神；

(3)提高学生自主学习的能力。

【建议课时】

4 课时，其中包括实训 1 课时。

8.1.2　知识准备

农业气象试验是为鉴定农业生产对象与气象条件的相互关系，并为农业气候分析、农业气象预报情报、农业小气候环境的利用与改造、农业气象模拟和农业系统分析等技术手段提供有效的基本技术数据的基础技术。农业气象试验是保证农业气象的基本任务得以发展和顺利完成的基础。因此，农业气象试验有其自身的特殊性，一般是从农业生产出发，以气象角度进行研究，确定农业气象指标，采取相应措施，开展农业气象服务。

8.1.2.1　农业气象试验的特点

农业气象试验与农学和气象学试验相比较有其自身的特点，其特点如下：

1. 试验对象复杂多变

农业气象试验的对象一为农业生产，二为气象条件，特别是二者之间的相互关系复杂多变，具体表现在：①农业，无论是作物、品种、病虫害，还是农业技术措施都是复杂多变的；②气象条件的多变。往往一个气象要素有了变化，引起其他条件的相应变化，从而对农业生产产生综合的影响；③气象条件影响了农业生物，使农业生物生育状况发生相应的变化，又反过来影响气象条件，特别是农业小气候。它们相互影响，互为因果关系；④气象条件对植物的影响、不但表现在当时，而且具有滞后效应，在生长后期有反应；⑤植物对气象条件可发生适应性变化并改变其本性，从而使后代对气象条件有新的要求和反应（需要较长时间才能改变其本性）；⑥植物生长环境的气象条件，难以人工控制使其稳定少变和符合试验研究的要求。由于试验对象的复杂多变，给农业气象试验带来了困难，也形成了它固有的特点。

2. 试验周期长，条件难再现

植物生长周期长，研究一个周期耗费的精力、时间和财力较大，要取得不同年型的代表性资料与验证试验结果，至少要 3～5 年或更长的时间。一种条件（如冻害、冰雹）出现后，往往若干年不再出现，难以连续试验研究。另外，待定的气象条件与植物某一关键发育期再次相遇的机会更少，即使相遇，由于其他条件的变化，可能产生不同的效应。

3. 时间性强，学科涉及面广

农业气象作为一门应用科学，以服务为主，往往由于生产的紧迫性，试验研究时间不宜太长，特别是农业技术措施与作物品种不断发生变动，如不及时出成果并用于农业生产，一旦条件发生变化，成果将部分甚至全部失去应用价值。另外，作为一门边缘学科，在深入探讨时，常与植物生理生化、生态学、数学、物理学、气象学、天气学等许多学科有密切关系，而且需要熟悉农业生产。这也是农业气象试验研究的困难之处。

8.1.2.2　农业气象试验的方法种类和研究内容

1. 农业气象试验的种类

农业气象试验研究是根据平行观测、分析、研究的基本原则，广泛借助农学、气象学、生物学、生理学、数学、物理学及地理学等有关学科的研究技术和方法为之服务。中国目前较为广泛采用的试验研究方法大致可归纳为以下五类：

（1）农业气象调查法

①直接调查法。根据农业生产提出的农业气象问题，利用仪器实测或口头调查等方法取得资料数据。

②指示植物法。植物的分布与生长发育速度的差异是判定气象条件的综合指标，因而考察植物分布、积累物候资料是研究农业气象问题的一种有效方法。

（2）农业气象田间试验法

①分期播种法。按一定时间间隔重复播种（饲养）试验作物（动物），利用气象条件随时间的自然差异来研究各类农业气象问题。

②地理播种法。利用气象条件的地区差异研究农业气象问题。

③地理移置法。在同一地点、时间、统一栽培管理的相似试验材料，移送至不同试验点进行各类农业气象试验。

④对比试验法。对各试验处理直接进行对比平行观测。

(3)农业气象条件模拟法

①全环境控制法。利用人工气候箱(或箱群)、人工气候室综合调控农业气象要素，进行各类天气-作物的模拟试验。

②部分环境控制法。利用玻璃温室、塑料棚(包括有色棚)、冰室、暗室、淋雨器、土壤湿度密封箱(钵)、通风马达等较为简单的设备，模拟1～2个环境因子变化的方法。

(4)实验室法

①形态观测及解剖法。对生长在不同气象条件下的植物组织、器官的形态进行观测和解剖分析的方法。

②生理生化测定法。利用各类仪器设备测定植物体的各种生理、生化变化特征，以研究气象条件影响的方法。

(5)遥感法

利用光传感器接收并记录被测对象(或发射)的不同电磁波信息，然后将信息进行处理，判读出试验所需资料的方法。根据运载工具的高度不同，可分为地面遥感(如雷达探测)、低空遥感(如飞机遥感)和高空遥感(如卫星遥感)。

上述各种方法都具有各自的特点和重要意义，如田间试验法是农业气象试验研究不可缺少的重要方法，它是在比较接近于实际生产条件下进行的试验结果应用价值较大，但田间试验的环境条件比较复杂，气象条件也总是综合出现，因此试验费时，也难以获得很精确的结果。这样各类环境模拟试验在探求单因子或综合因子的影响规律方面具有重要意义。调查研究方法常常贯串于试验研究过程的始终，它的重要性不可忽视。它比田间试验法更接近于生产实际，而且时间短、见效快。实验室分析方法则在研究机制或建立模拟模式或研究产品质量的农业气象条件方面，常常有其独特的优点。遥感方法则在产量预报、情报、物候进程、病虫气象方面更行之有效，也就是说，这些方法是相辅相成的。因此，在实际的农业气象试验研究中，应该根据需要和可能，单独选用一种方法，也可以同时选用几种方法配合进行试验。

2. 农业气象试验研究的内容

农业气象试验研究的内容是广泛的，大体包括以下几个方面：

(1)研究农业生产对气象条件的要求与反应规律，并确定农业气象指标(包括适宜、临界、受害、致死等)。农业生产对象是生物有机体，它的生长发育状况最基本的是一个能量交换、物质循环、积累、贮存的过程，这一过程与光、热、水、二氧化碳等环境因素有不可分割的关系。这些因素具有因时因地而异的特点，且难于用人工进行控制。因此，农业生产直接受天气和气候的制约。只有研究农业生产对气象条件的要求与反应规律，并确定其最适、临界、受害和致死的农业气象指标，为农业模式化栽培提供科学依据，才能使农业生产达到高产、稳产的目的。

(2)农业气象灾害的发生规律以及防御措施的研究。农业气象灾害大致归为两类：一类是灾害性天气，如台风、暴雨、冰雹、霜冻等都会给农业生产带来很大的损失，这种危害是显而易见的，其研究内容主要是提高预报准确性。另一类是危害农业生物正常生育的气象条件，如低温冷害、寒害、干热风等，这类农业气象灾害不是固定不变的，它与农业生物种类、生育时期、种植制度和农业技术措施等相联系，一定条件下才能构造危害，这是农业气象要着重研究的，其研究内容包括灾害发生时期、受害机制、危害指标、灾害发生的气候规律、防御的技术措施等。

(3)农业小气候规律及调节、改造、利用小气候的农业技术措施的研究。农业生物的生长发育直接受农业小气候条件的影响，因此，研究农业小气候形成、变化的基本规律和各种调节、利用、改造措施的气象效应，可为丰产栽培以及将来设施农业、农业工厂化提供科学依据。

(4)研究与改进农业气象仪器设备与方法。

(5)为农业气象基础理论以及现代新科学技术应用于农业气象方面的研究做好基础工作。

8.1.2.3 农业气象试验研究计划的拟定

在进行任何一项农业气象试验研究工作之前，必须根据当地农业生产实际和要求进行周密的考察，提出试验研究课题，确定试验研究途径和方法，预计完成试验的时间，拟订出具有先进性、预见性、科学性，又切实可行的试验研究计划。

1. 试验研究课题的提出

这是试验研究工作的首要步骤。选题时，必须结合实际，从农业生产需要出发，坚持试验研究工作更好地为发展农业生产服务的方向。根据当地农业生产上存在的问题，选择农业生产中急需解决或关键的问题作为试验研究的课题。

为了选择好课题，还必须进行大量的调查研究工作，了解当前国内外有关科研动态，确定所要试验研究的课题。调查研究工作包括实地调查和文献资料调查。实地调查是发现问题、集中群众智慧的好办法。文献资料调查则是通过查阅大量的文献资料，了解国内外同类或者有关课题的进展情况以及取得的成果和存在的问题。经过有计划地文献资料调查，并加以分析思索之后，就使所要研究的课题系统化和条理化。对于原来抓不住的关键问题以及不知从何着手的问题，也就可以找出问题的核心，明确主攻方向，初步形成解决问题的办法和技术手段。而且，文献资料调查既可以吸取别人的经验和成果，避免重复劳动，又可以从中吸取别人的教训，少走弯路，防止重蹈覆辙。

总体来说，选题有以下基本原则：

(1)必要性：理论或实践中的关键问题。

(2)创新性：发现新规律、提出新概念和创造新技术。

(3)可行性：应具有相应的技术条件、人员条件、仪器及物质条件。

2. 试验研究计划书的编写

试验研究计划书是试验研究过程中的行动指南，是正确进行试验研究、减少差错、达到预期目的的重要手段，因此，在课题和研究内容确定之后，必须制定试验计划书，明确试验目的、要求、方法以及各项技术的规定要求，以便试验的各项工作按计划进行和便于检查执行，保证试验任务的完成。试验计划书在内容上要力求全面具体、重点突出，其格式并无统一规定，一般应包括以下几项内容：

(1)课题的名称。用精练的文字概括课题的基本内容，防止文不对题或题目名称太大，而实际研究的内容较少。

(2)试验研究目的。明确提出试验研究的目的，阐明在科学上和生产上的意义，要解决什么问题，采取什么方法以及要达到的预期效果。

(3)选题。简要地介绍该课题的重要性、国内外研究现状、发展趋势以及选题的理论根据。

(4)试验内容及方法。是试验计划书中的主要部分，下面以田间试验计划书的内容和方法为例：①试验的基本情况。包括试验材料名称、来源和质量；试验地段的面积、地势、土壤、耕作制度等；②试验各阶级的内容、处理项目和方法；③试验设计。是指试验处理在田间的布置方式，包括小区面积、对照设置、重复次数、田间排列、保护行、绘制田间设计图等；④试验方法。选用一种农业气象试验种类或几种配合进行试验；⑤观测记载项目及方法。观测项目、时间、方法和标准；取样方法和标准；收获计算产量方法；⑥田间管理技术和要求。包括播种及各项田间管理工作进行日期、方法、数量、质量等。

(5)试验年限。指完成该项试验预计需要的起止期限，一般要留有余地。

(6)预期效果和水平。指该课题经过试验后，预期可能取得的主要成果和达到的学术水平或解决实际问题的程度。

(7)主要仪器设备和试验预算计划。

(8)试验主持单位和协作单位，

(9)主持人和执行人。主持人和执行人一经确定后，要保持稳定，以免影响试验工作的连续性。

8.1.3 任务实施

任务实施的场地：多媒体教室。

设备用具：投影仪、白板或黑板。

实施步骤：

(1)教师讲授主要内容；

(2)教师演示操作过程；

(3)抽查学生操作，其他学生指出问题，教师予以评价；

(4)将学生分成若干小组；

(5)分小组完成观测工作，教师给予评价；

(6)完成任务工单中的任务。

8.1.4 拓展提高

农业气象的“大观园”——探访中国气象局荆州农业气象试验站

一排排刚移栽的水稻整齐地“站”在水中，颗粒饱满的油菜沉甸甸地“低下头”，一旁的棉花地、小麦地和生态鱼池一派春意盎然的景象。这里是中国气象局荆州农业气象试验站(以下简称“荆州农试站”)的试验田。

科学研究的“练兵场”

一进入荆州农试站的试验田，可以发现几个类似玻璃小屋的“怪家伙”立在水稻田里。“这个开顶式气室看上去像玻璃，但却是树脂材料做成的，每个气室设备都从国外进口，值好几十万元。"据荆州农试站站长苏荣瑞介绍，这是该站和中国农业科学院开展的"全球变化影响下双季稻的脆弱性及评价指标"项目，通过可控制增温及二氧化碳浓度的开顶式气室技术，评估未来全球增温和二氧化碳浓度变化等对双季稻生长、产量及品质的影响。"这里的试验田共 21 亩。别看面积不大，早中晚稻、油菜、小麦、玉米、棉花、莲藕等江汉平原主要农作物农业气象科研试验均在此开展。荆州农试站试点建设包含了江汉平原的主要粮棉油作物试验基地和四大家鱼及莲藕等水产养殖观测基地，种类十分齐全。"苏荣瑞说，站里有 48 个高标准作物旱涝调控试验小区和暗管排涝试验区，还建立农田、蔬菜大棚小气候监测系统，以及精养鱼池水体生态环境监测系统和野外水产观测点。

荆州农试站里的每块试验田都"大有来头"：既有由中国农业科学院承担的国家重点基础研究发展计划(973)项目、国家公益性行业(气象)科研专项，还有长江大学承担的国家自然科学基金项目等。

由于不断寻求部门内外科研单位合作，以项目带动试验小区和专用设备的建设，荆州农试站的农业气象外场试验区建设日趋成熟，同时包含植物培养箱、光合作用仪、地物光谱仪等仪器设备在内的农气业务室和实验室也日臻完善。"我们选择在这里开展试验，看重的是良好的硬件条件，气象观测设备齐全，可为我们提供准确的气象数据，还有周到的田间管理。"中国农业科学院农业环境与可持续发展研究所博士万运帆说。由于条件得天独厚，荆州农试站吸引了不少科研单位前来开展合作。各类科研项目的开展，为荆州气象为农服务提供了源源不断的科技支撑，从而不断提高气象为农服务的水平和能力。

科技为农显成效

"有了温度预警系统自动发送的短信，即使老天爷突然'变脸'，我们也不担心。只要提前增氧，鱼塘就不会有问题。"荆州区纪南镇雨台村渔农何万均说，自从区气象局在他家鱼塘安装了温度预警系统，因突然变天而导致大范围浮头泛塘的现象很少出现。

荆州是中国淡水渔业第一市。围绕当地水产养殖需求，荆州农试站开展了"水产养殖气象保障关键技术"专项研究，对养殖池塘分层水温观测及多参数水质进行监测，在淡水养殖关键季节提供浮头、泛塘气象指数预报服务。

水产养殖气象保障技术研发是荆州农试站开展的多项农业气象试验之一。针对现代农业气象服务体系建设，该站开展了水稻、水产养殖农业气象灾害指标验证修订试验研究，其中包含水稻涝灾保险理赔标准试验，为制定水稻涝灾保险理赔标准提供气象依据。此外，该站还选择两个种植大户进行"江汉平原农业高效种植模式"及"江汉平原盛夏极端热、冷害对中稻棉花的影响与对策"等科研成果的示范推广，以点带面地发挥传递辐射作用，取得良好服务效益。

2013 年 3 月，苏荣瑞与多名农气专家来到监利县福娃三丰水稻专业合作社，调研服务需求，了解了其全过程最怕遇到的气象灾害及防控难题。"以后现代农业生产发展方向是集约化、专业化、服务化和社会化等，气象为农服务必须得跟上发展步伐。"苏荣瑞说，提前了解现代农业发展需求和开展相关研究十分重要。

近年来，荆州农试站联合市农业部门，针对关键农事季节易发的农业气象灾害及时发布相关预报预警服务产品，为荆州市农业减少经济损失与增产增收做出突出贡献，2012 年取得直接经济效益 2.95 亿元左右。

小站辐射大平原

翻开由荆州农试站制作的服务期刊《江汉平原生态与农业气象(月刊)》,“江汉平原2013年5月农业气候趋势展望”“江汉平原偏春性小麦本周进入抽穗开花期”等材料对农业生产提出针对性建议。这份期刊不仅仅被发送给荆州市气象局所辖气象台站和服务对象,还被送往天门、潜江、仙桃、荆门、钟祥等市气象局,几乎覆盖了整个江汉平原的气象部门。“作为国家一级农业气象试验站,荆州农试站在提升自身服务能力的同时,履行区域辐射、指导职能,带动了江汉平原基层台站农业气象服务的快速发展,农业气象服务起到了示范作用。”荆州市气象局局长冯新说。

由于荆州地处江汉平原腹地,同时也是主要粮食作物生产基地,该市农业气象灾害监测预警与影响评估对江汉平原其他地区具有极高参考价值。荆州农试站编制多种农业气象技术资料,针对气候特征和每种作物生长习性开展服务,全年向周边县市气象部门发布《重要农业气象预报》《农业气象灾害影响评估》等农气产品20多种。

“我们建立了江汉平原生态与农业气象中心业务服务管理系统平台,及时发布各类农气服务产品。”苏荣瑞说,各相邻地区气象部门在收到服务产品后,根据当地天气实况进行修订后,便可形成适用于当地的农气服务产品。

荆州农试站组织农气专家编写《春播期农业气象服务手册》,并发布给潜江、仙桃等周边市县气象局。“这本手册针对今年春季江汉平原的气候特征,对油菜、小麦大田作物管理以及春耕春播生产进行科学指导。我们将手册送到各个村镇,当地农民都十分欢迎。”潜江市气象局副局长冯海旭说,他们在开展农气服务时,会重点参考荆州农试站发过来的服务产品。

中国气象局启动“百县千乡”气象为农服务示范区创建活动。湖北省气象局副局长王仁乔表示,依托荆州农试站具有专业服务人员和示范田块等良好条件,未来两三年,省气象局将在荆州区开展现代农业气象服务示范县建设,更好地发挥其典型示范和辐射带动作用。

任务 8.2　农业气象调查法

8.2.1　任务概述

【任务描述】

农业气象调查是指根据农业生产的需要，用访问群众、野外考察、测定等手段获取农业气象资料、研究农业气象问题的方法。它是制定农业气象科研方案、开展农业气象服务的基础。针对具体的农业气象问题，利用调查、实践等手段获得资料，提取农作物生长发育与气象条件的定性或定量关系的信息，归纳气候资料的时空分布规律，通过平行分析，达到防御各种农业气象灾害，合理地利用气候资源的目的。在农业气象研究的方法中它具有历史久、应用广、方法简便、效果显著等特点。它是农业气象试验研究的基本方法之一。

【任务内容】

(1)了解农业气象调查的目的和基本原则；

(2)了解农业气象调查的内容和方法；

(3)初步掌握农业气象调查的方法。

【知识目标】

(1)熟悉农业气象调查的基本原则；

(2)熟悉农业气象调查的内容和方法；

【能力目标】

会设计农业气象调查项目，进行农业气象调查。

【素质目标】

(1)熟悉农业气象调查的相关知识；

(2)培养学生团结协作的能力；

(3)培养学生自主学习的能力。

【建议课时】

4 课时，其中包括实训 2 课时。

8.2.2　知识准备

8.2.2.1　农业气象调查的目的和基本原则

1. 农业气象调查的目的

农业气象调查的目的在于发现农业气象问题，掌握这些问题发生的条件及影响程度，了解农业气候条件的时空分布特点，特别是中小尺度范围的气候条件分布规律，探究农业生产与气象条件的相互关系，其尺度大至农业结构、种植制度、品种布局，小至农作物的生育阶段或某种病虫危害。提出合理利用农业气候资源和防御各种农业气象灾害的措施和办法。

农业气象调查的目的可以归纳为：

(1)从农业生产实践中发现农业气象问题；

(2)了解农业气候的时空分布特点，特别是中小尺度气候资源分布规律；

(3)探究农业生产和气象条件的相互关系。大至农业结构、生产制度，中至品种布局、季节安排、间套作类型，小至农作物各个生育阶段状况、某种病虫害发生和危害程度等，都与气象条件有密切关系；

(4)提出合理利用气候资源和克服各种与气象条件有关的灾害的技术措施和服务方法。

2. 农业气象调查的基本原则

(1)平行性原则

指生物学状况和气象状况的调查应同时进行。具体地说，生物学状况和气象状况的观测点在时间和空间上应该同步，观测项目的精度应在同一数量级，观测范围和布局应当对应，观测内容应具有明显的因果关系。

(2)目的性(针对性)原则

调查必须有明确具体的目的，包括明确的调查对象、范围、时间、项目和方法。

(3)典型性(代表性)原则

指调查地区和测点对于调查任务要有典型意义。

(4)一致性原则

指调查项目、测定时间、调查方法和记载方法等方面的一致和统一。

(5)突出差异的原则

指在调查范围内，调查项目能充分显示不同条件的特征。

8.2.2.2 农业气象调查的内容和方法

1. 农业气象调查的内容

(1)立地条件和生产概况

①立地条件：测点的位置、高度、坡度、方位、坡向、地形、土壤特征。

②生产概况：生产条件(人口、劳力、土地面积和类型、牲畜和机械状况、水利设施)，经济结构(产业类型、产值比例、农、林、牧、副、渔的面积、经济效益等)，种植制度(作物布局、熟制类型、品种布局等历史沿革、现状、发展方向及存在问题)，栽培特点(农时季节、种植方式、耕作制度、农业技术及管理特点、病虫类型和防治)，产量(演变和现实水平、高产经验和低产原因)。

(2)农业气候资源和农业气象灾害

目的是掌握气候资源的时空分布规律及各种类型的农业气象灾害基本特征，为稳产、高产、优质的农业气象条件分析和提出气候利用的方法措施提供依据。对多数农业气象调查研究来说，气象资料可由各地气象台站抄录。对中、小研究尺度或气象台站稀疏地区则需进行必要的气象测定。

2. 农业气象调查的方法

(1)调查访问

调查访问包括以下要点:明确调查目的、任务,并在此基础上拟定详尽的调查提纲和相应的调查表格。选择好调查对象,一般应选择农业技术骨干、生产管理干部和老农。采用多种形式,如听介绍、座谈会、参观访问等。对调查访问的资料要进行核对。

对气象资料核对的方法有:

①气象现象可与邻近气象站记录核对,结合两地环境差异判断是否合理;

②将全部调查资料互比,运用气象知识判断调查结果是否符合规律;

③查阅历史文献和相关资料。

对农业和物候资料核对的方法有:

①组织人员相互核对并与生产实况比较;

②生物因子相关法,植物形态和内部生理变化常有一定联系,以此可判断物候资料是否正确;

③生物节律法,物候有一定的顺序和间隔,如调查结果异常,就需检查是否有误。

④距平法,用多年平均物候与调查结果比较判别。

(2)仪器观测

1)测点布局

一般的布局方式有剖面布局、棋盘布局和流动设点三种。沿东西南北或上下方向的剖面布局是最常采用的方式,其优点是能获得最有价值的资料。棋盘布局能广泛收集资料,有利于资源调查,测点应分布在山顶、山谷、坡地、湖泊附近等气候特征点上。流动设点只需带上仪器沿考测线路选择代表性地段进行观测。

2)考测时间

气候调查是临时性的,要通过短期调查摸清一般气候规律就要合理选择考测时间。一般应根据一年中气候季节变化特点和某些重要天气现象出现频率,选择差异最大的季节或特征最显著的时期进行。

3)器测时间和顺序

器测时间和顺序的一般原则是:

①用所选择的观测时间计算的气象要素日均值接近于实际日均值。

②反映气象要素的日变化特点,其中包括振幅与位相。

③如进行梯度观测,要能表示各要素的垂直分布类型。

④观测时间中应包括气象台站的观测时间。

(3)野外目测

搞好目测气候工作必须对考察地区的地形有明确的概念,这包括地形形状(如山的形状、坡向和坡度,河谷、盆地的形状,谷地的密闭曲折程度等),各种不同地形的尺度和比例关系,不同地形之间的相对高度或林地、水体的分布等。目测时,一般是根据地形图确定目测路线,这条路线最好能通过所有的高地,行程短,视野宽,从而能瞭望考察范围内的大部分地区。在目测行程中描绘地形形状、山脉走向、坡向和坡度、河谷走向和宽度、起伏地形的相对高差等。

(4)收集资料

除了气象台站的标准观测资料以外,主要有三大类。

1)农业生产统计报表,如播种面积、单产、总产、受灾情况等。这些反映大面积生产情况的资料,常受社会因素的影响,因此抄录对应尽可能核准。

2)农业试验资料,如试验总结、专题报告、灾情调查等。其中品比试验是我们首先应注意的对象,它一般有延续的当家品种作对照,可以进行地区或年代之间的比较分析。栽培试验中如播种期试验也很有价值,它实际上是一个分期播种试验,能分析各类农业气象问题的时空变化规律。农业部门的试验资料,其栽培管理常较精细,产量测定也比较准确;但物候观测一般比较粗略,常无一定标准,抄录时对其标准要详加说明。

3)国家气象台、站以外的气象哨、水文站、专业台站的有关气象资料。此外,有些调查报告、地方志等都可以广为收集。

8.2.3 任务实施

任务实施的场地:多媒体教室,农村田间地头。

设备用具:投影仪、白板或黑板、调查问卷、纸张、笔。

实施步骤:

(1)教师讲授主要内容;

(2)教师演示操作过程;

(3)抽查学生操作,其他学生指出问题,教师予以评价;

(4)将学生分成若干小组;

(5)分小组完成观测工作,教师给予评价;

(6)完成任务工单中的任务。

8.2.4 拓展提高

农业气象服务调查问卷表

为了使气象为农服务更具针对性、实用性,需要准确掌握您或贵单位对气象为农服务的满意度和需求情况。您的宝贵意见和看法,对我们进一步改进气象工作,提高气象服务水平具有极其重要的影响。您的答案仅供统计分析用,请放心回答。

1. 请根据题目要求和说明填写。

2. 问卷填写时,除有特殊说明以外,均为单选,请在相应的方框中打√。

3. 问卷填写内容务必客观、真实和准确;每项必填,填写过程中如有疑问,请及时与调查人联系。

谢谢您的支持!

一、基本信息

1. 您的联系电话

2. 您的性别：□A. 男 □B. 女

3. 您的工作单位性质：

□A. 农技人员 □B. 乡镇政府 □C. 村委会 □D. 农户

4. 本地主要种植(选一种)

□A. 水稻 □B. 玉米 □C. 小麦 □D. 油菜 □E. 红薯 □F. 其他

□H. 不知道

5. 种植面积

□A. 1000 公顷以下 □B. 1000～5000 公顷 □C. 5000～10000 公顷

□D. 10000 公顷以上 □E. 不知道

6. 本地主要养殖(选一种)

□A. 鱼 □B. 虾 □C. 蟹 □D. 牛 □E. 羊 □F. 马 □G. 鸡 □H. 鸭

□I. 猪 □J. 其他

7. 养殖面积(公顷)或数量(头、只)

□A. 1000 以下 □B. 1000～5000 □C. 5000～10000 □D. 10000 以上

二、农业生产对气象服务的需求

1. 您日常关注天气预报的主要目的是(可多选)

□A. 出行需要 □B. 安排农业生产 □C. 为着衣提供参考

□D. 提前做好突发天气的防御 □E. 其他

2. 天气预报能否满足日常农业生产的需要？

□A. 能满足 □B. 基本能够满足 □C. 不能满足

3. 在您对如下哪种预报服务信息比较关心

□A. 每日天气预报 □B. 未来三天天气预报 □C. 每周天气预报

□D. 每月天气预报

4. 近年来，您或您单位收到气象为农服务材料有哪些？(可多选)

□A. 农气旬(月)报 □B. 不定期服务材料 □C. 作物产量预报

□D. 常见的天气服务信息 □E. 没有收到相关的服务材料

5. 近年来，您或您单位获取气象为农服务材料渠道有哪些？(可多选)

□A. 手机短信 □B. 大喇叭 □C. 网站 □D. 电话 □E. 电子显示屏 □F. 其他

6. 您对现有的农业气象服务是否满意？

□A. 非常满意 □B. 比较满意 □C. 一般 □D. 不太满意 □E. 很不满意

7. 您认为目前提供的农业气象服务信息是否准确？

□A. 很准确 □B. 比较准确 □C. 一般 □D. 偶尔准确，大多情况下不准确

□E. 都不准确

8. 在气象为农服务材料中，哪一部分内容对你的工作有参考作用？(可多选)

□A. 天气实况 □B. 未来天气预报 □C. 气象条件对生产影响评价

□D. 农事建议 □E. 其他

9. 在气象为农服务材料中，您认为哪一部分内容需要补充完善的？

□A. 天气实况 □B. 未来天气预报 □C. 气象条件对生产影响评价

□D. 农事建议 □E. 其他

10. 您认为农业田间管理最需要什么农业气象服务信息?

□A. 农业气象预报(适宜播种期、发育期) □B. 农业气象灾害预报

□C. 一周以上的农业气象预报 □D. 农业气候年景预报

三、农村防灾减灾对气象服务的需求

1. 您平时主要通过那种方式获取气象灾害预警信号?(可多选)

□A. 电视 □B. 手机短信 □C. 广播 □D. 电话 □E. 报纸 □F. 村委会

□G. 高音喇叭 □H. 互联网络 □I. 电子显示屏 □J. 纸质气象服务材料

□K. 其他 □L. 没收到过

2. 您了解气象灾害预警信号吗?

□A. 了解一些 □B. 不了解 □C. 不好说

3. 您认为哪一种灾害性天气对您所从事或分管的工作影响最大?(可多选)

□A. 干旱 □B. 洪涝 □C. 低温阴雨 □D. 寒害冻害

□E. 大风、冰雹 □F. 高温 □G. 台风 □H. 气象灾害引发的其他灾害

4. 气象部门若组织开展重大农业气象灾害损失评估及灾害动态监测、预警业务服务,您认为对您的工作有帮助吗?

□A. 有 □B. 没有 □C. 不清楚,等看到相关材料再说

5. 您认为多长时间的灾害性天气预警、预报才能满足您所从事或分管的岗位工作需要:

□A. 3 天以内 □B. 一周或十天的预报 □C. 一个月或以上的预报

6. 您认为开展农业气候区划及农业气象灾害风险区划对指导农业产业布局、调整是否有作用?

□A. 有 □B. 没有 □C. 不好说

7. 您认为开展气象灾害防御规划对农业生产的防灾减灾是否有作用?

□A. 有 □B. 没有 □C. 不好说

8. 您认为开展气象灾害防御规划应该精确到哪一级?

□A. 县 □B. 乡镇 □C. 村屯

9. 您听说过气象灾害应急准备认证工作吗?

□A. 听说过 □B. 没听说过

10. 您认为开展气象灾害应急准备认证工作对指导农村防灾减灾是否有作用?

□A. 有 □B. 没有 □C. 不好说

11. 您认为开展气象灾害应急准备认证工作应该精确到哪一级?

□A. 县 □B. 乡镇 □C. 村屯

12. 您知道气象信息员是干什么的吗?

□A. 知道 □B. 不知道

13. 根据工作需要,您认为气象部门应重点加强哪些领域或拓展哪些领域的为农气象服务工作?

任务 8.3 农业气象田间试验的设计

8.3.1 任务概述

【任务描述】

农业气象田间试验是以差异对比法为基础，在人工处理和控制条件下，排除次要因素，突出所要研究的主要问题，观测比较不同处理的反应和效果。农业气象田间试验又是在自然的土壤、气候条件下，最接近生产条件的实验活动，因而试验的结果具有代表性，可以普遍应用于生产实践中去，加上成本低廉，所以田间试验是农业试验研究的一种常用方法。本任务内容主要学习农业气象田间试验的设计方法。

【任务内容】

(1)田间试验的基本知识；

(2)田间试验设计。

【知识目标】

(1)了解一般田间试验的种类和基本要求；

(2)了解试验误差来源与控制途径；

(3)熟悉田间试验小区技术；

(4)初步掌握常用的田间试验设计。

【能力目标】

会简单的田间试验设计。

【素质目标】

(1)树立为农服务的专业思想；

(2)培养学生团结协作的精神；

(3)提高学生自主学习的能力。

【建议课时】

12 课时，其中包括实训 6 课时。

8.3.2 知识准备

8.3.2.1 一般田间试验的种类和基本要求

1. 有关田间试验基本概念

试验因素：被变动并设有比较的因子，简称因素或因子，如品种、气象条件等。

试验水平:指因素的等级,如品种的不同类型、温度的高低等级。

试验处理:即试验中所要操纵的自变量的变化。各试验因素某水平的组合为1个处理。

试验小区:在田间试验中,安排处理的小块地段,简称小区。

试验效应:试验因素对试验指标所起的增加或减少的作用。

单因素实验:整个试验中只变更、比较一个试验因素的不同水平,其他作为试验条件的因素均严格控制一致的试验。

多因素试验:在同一试验方案中包含两个或两个以上的试验因素,各个因素都分为不同水平,其他试验条件均严格控制一致的试验。

2. 一般田间试验的种类

由于试验任务、试验地点、试验时间的长短与试验区的大小等各有不同特征,田间试验可分为各种类型,每种类型的试验各有特点。

(1)单因子试验与复因子试验

这是根据试验任务的多寡而分类的。如果在一切有关条件一定的基础上研究一个试验因子,例如研究水分对小麦生长发育或产量的影响,在这个试验中,对水分以外的因素如品种、播期、施肥等其他栽培管理措施都要保持一致,只有水分这一个试验因子,这种试验称单因子试验。如果在试验中结合两个以上的因子,研究各个因子及其相互之间的效应,例如品种与水分试验中的品种效应、水分效应和不同品种在不同水分中有无交互作用的效应,这种试验称复因子试验。复因子试验能够解决更多的试验任务,效率大而精确度高,应该提倡并合理采用。在用复因子试验研究因子间的关系之前,往往须进行单因子试验来详细阐明每个因子的效应,确定最适试验处理。

(2)基本试验与预备试验

这是根据试验精确度的要求而分类的。在试验方案、设计与试验方法等方面的要求较为严格,而试验结论具有决定性意义,不容许有一般性误差的试验,称为基本试验或高级试验。暂时性或观察性质的试验只作为初步探索方法或变异范围的试验,称为预备试验或初步试验。这两种试验是连续的,并不是分割无关的。

(3)试验地试验与生产田试验

这是根据试验地点而分类的。前者往往在固定的试验场地按试验计划进行,其试验的规模较小,所获结果尚不能作定论性质,例如育种试验程序中的品种比较试验。生产田试验在生产条件下进行,规模较大,试验设计与方案都较简单,但却包括最重要的处理,从这种试验所得的结果是可以作为最终定论的,例如育种试验程序中的生产试验。

(4)单点试验与多点试验

这是根据试验地点数量而分类的。在一个试验场、站个别举行的试验,称单点试验。这类试验结论所推断的总体只局限于这个有限地区的具体情况,不应超越这个范围。例如南京地区育出的大豆新品种只能推广于淮南地区范围内。在很多地区按统一的试验课题、统一的计划和统一的方法进行的试验,称为多点试验。这类试验的用途很大,既可确定某一新品种或新栽培技术的适应范围,又可用来进行作物的生态分类研究等。

(5)短期试验与长期试验

这是根据试验时间长短而分类的。试验在短时间(2～3年或更短时间)内可得出初步结论的，称为短期试验。试验必须是较长时间而且是不断进行的，称为长期试验。

(6)小区试验与大区试验

这是根据试验区的面积大小而分类的。育种试验的试验区都是比较小的。由于较小的试验区内土壤肥力较为均匀一致，而田间管理措施容易控制，同时供试品种的种子量亦有一定限制，因此采用小区进行试验是最适宜的。但是当一个新品种已育成之后，必须在生产条件下经过较大面积的试验区试验，才可判断这个新品种的优劣。这种大区试验一般面积为 350～1350 m²，在生产大田中进行。大区试验因占土地面积较大，所以要求试验的处理数目较少且试验区的排列尽量简单。

3. 田间试验的基本要求

农业气象田间试验的目的就是要摸清某种类型的气象条件对农作物的影响规律。因此在试验中必须尽量排除非气象因子对农作物的不均匀影响，使试验所获得的结果和实际存在的真实结果尽可能一致。这样才能准确地把试验结果用于生产实际，为农业生产服务。为此，农业气象田间试验必须符合下述基本要求：

(1)试验的代表性。指试验能否反映当地的自然条件(如试验地的土壤、地势、周围小气候特点等)、生产条件(如种植制度、品种类型、栽培措施)、生产水平和经济条件。这决定试验能否获得正确的资料，试验结果在当时当地的具体条件下可能利用的程度。代表性除了要考虑当前条件外，还要注意将来可能被推广利用的条件，以满足农业生产发展的需要，使试验结果不落后于生产发展的要求。

(2)试验的合理性。合理的试验是指试验结果所获得的结论与试验所规定的任务和要解决的问题是相适应的。不合理的试验，常常是由于试验设计和试验背景的不合理，而使试验达不到预定的目的。例如，为研究氯化钙溶液浸种对防御小麦干热风的效应，在设计试验方案时，只设置氯化钙溶液浸种和不浸种两种处理。尽管试验是精确的，试验结果也显示浸种处理优于未浸种，但并不能就此下结论。因为该溶液中含有水分，也可能是由于水的作用。因此，为了明确氯化钙的作用，试验应加设一个清水浸种处理做比较，才能鉴别出氯化钙溶液浸种所产生的效果，试验才是合理的。又如研究不同耕作深度(15 cm、20 cm、25 cm)对土壤物理性状和作物根系的影响，如果这一试验布置在过去耕深已达 25 cm 的土地上，试验背景显然不合理，所获得的试验结果就不能达到预期的目的，对生产也没有指导意义。

(3)试验的重演性。指在类似的条件下重复试验时，能获得相同或相似的结果。这样才能使小面积的试验结果较好地应用到生产中去。试验条件的代表性是保证结果具有重演性的前提，试验结果的可靠性是保证结果具有重演性的基础。只有在有代表性的试验条件下得到的可靠的结果，才能在所代表的地区内得到重演。为了保证试验的重演性，最好每一项试验在本地区重复 2～3 年。由于每年的自然环境条件总有不同程度的差异，所获得的试验结果是在不同年份、不同自然环境条件下的平均值，因此可使重演性的可能性提高，更容易被别人或大面积生产所重复。

(4)试验的正确性。试验的正确性是指试验结果正确可靠，能真实反映各试验处理间的真实差异。正确性包括准确度和精确度两个方面。准确度是指重复观测值彼此接近的程度，即试验误差的大小。当没有系统误差时，精确度与准确度一致。一般田间试验的观测数据，误差总是不可避免的，因此，在试验中必须使试验误差减少到最小程度。所以必须尽最大努力准确执行各项试验技术，对那些可以避免的误差（如记错、称错、田间管理的时间和质量不同等）一定要避免，观测、记载时一定要避免主观性和片面性。

8.3.2.2　误差来源与控制途径

田间试验总是受到许多非处理因素的干扰和影响，使试验处理的真实效应不能完满地反映出来。这样，从田间试验所获得的观测值，既包含由试验因素的不同水平造成的真实效应，又包含不能完全一致的许多其他因素的非目的效应或非真效应。这种使观测值偏离试验处理真值的偶然影响称为试验误差或误差。

1. 试验误差的种类和产生的原因

误差可分为系统误差和偶然误差两种。系统误差或称片面误差，指由试验处理以外的其他试验条件明显不一致所造成的误差。如试验地施肥、灌水、中耕、除草，或由于观测仪器有偏差（器差），取样的倾向性误差等。对于系统误差，一般只要认真细致地进行各项工作，是可以避免的。偶然误差是指试验中各种非系统差异所造成的误差，如仪表读数的不规则变化、环境条件的随机变化等，它具有随机性质。偶然误差是田间试验中最有影响而又最难控制的误差。

在田间试验中，造成试验误差的原因是极其复杂的。如考查低温对水稻成秧率的影响时，即使秧田肥力、施肥技术、种子处理、催芽技术、甚至播种量和方式等都一致，但是由于种子来源（地点、收获期、贮藏条件等）不同，使种子的发芽率和发芽势不尽相同而造成试验误差。为了从各方面减少误差，了解试验误差的来源具有现实意义。田间试验的误差有下列几种来源：

（1）土壤差异。土地是田间试验最基本的条件，土壤肥力均匀一致是试验正确性的保证，但土壤肥力差异是普遍存在的，它引起的误差对试验结果影响最大，且难于克服。田间试验设计就是围绕这一中心问题而提出的一系列技术措施。造成土壤肥力差异的主要原因是：由于土壤发生发展的历史不同，土壤机械组成、有机质含量、矿物质种类及含量差异，使土壤中水分运动的规律及地温变化等都不相同，并由此形成不同地块的土壤理化性质和肥力差异；人们对土壤利用过程中造成的人为差异，如前茬不同，施肥量不同，排灌方法不同等都对人工肥力有显著影响；自然和人为造成的地形、地貌差异对土壤中水分和养分的分布影响也很大。

（2）栽培管理和观测的差异。这是指试验过程中对各处理的土地耕作、播种深度、栽插度和深度、中耕除草、灌溉排水、施肥等操作和管理不能完全一致，以及观测时间、标准、人员和工具仪器不能完全一致引起的误差。

（3）气象条件的差异。试验地四周的障碍物的差异、地形、地势差异等都会造成小气候条件不一致，从而影响试验精确度。

（4）病虫害的差异，病虫害危害时间和程度的差异、防治次数和效果的差异。

（5）试验材料固有的差异。这是指试验中各处理的供试材料在其遗传上和生长发育情况上或多或少有差异。如试验用的材料遗传型不纯，种子质量有差别，试验用苗大小或壮弱不一致等。

上述各项差异有些容易被人工控制，只要对试验认真负责，并在较为详细的试验方案中对各有关因素作出明确的统一规定，如施肥次数、数量，灌排原则，种子处理标准，药剂用量等，这些因素的差异并非难以控制。

2. 试验误差的控制

实践证明,较难克服的差异是土壤差异和气象条件的差异,它们是田间试验中必须十分认真对待的因素,也是田间试验设计中主要考虑的因素。

在田间试验中,土壤差异通常采用以下措施加以控制:①合理选择试验地;②试验中采用适当的小区技术;③应用良好的试验设计和相应的统计分析。

为消除气象条件对误差的影响,需要分析试验类型。农业气象田间试验大致有两类:第一类是研究天气条件对农作物的影响,一般研究一定栽培制度下的农业气象灾害、天气条件与作物生长发育及产量形成规律的关系。第二类是研究农业小气候条件对农作物的影响,如各种覆盖物的农业气象效应、间套作的光能利用效率、小地形的热量条件差异、果园和蔬菜的人工防霜效应、灌溉对改善农田的热量条件差异等。对于第一类试验,更希望在试验期间能遇到所要研究的天气条件,而保证小气候条件的一致是非常重要的。因为小气候条件的差异不仅可以直接影响各试验小区作物的生长发育和产量、品质,而且常常诱发各种病虫害,因而研究的气象条件所产生的真实差异被掩盖了,使试验归于失败。实践证明,除了试验地段的选择以外,作物密度是构成试验小区小气候条件的主要因素,必须在试验的整个过程中严格加以控制。为此,除了在播种时(或栽插)需保持相同的密度外,整个生长期内还应采取相应的栽培管理措施加以调节,保持各试验处理具有相对一致的长相和长势。最高分蘖数或有效分蘖数、叶面积系数、群体内温、湿、光照强度的垂直分布状况等都可以作为衡量各试验的小气候条件是否一致的指标。

还需要指出,农业气象田间试验如不以高额丰产为目的,密度以略低为宜,施肥量也以略少为好,这样小气候影响较小,也可减少因长势过旺、病虫危害加重而使试验趋于失败的可能。此外,还需注意试验田周围的遮蔽情况,林木、房屋、高大田埂等因遮蔽不同会造成试验小区间的小气候差异。距河流、渠道的远近可因水分不同造成差异,这些都必须在选择试验地的同时加以考虑。对于第二类试验来说,小气候条件即是试验处理,而天气条件一般可视为相同的,因此保证一定的小区面积,使每一处理能构成独立性的小气候,是这类试验需要注意的主要方面,此外,还要注意气候年型的影响。由于这类试验大多只采用对比试验方法,因而一次试验常常只能代表一种气候年型,要使试验结果具有代表性,一般需要重复2～3年的试验。

3. 田间试验设计的基本原则

土壤差异是普遍存在的,即使平整、疏松、熟化很好的土地,各部分的肥力也不会完全一致。如果在一块试验地上种同一品种的作物,其他田间管理技术完全一致,收获时如分若干小区计产,则小区之间的产量也会有一定差异,这种差异显然是由于土壤肥力不一致所引起的。这种测定土壤肥力差异的方法,称为空白试验。大量空白试验的结果表明,相邻区的土壤肥力比较相似,各区间相距越远,土壤肥力的差异就越大。这一点可以作为消除土壤差异的基本依据。以消除土壤误差为目的,试验设计尽管有许多形式,但共同的基本原则有:重复、随机和局部控制。

(1)重复。重复是指同一试验处理在一个试验中设置的小区数目。如试验中每个试验有4个小区,称为4个重复,仅有一个小区,称1个重复。在同一个试验中,各处理的重复数应该相等。重复的主要作用是:

①减少试验误差,提高试验精度。如果每个处理只有一个重复,则该重复可能落入肥力较

高(或较低)的范围,也就可能得出一个夸大(或缩小)了该处理的实际效果的观测值。假如每个处理设 4 个重复,那么这一处理的效应,就可用 4 个观测值的平均值来表示。很明显,这个平均值比一个观测值可靠得多,代表性也强,因为这个平均值较接近于该处理的真值。增加重复,则各重复能分布在试验田的各地段、平均来看试验误差就缩小了,从而使各处理能进行正确的比较。统计原理可以证明,误差降低的多少与重复次数的平方根成反比。

②估计试验误差。田间试验误差的大小是由同一处理各重复间的变异来测定的。倘若每一处理仅有一个重复,就无法估计误差。同一处理有两个以上的重复,就能从这些重复的数据间的差异来估计误差的大小。例如有一个 5 次重复的处理,5 个观测值变异不大,表明试验误差较小,作为处理间的比较分析就更为可靠。

(2)随机。随机是指一个重复中的某一处理究竟安排在哪一个小区,不要有主观成分。设置重复固然提供了估计误差的条件,但是,为了获得无偏的试验误差估计值,也就是误差的估计值不夸大(或缩小),则要求试验中的每一处理都有同等的机会设置在任何一个试验小区上,随机排列才能满足这个要求。因此,用随机排列与重复结合,试验就能提供无偏的试验误差估计值。

(3)局部控制。局部控制就是分范围、分地段控制非处理因素,使对各处理的影响趋向最大程度的一致。因为在较小地段内,影响误差因素的一致性较易控制。这是降低误差的重要手段之一。如试验地有较为明确的土壤差异,最好能按肥力梯度划分区组,使区组内相对均匀一致,每一区组再安排试验处理,这样误差的来源只限于区组内较小地段的微小土壤差异,而与因增加重复扩大试验田所增大的土壤差异无关。这种布置就是田间试验的“局部控制”原则。

采用上述重复、随机和局部控制三个基本原则而作出的田间试验设计,配合适当的统计分析,就既能准确地估计试验处理效应,又能获得无偏的、最小的试验误差估计,因而对于所要进行的各处理间的比较能作出可靠的结论。田间试验设计三个基本原则的关系和作用如图 8-3-1所示。

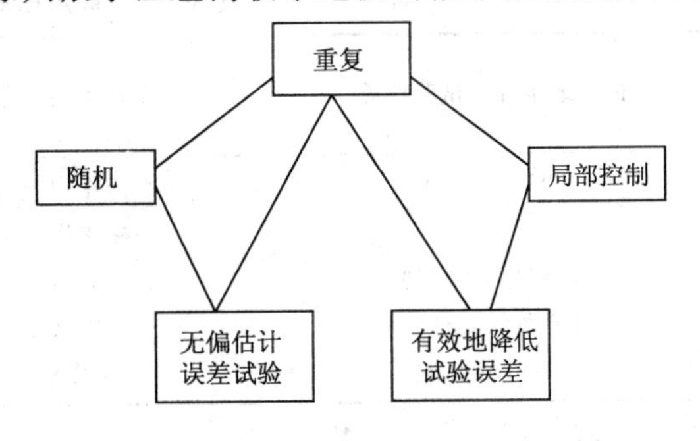

图 8-3-1　试验设计的三原则作用与关系示意图

8.3.2.3　田间试验小区技术

1. 试验小区的面积、形状和方向

田间试验的实施单位一般为小区,如何确定小区的面积、形状、方向和排列方式直接关系到试验误差的控制效果。

(1)试验小区的面积

在田间试验中,安排一个处理的小块地段称为试验小区,简称小区。小区的面积可大可小,有时也可非常小,可以是一条地块、一个畦。一般而言,较大面积的小区能更多地包含试验地的复杂性,从而减少小区间的土壤肥力差异。因此,扩大小区面积有利于降低试验误差。但扩大小区面积对降低试验误差的作用是有一定限度的,同时,试验地面积也是有限的,小区面积过大往往是不现实的。通常在确定小区面积时,必须考虑以下几个方面。

①试验种类　如机械化栽培试验、灌溉试验、有机肥料试验及病虫害试验等小区应大些,而品种试验等则可小些。

②作物类别　种植密植作物如小麦的试验小区可小些;种植中耕作物如棉花、玉米、甘蔗等则可大些。

③试验地土壤差异程度　土壤差异大,小区面积应大些;土壤差异小,小区面积可相应小些。当土壤差异呈斑块状,则应用较大的小区。

④育种工作的不同阶段　在新品种选育过程中,品系数由多到少,种子数量由少到多,采用小区的面积应从小到大。

⑤试验地面积和处理数　试验地面积较大时小区可适当大些。试验处理数不多时,可采用较大小区;处理数多时,则应要用较小小区。

⑥试验过程中的取样需要　试验过程中如需取样进行各种测定时,则要相应增大小区面积。

⑦边际效应和生长竞争　边际效应是指小区两边或两端的植株,因占较大空间而表现的差异。因此,边际效应大的相应需增大小区面积。一般地讲,小区的每一边可除去1～2行,两端各除去0.3～0.5 m,留下合适的收获面积,以便测产计产。

试验小区面积大小,在考虑上述因素情况下,可参考表8-3-1。

表8-3-1　常用田间试验小区参考面积　　单位:m^2

试验地条件和试验性质	作物类型	小区面积	
		最低限	一般范围
土壤肥力均匀	大株作物	30	60～130
	小株作物	20	30～100
土壤肥力不均匀	谷类作物	60～70	130～300
生产性示范试验	谷类作物	300～250	600～700
微型小区试验	稻麦类作物	1	4～8

果树田间试验的小区大小,根据上述原则可参考以下资料:

①田间预备试验。乔木果树1～3株,灌木或浆果3～8株,苗圃苗木15～20株,种苗20～40株。

②田间正式试验。乔木树1～9株,多则10～20株;灌木或浆果20～40株;苗圃苗木50～100株。

每一处理试验总株数,乔木果树不少于4～30株,灌木或浆果不少于60～120株,苗圃苗木不少于100～200株。

(2)试验小区的形状和方向

小区的形状是指小区的长度与宽度的比例。适当的小区形状也能较好地控制土壤差异。一般来说,狭长形小区相对于正方形小区,更能包含试验地的土壤复杂性,因而能降低试验误差,但从减少边际效应和生长竞争的角度考虑,以正方形小区为好,综合两者的作用,小区的形状以长方形为宜,且长边应与肥力变化方向平行(图8-3-2)。小区面积大时,长宽比以2～3∶1为宜;小区面积较小时可取3～5∶1。

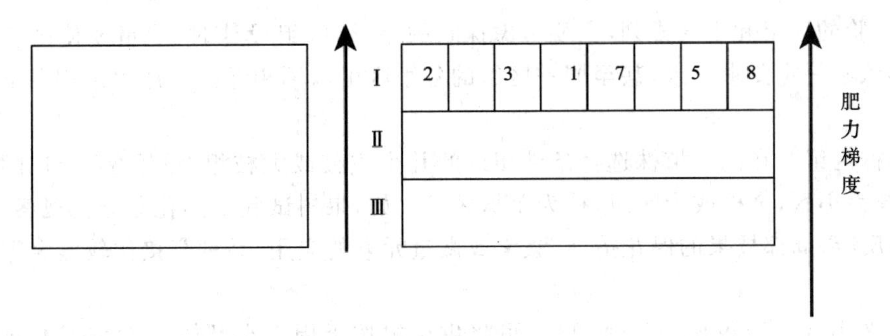

图 8-3-2 按土壤肥力变异趋势确定小区排列方向

（Ⅰ、Ⅱ、Ⅲ代表重复，1、2……代表小区）

2. 重复次数

重复次数的多少，一般应根据试验所要求的精确度、试验地土壤差异大小、试验材料的数量、试验地面积、小区大小等具体确定。对精确度要求高的试验，重复次数应多些；试验地土壤差异较大时，重复次数应多些；试验材料较少时重复次数可多些；试验地面积大时，允许有较多重复。一般来说，小区面积较小的试验，通常以 3～6 次重复较为适宜；小区面积较大的试验，一般可重复 3～4 次；一般生产性示范试验，2 次重复即可。

3. 对照区和保护区的设置

田间试验应设置对照区（以 CK 表示），作为处理比较的标准。对照区内应是当地推广的品种、产品或最广泛应用的技术措施。设置对照区的目的是：①对各处理进行观察比较时作为衡量试验处理优劣的标准；②用以估计和矫正试验田的土壤差异。通常在一个试验中只有一个对照，有时为了适应某种要求，可设两个对照。如抗虫杂交棉品比试验，可设抗虫棉和杂交棉两个品种作对照。

在试验地周围设置保护行的作用是：①保护试验材料不受外来因素影响，如人、畜等的践踏和损害；②防止靠近试验田四周的小区受到空旷地的特殊环境影响即边际效应，使处理间能有正确的比较。保护行的数目视作物而定，如禾谷类作物一般至少应种植 4 行以上的保护行，小区与小区之间一般连接种植，不种保护行，重复之间不必设置保护行。保护行种植的品种，可用对照品种，最好选用比试验区种植的品种略为早熟的品种，以便在成熟前提前收割，避免与试验小区发生混杂、减少鸟兽等对试验区作物的危害，也方便试验小区作物的收获。

4. 区组和小区的排列

将全部处理小区分配于具有相对同质的一块土地上，称为一个区组。一般试验设置 3～4 次重复，分别安排在 3～4 个区组上，设置区组是控制土壤差异最简单而有效的方法之一，在田间重复或区组可排成一排，亦可排成两排或多排，视试验地的形状、地势等而定。特别要考虑土壤差异情况，原则上同一区组内土壤肥力尽可能一致，而区组间可以存在较大差异。区组间的差异大，可通过统计分析扣除影响；而区组内差异小，能有效地减少试验误差。

小区在各区组或重复内排列方式一般可分为顺序排列和随机排列两种。顺序排列可能存在系统误差，不能做出无偏的误差估计；随机排列是各处理在一个重复内的位置完全随机决定，可避免顺序排列时产生的系统误差，提高试验的精确度。

果树试验的区组和小区排列，主要考虑株间的差异，区组设计时，尽量要使区组内株间差异小，对形状不一定要求一致，甚至同一区组的各小区可以不相邻。一般可采用以下小区和区组设计：

(1)单株区组　在同一植株选择条件相近的几个主枝或大枝组，设置处理和对照，以一个主枝或大枝为小区，全株成为区组，称为单株区组。如，果树试验中的花芽分化观察、授粉受精试验、修剪反应、局部枝果的保花措施、激素或微量元素的应用、品种高接比较鉴定等均可采用单株区组。

(2)单株小区　以单株为处理单位，可将供试树按干周大小及树冠大小等不同分成若干组，每一组作为一次重复区组，其中每一株为一小区。同一重复内各处理间的基础差异要小，均选同一类型树。每一重复单株小区可集中排列，也可分散排列。单株小区要求重复次数不少于 4 次，最好 8～10 次。如图 8-3-3 为一个 6 个处理 4 次重复的试验，依干周大小分成 4 组，每组选 6 棵树，安排 6 个处理，每株为一个小区。图中圆圈中号码代表干周大小不同。这样排列，同一区组的植株没有在一起，但它们的干周相近，体现了局部控制原则。

单株小区适用于品种高接鉴定试验、修剪试验、疏花疏果或保花保果试验、激素或微量元素试验。

① ③ ④ ② ③ ① ② ② ④ ①
④ ① ② ③ ① ④ ③ ④ ① ④
③ ④ ④ ① ② ② ② ③ ① ③
② ① ② ③ ④ ④ ① ③ ③ ②

图 8-3-3　果树试验单株小区选择图

(①、②、③、④代表果树干周大小不同)

(3)组合小区　在山地各小区中，要选择均匀一致的供试树比较困难，可选用不同树势或树龄的单株组成组合小区。在组合小区内的单株树势有强有弱，但各个小区不同树势的植株是按同样比例组成，这样小区内虽有株间差异，但小区间的差异相对减少，亦能达到局部控制要求。组合小区一般适用于品种比较试验、施肥、整形修剪试验等。

8.3.2.4　常用的田间试验设计

试验设计是指如何将各处理分配在试验的小区中。常用的试验设计按小区排列方式有顺序排列设计和随机排列设计。

1. 顺序排列的试验设计

(1)对比法试验设计

对比法试验设计通常用于处理数较少(一般都在 10 个以下)的品种比较试验及示范试验。其设计特点是：①每个处理排在对照两旁。即每隔 2 个处理设立 1 个对照。使每个处理的试验小区，可与其相邻对照相比较；②对照太多，要占 1/3 面积，土地利用率不高，故处理数不易太多，重复 2～4 次即可；③相邻小区，特别是狭长形小区之间，土壤肥力有相似性，因此处理和对照相比，能达到一定的精确度；④各重复可排列成多排，一个重复内排列是顺序的，重复多时，不同重复也可采用逆向式或阶梯式。如图 8-3-4 和图 8-3-5。

Ⅰ	1	CK	2	3	CK	4	5	CK	6
Ⅱ	6	CK	5	4	CK	3	2	CK	1
Ⅲ	1	CK	2	3	CK	4	5	CK	6
Ⅳ	6	CK	5	4	CK	3	2	CK	1

图 8-3-4　6 个处理 4 次重复逆向式

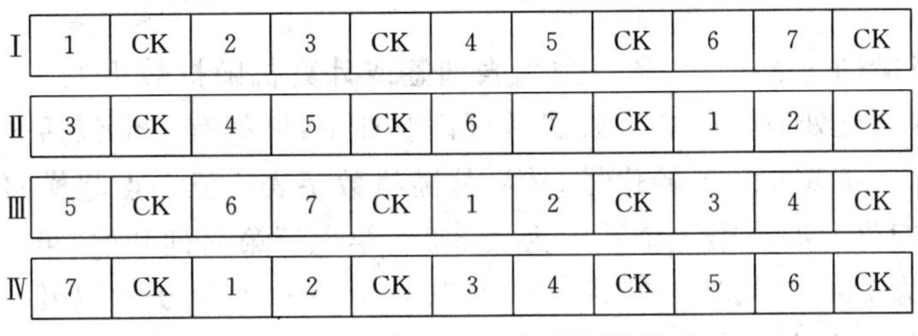

Ⅰ	1	CK	2	3	CK	4	5	CK	6	7	CK
Ⅱ	3	CK	4	5	CK	6	7	CK	1	2	CK
Ⅲ	5	CK	6	7	CK	1	2	CK	3	4	CK
Ⅳ	7	CK	1	2	CK	3	4	CK	5	6	CK

图 8-3-5　7 个处理 4 次重复阶梯式

(2)间比法试验设计

在育种试验中前期阶段，如果采用其他试验设计，试验品种很多，区组过大，将失去控制，因而采用间比法试验设计。其特点是：①将全部品种(品系或处理)顺序排列，每隔 4 个或 9 个品种设一对照；②每一重复或每一块地上，开始和最后一个小区都是对照；③重复 2～4 次，各重复可排列成多排；④在多排式时，各重复的顺序可以是逆向式(图 8-3-6)。

Ⅰ	CK	1	2	3	4	CK	5	6	7	8	CK	9	10	11	12	CK	13	14	15	16	CK	17	18	19	20	CK
Ⅱ	CK	20	19	18	17	CK	16	15	14	13	CK	12	11	10	9	CK	8	7	6	5	CK	4	3	2	1	CK
Ⅲ	CK	1	2	3	4	CK	5	6	7	8	CK	9	10	11	12	CK	13	14	15	16	CK	17	18	19	20	CK

图 8-3-6　20 个品种 3 次重复的间比法排列，逆向式

(Ⅰ、Ⅱ、Ⅲ代表重复；1、2、3…20 代表品种；CK 代表对照)

2. 随机排列的试验设计

(1)随机试验设计

随机试验设计又称完全随机试验设计，它将全部处理包括重复统一编号，按完全随机方法安排在各小区中。试验没有进行局部控制，主要用于试验室、盆栽试验等。

例如要检验三种不同的生长素，同一个剂量，测定对油菜苗高的效应，包括对照(清水)在内，共 4 个处理，若用盆栽试验，每处理用 6 盆，共 24 盆，随机排列是将每盆标号 1、2…24，然后查随机数字表得第一处理为(24、13、9、6、12、1)，第二处理为(2、7、18、22、5、20)，第三处理为(3、4、10、16、21、15)，第四处理为(18、11、14、17、19、23)。

(2)随机区组试验设计

随机区组设计的特点是根据“局部控制”原则，将试验地按肥力程度划分为等于重复次数

的区组，一区组安排一重复，区组内各处理都独立随机排列。

随机区组设计的步骤为：①按重复次数(N)将试验地划分为 N 个区组，使区组长边与肥力变化方向垂直，以保证区组内土壤条件基本一致；②按试验处理个数(M)将每个区组划分为 M 个小区，小区的长边与肥力变化方向平行，使每个小区包含更多的土壤复杂性；③M 个处理在每个区组内随机排列，以达到无偏估计试验误差的目的。

随机区组设计的优点是：①设计简单，容易掌握；②富于伸缩性，单因素、多因素以及综合性试验都可用；③能够提供无偏的误差估计，有效减少单向的肥力差异，降低试验误差；④对试验地的地形要求不严，必要时，不同区组可分散设置在不同地段上。缺点是不允许处理数太多，一般不超过 20 个，以 10 个以下为宜。随机区组设计是田间试验应用最多的一种试验设计方法。

小区的随机可借助于表 8-3-2 随机数字表抽签或计算机随机数字发生法。对于随机区组内各小区的随机排列此处以随机数字表法举例说明如下：例如有一个包括 8 个处理的试验，将处理分别给以 1、2、3、4、5、6、7、8 的代号，然后从随机数字表任意一点起横向或纵向读一个数，该数在 1～8 之间即可。如将第一个数定为表 8-3-2 第九行第六列开始，第一个数为 3，依次横向向右查得，分别为 7、4、9、5、0、2、0、1、4、6、2、5、4、5、8…，去掉 0、9 以及与前面重复的数字外，即可得到 8 个处理在小区中随机排列顺序为 3、7、4、5、2、1、6、8。若处理多于 9 个处理的试验，可同样查随机数字表，只不过将随机数字表中连续两个数看作两位数，采用大于处理数的两位数除以处理数所得余数，将重复数字划去，即可得到其排列方式。

表 8-3-2　随机数字表

4688409069236355549557102517425669724662949036016222029O6
1966386509239932263051790249418220332744038696952590904 8
21692117332683763413391283270156240799238265164597162277
53620947496309980328727426427678447780838788527491215880
33480241806442982925419002322479567767599395806460655476
96996417775792095307243326308682747071338246667817034100
19626798338454872379627214275526723317816845939171280181
86900143225530970997094004121517432016555762543985298011
89302374950201462545897435881233497049395414549012607739
26582035215433074442902195996771220631563808521243918556
25073641682524163142451325617914113122172029644390387357
42581048938970536427763376375939056351519958505438320596
60585062898420158435251955281928058276584826469688633906
73705783524062209520692492284609623021147328519385040905
41076415322382564368082768687402833224747668794545961630
69256898065066347311979914003490151879988944828178668301
48393350061466038900392044438890244555546027403455946689
69443433682371414600700581100740975555299086478868278824
85098704436857063329285717252824616604720042653495104786
92656043159563830169961457394618285837182832926704336915
20512944590606567052872410599009699033751683045595340841

随机区组在田间布置时，一般采用方形区组和狭长形小区以提高试验精确度，一般区组长边与肥力变异方向垂直，小区长边与肥力变异方向平行，如图 8-3-7 所示。

Ⅰ	Ⅱ	Ⅲ	Ⅳ
7	4	2	1
6	3	1	7
3	6	8	5
4	8	7	3
2	1	6	4
5	2	4	8
8	7	5	6
1	5	2	2

肥力梯度 →

图 8-3-7 8 个品种 4 次重复的随机区组排列

裂区设计的步骤为：①按重复次数，n 划分 n 个区组，与随机区组设计相同；②按一级因素的水平 a，将每个区组划分为 a 个主区，并随机排列 a 个主处理；③按二级因素的水平数 6，将每个主区划分为 6 个副区，并随机排列 b 个副处理。

例如，不同类型优质小麦品种与播期裂区试验中，小麦品种为 A 因素，A_1 为豫麦 47、高筋面包型，A_2 为豫麦 18、中筋普通型，A_3 为豫麦 50、弱筋饼干型；播期为 B 因素，B_1 为 10 月 10 日，B_2 为 10 月 20 日，B_3 为 10 月 30 日。根据试验要求，品种为一级因素，播期为二级因素，则其田间排列如图 8-3-8 所示。

Ⅰ	B_3	A_1 B_1	B_2	B_1	A_3 B_3	B_2	B_1	A_2 B_2	B_3
Ⅱ	B_2	A_2 B_3	B_1	B_3	A_1 B_2	B_1	B_1	A_3 B_3	B_2
Ⅲ	B_1	A_1 B_3	B_2	B_2	A_2 B_1	B_3	B_3	A_3 B_1	B_2
Ⅳ	B_2	A_3 B_1	B_3	B_2	A_2 B_3	B_1	B_1	A_1 B_3	B_2

图 8-3-8 小麦品种与播期裂区试验田间排列示意图
（A_1、A_2、A_3 代表小麦品种，B_1、B_2、B_3 代表不同播期）

裂区设计根据其特点主要适用下列情况：①试验因素对小区面积大小要求不同的多因素试验，要求较大小区面积的因素作为一级因素；②试验因素效应大小有明显区别的多因素试验，效应较明显的因素可作为一级因素；③试验因素的精确度要求高低不同的多因素试验，精确度要求较高的因素作为二级因素；④试验因素的重要性不同的多因素试验，较重要的因素应作为二级因素；⑤定位试验中新增试验因素时需采用裂区设计，其中新增试验因素作为二级因素。

(3)拉丁方设计

将 k 个不同符号排成 k 列，使得每一个符号在每一行、每一列都只出现一次的方阵，叫作

$k \times k$ 拉丁方。应用拉丁方设计就是将处理从纵横两个方向排列为区组(或重复),使每个处理在每一列和每一行中出现的次数相等(通常一次),即在行和列两个方向都进行局部控制。所以它是比随机区组多一个方向局部控制的随机排列的设计,因而具有较高的精确性。

拉丁方设计的特点是处理数、重复数、行数、列数都相等。如图 8-3-9 为 5×5 拉丁方,它的每一行和每一列都是一个区组或一次重复,而每一个处理在每一行或每一列都只出现一次,因此,它的处理数、重复数、行数、列数都等于 5。

拉丁方试验设计的步骤如下:

①选择标准方　标准方是指代表处理的字母,在第一行和第一列均为顺序排列的拉丁方。如图 8-3-10 所示。

C	D	A	E	B
E	C	D	B	A
B	A	E	C	D
A	B	C	D	E
D	E	B	A	C

图 8-3-9　5×5 拉丁方

A	B	C	D	E
B	A	E	C	D
C	D	A	E	B
D	E	B	A	C
E	C	D	B	A

图 8-3-10　5×5 标准方

在进行拉丁方设计时,首先要根据试验处理数 k 从标准方表中选定一个 $k \times k$ 的标准方。例如处理数为 5,那么需要选定一个 5×5 的标准方,如图 8-3-10。随后我们要对选定的标准方的行、列和处理进行随机化排列。本例处理数为 5,因此根据随机数字表任选一页中的一行,除去 0、6 以上数字和重复数字,满 5 个为一组,要得到这样的 3 组 5 位数。假设得到的 3 随机数字为 14325,53124,41235。

②列随机　用第一组 5 个数字 14325 调整列顺序,即把第 4 列调至第 2 列,第 2 列调至第 4 列,其余列不动。如图 8-3-11 所示。

③行随机　用第二组 5 个数字 53124 调整行顺序,即把第 5 行调至第 1 行,第 3 行调至第 2 行,第 1 行调至第 3 行,第 2 行调至第 4 行,第 4 行调至第 5 行。如图 8-3-11 所示。

④处理随机　将处理的编号按第三组 5 个数字 41235 的顺序进行随机排列。即 4 号=A,1 号=B,2 号=C,3 号=D,5 号=E。因此经过随机重排的拉丁方中 A 处理用 4 号,B 处理用 1 号,C 处理用 2 号,D 处理用 3 号,E 处理用 5 号。如图 8-3-11 所示。

②列随机(按14325排列)		③行随机(按53124排列)		④处理随机(按4=A, 1=B, 2=C, 3=D, 5=E)
1 4 3 2 5				
1A D C B E		5E B D C A		5 1 3 2 4
2B C E A D		3C E A D B		2 5 4 3 1
3C E A D B	⟶	1A D C B E	⟶	4 3 2 1 5
4D A B E C		2B C E A D		1 2 5 4 3
5E B D C A		4D A B E C		3 4 1 5 2

图 8-3-11　拉丁方试验设计步骤图

拉丁方设计的优点是:精确度高。缺点是:由于重复数与处理数必须相等,使得两者之间相互制约,缺乏伸缩性。因此,采用此类设计时试验的处理数不能太多,一般以4～10个为宜。

(4)正交试验设计

对于单因素或两因素试验,因其因素少,试验的设计、实施与分析都比较简单。但在实际工作中,常常需要同时考察3个或3个以上的试验因素,若进行全面试验,则试验的规模将很大,往往因试验条件的限制而难于实施。例如作一个三因素三水平的实验,按全面实验要求,须进行$3^3=27$种组合的实验,且尚未考虑每一组合的重复数。如表8-3-3所示。

表8-3-3 三因素三水平全面试验方案

		C_1	C_2	C_3
A_1	B_1	$A_1B_1C_1$	$A_1B_1C_2$	$A_1B_1C_3$
	B_2	$A_1B_2C_1$	$A_1B_2C_2$	$A_1B_2C_3$
	B_3	$A_1B_3C_1$	$A_1B_3C_2$	$A_1B_3C_3$
A_2	B_1	$A_2B_1C_1$	$A_2B_1C_2$	$A_2B_1C_3$
	B_2	$A_2B_2C_1$	$A_2B_2C_2$	$A_2B_2C_3$
	B_3	$A_2B_3C_1$	$A_2B_3C_2$	$A_2B_3C_3$
A_3	B_1	$A_3B_1C_1$	$A_3B_1C_2$	$A_3B_1C_3$
	B_2	$A_3B_2C_1$	$A_3B_2C_2$	$A_3B_2C_3$
	B_3	$A_3B_3C_1$	$A_3B_3C_2$	$A_3B_3C_3$

正交试验设计就是安排多因素试验、寻求最优水平组合的一种高效率试验设计方法。正交试验设计的基本特点是:用部分试验来代替全面试验,通过对部分试验结果的分析,了解全面试验的情况。如以上三因素三水平的试验,若按L9(3)正交表安排实验,只需作9次。如表8-3-4所示。

表8-3-4 三因素三水平正交试验方案

		C_1	C_2	C_3
A_1	B_1	$A_1B_1C_1$		
	B_2		$A_1B_2C_2$	
	B_3			$A_1B_3C_3$
A_2	B_1		$A_2B_1C_2$	
	B_2			$A_2B_2C_3$
	B_3	$A_2B_3C_1$		
A_3	B_1			$A_3B_1C_3$
	B_2	$A_3B_2C_1$		
	B_3		$A_3B_3C_2$	

日本著名的统计学家田口玄一将正交试验选择的水平组合列成表格,称为正交表。按正交表进行实验,可以大大减少工作量。因而正交实验设计在很多领域的研究中已经得到广泛应用。

正交表是一整套规则的设计表格,用L为正交表的代号,n为试验的次数,t为水平数,c为列数,也就是可能安排最多的因素个数。例如L4(2^3),它表示需作4次实验,最多可观察3个因素,每个因素均为2水平(表8-3-5)。一个正交表中也可以各列的水平数不相等,我们称它为混合型正交表，如 L8(4×2^4)，此表的 5 列中，有 1 列为 4 水平，4 列为 2 水平(表 8-3-6)。

表 8-3-5　L4(2^3)正交表

试验号＼列号	1	2	3
1	1	1	1
2	1	2	2
3	2	1	2
4	2	2	1

表 8-3-6　L8(4×2^4)正交表

试验号＼列号	1	2	3	4	5
1	1	1	1	1	1
2	1	2	2	2	2
3	2	1	1	2	2
4	2	2	2	1	1
5	3	1	2	1	2
6	3	2	1	2	1
7	4	1	2	2	1
8	4	2	1	1	2

例如，有一水稻冷害指标试验，包括播期(A)、品种(B)、施肥量(C)、密度(D)四个因素，A 因素具有 4 水平，另三个因素各具有 2 水平(表 8-3-7)，要求能较准确地估计各因素的主效，试予以设计。

表 8-3-7　试验因素及其水平

试验因素	水平			
	1	2	3	4
A 播种期	5/6	15/6	25/6	5/7
B 品种	广四	南粳 34		
C 施肥量	225kg/hm²	450kg/hm²		
D 密度	450 万/hm²	750 万/hm²		

根据表 8-3-7 列出的因素和水平数，选择混合正交表 L8(4×2^4)能满足设计的要求。将 A、B、C、D 排入 L8(4×2^4)表头，便可得出试验的 8 个处理组合为：$A_1B_1C_1D_1$、$A_1B_2C_2D_2$、$A_2B_1C_1D_2$、$A_2B_2C_2D_1$、$A_3B_1C_2D_1$、$A_3B_2C_1D_2$、$A_4B_1C_2D_2$、$A_4B_2C_1D_1$。

在表头上，未写入试验因素或互作的列，叫空列。空列的变异一般都是许多交互作用的混杂，在方差分析中归入试验误差中。

8.3.3　任务实施

任务实施的场地：多媒体教室，试验田。

设备用具：投影仪、白板或黑板、卷尺。

实施步骤：

(1)教师讲授主要内容；

(2)教师演示操作过程；

(3)抽查学生操作，其他学生指出问题，教师予以评价；

(4)将学生分成若干小组；

(5)分小组完成观测工作，教师给予评价；

(6)完成任务工单中的任务。

8.3.4　拓展提高

"田间药效试验"的方案设计

进行农药田间药效试验之前，必须制定试验计划和方案，明确试验的目的、要求、方法以及各项技术措施的规格要求，以便试验的各项工作按计划进行，也便于在进行过程中检查执行情况，保证试验任务的完成。田间试验设计的主要目的是减少试验误差，提高试验的精确度，使试验人员能从试验结果中获得无偏差的处理平均值及试验误差的估计值，从而能进行正确而有效的比较。在药效试验中要减少试验误差，就必须对试验误差来源通过试验设计加以克服。

在试验过程中如何减少试验误差应注意以下几个方面：

①试验地的选择　选择有代表性的试验地是使土壤差异减少至最少限度的一个重要措施，对提高试验准确度有很大作用。

②试验药剂处理　供试农药和对照农药的剂型和含量要合乎规格，无变质、失效现象，并有详细的标签和说明书，标明生产厂家、出厂日期等。

③设置重复次数　试验设置重复次数越多，试验误差越少。但在实际应用中，并不是重复次数越多就越好。因为多于一定的重复次数，误差的减少很慢，而人力、物力的花费也大大增加，是不值得的。

④采用随机区组排列　为使各种偶然因素作用于每小区机会均等，那么在每重复内设置的各种处理只有用"随机排列"才能符合这种要求，反映实际误差。

⑤小区面积与形状　小区面积的大小和形状对于减少土壤差异的影响和提高试验的精确度是相当重要的。

⑥施药时间　施药适期掌握不好会使试验前功尽弃，施药时间的不同也会影响试验的准确度。

⑦施药方法　施药方法不当，施药不均也会影响试验的准确度。农药的使用效果好坏不仅取决于药剂的分散度，也取决于适当的施药方法。

⑧施药设备　施药设备是否完好无损，也关系到试验结果的准确度。

⑨调查方法　药效试验的调查是农药试验中的一个重要环节。其取样方法和取样多少是影响试验结果的重要因子。

任务 8.4　农业气象田间试验的实施

8.4.1　任务概述

【任务描述】

田间试验的布置与管理的主要内容是正确及时地把试验的各处理按要求布置到试验田块，并正确进行各项田间管理和观察记载，以保证田间供试作物的正常生长，获得可靠的试验数据。

【任务内容】

(1)田间试验各处理的田间布置；

(2)田间试验相关项目的观察记载和测定。

【知识目标】

(1)熟悉农业气象田间试验的方法；

(2)熟悉试验地的准备原则和田间区划方法；

(3)熟悉田间试验的观察记载项目。

【能力目标】

(1)会种植计划书的编制；

(2)能进行试验地的田间区划；

(3)能进行田间试验的观察和记载。

【素质目标】

(1)树立为农服务的专业思想；

(2)培养学生团结协作的精神；

(3)提高学生自主学习的能力。

【建议课时】

8 课时，其中包括实训 4 课时。

8.4.2　知识准备

8.4.2.1　田间试验的布置与管理

1. 农业气象田间试验的方法

农业气象常用的田间试验方法有以下几种：

(1)简易对比试验法

简易对比试验法是单因素多处理的一种农业气象田间试验方法。这种方法是将试验因子分为若干个处理，直接对各试验处理的作物状况和气象条件进行平行观测和分析。方法简单易行，适于广大气象台站采用。

简易对比试验法主要用于研究和确定某项农业技术措施、农业气象效应及其规律以及对植物的影响效果。如为防止水稻烂秧，做比较秧田不同覆盖物的增温效应的试验。为探求作物合理种植密度时，研究不同密度下农田小气候规律等都可采用这种方法。

(2)分期播种法

分期播种法是利用气象要素的时间变化特征，分期播种某一种作物，以便研究气象条件与作物相互关系的一种农业气象田间试验方法。这种方法可以使作物的同一发育期随着播种期先后的不同而遇到不同的气象条件，也可使同一气象条件作用于不同的发育期，从而在一个生产年度内可获得较多的试验数据。与单一的播种期相比，它能缩短试验时间。

分期播种法的用途较广，它常用于研究作物生长发育、产量形成的适宜农业气象条件，以及作物在不利气象条件下受害的时期、症状、机制和指标。

分期播种法一般分为自然分期播种法和田间分期播种法两种形式。自然分期播种法是利用生产大田的播种期差异来组织分期播种试验。此方法简单易行，不需要较多的试验条件，但必须注意其他试验条件尽量一致，如生产水平、土壤差异、田间管理等。否则就会影响试验的精确性，这也是自然分期播种法的最大缺点。田间分期播种法则是在专门的试验地上进行分期播种，由于试验条件相对一致，又能采用试验技术消除误差，因而试验结果比较精确，并且试验不受生产条件限制，可以根据要求选择播种日期和播种期数量。其局限性是要较多的试验条件，试验技术也比较复杂。

一般分期播种试验至少设计三个播期，即正常或适宜、最早、最晚播期。第一播种期的日期则由关键发育期之前的生长时间(也可用积温值来表示)推算得出。在具体应用时还须根据具体的试验作物、种植期间的气象条件、当年的气候特点加以适当调整。在研究作物生长发育和产量的适宜气象条件时，上述三项因素应以当地最适播期为依据，结合试验作物在当地种植制度下的实际生长期长短和允许生长期的可能来加以考虑。

分期播种法的主要缺点是：①同一年度内因播期不同造成气象条件的差异往往与年际间实际的气象条件差异完全不同，试验结果并不能完全代表实际情况；②试验结果客观上都受综合气象因素的影响，在作单因子分析时会有一定误差；③播种期不同可造成病虫危害、肥效速度、杂草、鸟、鼠危害程度等差异，增加了试验误差。

(3)地理播种法

地理播种法是在不同的地理环境条件的农田播种同一作物，按统一的方案进行观测的一种农业气象田间试验法，也称多点试验法。这种方法利用不同地理位置、不同海拔高度所特有的气象条件，达到以较短试验时间获得试验数据、缩短试验周期、提高试验效率的目的。地理播种法的试验范围大，试验点的气象条件差异明显，因此对作物气候适应性、种植制度改革、农业气象灾害发生的规律和指标、山地农业气候资源的综合开发和利用等研究具有其他方法所不能代替的作用。

组织地理播种试验须考虑确定恰当的试验范围、选择合理的试验点和试验点间的适当间距或高度差等关键问题。

地理播种法不足之处在于：①在不同地区虽按统一计划进行试验，但因参加人员多，水平不同，执行试验方案不一致而影响试验质量。②试验误差较难控制。如土壤类型不同、土壤肥力有差异、栽培技术的地区差异、病虫发生规律不同等。③试验计划难以适合所有试验点。如统一播种期，可能使有的试验点因低温而不能成熟。④各试验点综合的气象条件不同，增加了鉴定单因子作用的困难。

(4)地理分期播种法

地理分期播种法是在各个地理播种点上，按分期播种原则安排若干播期的一种农业气象田间试验方法。这种方法既具有地理播种法的多点特点，又具有分期播种法的多期优点，因而能从空间和时间两个方面对气象条件和植物生长发育规律进行平行观测。它能广泛地适用于各种农业气象问题的研究。但该方法技术比较复杂，需要从时间和空间两个方面来控制误差，组织工作也非常艰巨，常用于较大地区范围的试验。

(5)地理移置法

地理移置法是在地理播种法的基础上发展起来的一种试验方法。它利用在试验基地统一栽培管理的试验材料，于试验阶段快速运送到不同地理(高度或地形)试验点，按试验设计进行一定时间的平行观测后又运回基地统一管理。这种方法克服了地理播种法不易控制试验误差的缺陷，可在一个试验周期中获得多种组合数据，试验效率提高数倍，也有利于试验精度的提高。在低温冷害和高温危害的研究中应用较多，用来研究气象条件对作物某一生育阶段的影响。但地理移置法一般采用盆栽，限制了对群体状况的观测，盆栽材料运送到各个高度也需要有效的交通工具。正确估计试验点的间隔和最大高度，往往是设计地理移置试验的关键。

2. 种植计划书的编制

种植计划书的目的是为把试验安排到田间做好准备。肥料、栽培、品种、药剂比较等试验的种植计划书一般比较简单，内容包括处理种类(或代号)、种植区号(或行号)、田间记载项目等；育种试验由于材料较多，而且是多年连续的，一般应包括当年种植区号(或行号)和往年种植区号(或行号)、品种或品系名称(或组合代号)、来源以及田间记载项目等。

田间种植图应附于种植计划书前面，它是试验地区划和种植的具体依据。旱作试验种植图除必须考虑小区、保护行设置外，还应设置走道。一般小区间连片种植，每个小区扣除边行后得实际计产面积，边行宽度多为 0.5 m，其田间种植图如图 8-4-1 所示。

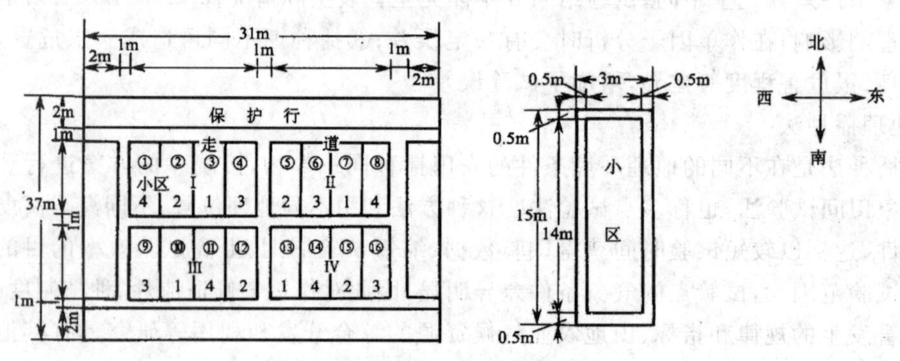

图 8-4-1　旱作田间试验布置示意图

Ⅰ、Ⅱ、Ⅲ、Ⅳ表示区组，①、②…表示小区编号，1、2…表示处理代号

小区播种面积 15 m×3 m=45 m^2，小区计产面积 14 m×2 m=28 m^2(边行宽 0.5 m)

若为水田，小区间必须用田埂隔开，以防肥料串流，田埂多为土埂，埂基部宽 27～33 cm，高 13～17 cm，灌水整地后先用湿泥糊起，干后逐渐加高。水田试验最好在小区两边分别设灌

水沟、排水沟各一条，以便分排分灌。水田试验种植图如图 8-4-2 所示。

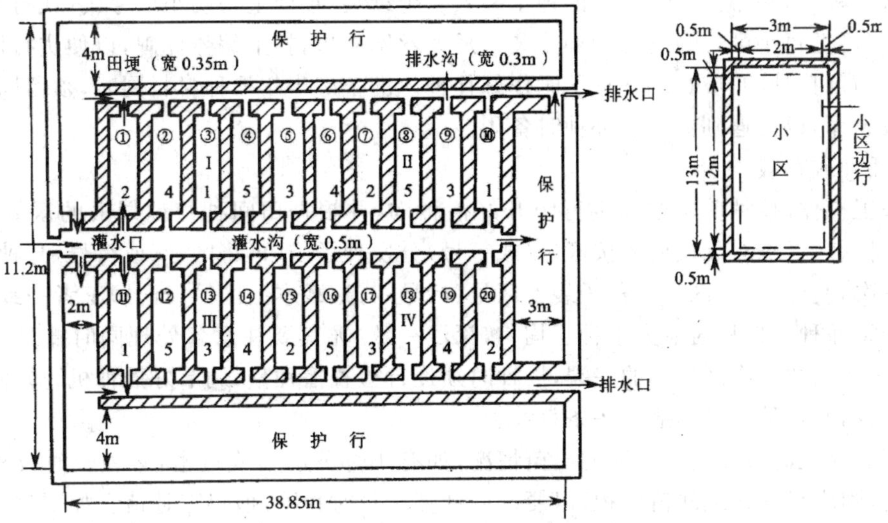

图 8-4-2　水田田间试验布置示意图

Ⅰ、Ⅱ、Ⅲ、Ⅳ表示区组，①、②…表示小区编号，1、2…表示处理代号

小区播种面积 13 m×3 m＝39 m²，小区计产面积 12 m×2 m＝24 m²(边行宽 0.5 m)

3. 试验地的准备和田间区划

试验地在进行区划前，应做好充分准备，以保证各处理有较为一致的环境条件。试验地应按试验要求施用基肥，且应施得均匀，并最好采用分格分量方法施用，以达到均匀施肥。

试验地在犁耙时要求做到犁耕深度一致，耙匀耙平。犁地的方向应与将来作为小区长边的方向垂直，使每一重复内各小区的耕作情况一致。因此，犁耙工作应延伸到将来试验区边界外几米，使试验范围内的耕层相似。

试验地准备工作初步完成后，即可按田间试验计划与种植计划书进行试验地区划。试验地区划主要是确定试验小区、保护行、走道、灌排水沟等在田间的位置。区划时，首先沿试验区较长一边定好基线，两端用标杆固定，然后在两端定点处按照勾股定理各作一条垂直线，作为试验区的第二边和第三边，同时可得第四边。试验区轮廓确定后，划分出区组间走道或灌排水沟，同时划出区组，继而划分每个区组内的各个小区，最后逐一检查，以保证纵横各线的垂直及长度准确。

试验地区划后，即可按试验要求作小田埂，灌排水沟等，最后在每小区前插上标牌，标明处理名称。

4. 种子准备和播种或移栽

(1)种子准备

在品种试验及栽培或其他措施的试验中，须事先测定各品种种子的千粒重和发芽率。各小区(或各行)的可发芽种子数应基本相同，以免造成植株营养面积与光照条件的差异。育种试验初期，材料较多，而每一材料的种子数较少，不可能进行发芽试验，则应要求每小区(或各行)播种粒数相同。移栽作物的秧苗也应按这一原则来计算。

按照种植计划书的顺序准备种子，避免发生差错。根据计算好的各小区（或各行）播种量，称量或数出种子，每小区（或每行）的种子装入一个纸袋，袋面上写明小区号码（或行号）。准备水稻种子，可把每小区（或每行）的种子装入尼龙丝网袋里，挂上编号标牌，以便进行浸种催芽。

需要药剂拌种的，应在准备种子时作好拌种。准备好当年播种材料同时，须留同样材料按次序存放仓库，以便遇到灾害后补种时备用。

(2)播种或移栽

如人工操作，播种前须按预定行距开好播种沟，并根据田间种植计划书的区划插上区号（或行号）标牌，经查对无误后才按区号（或行号）分发种子袋，再将区号（或行号）与种子袋上号码核对一次，使标牌号（区号）、种子袋上区号（行号）与记载本上区号（行号）三者一致。核对无误后再开始播种。播种时应力求种子均匀，深浅一致，尤其要注意各处理同时播种，播完一区（行），种子袋仍放在小区（行）的一端，播种时须逐行检查播种量，调节好播种机，播种机的速度要均匀一致，而且种子必须播在一条直线上。

出苗后要及时检查所有小区的出苗情况，如有小部分漏播或过密，必须及时设法补救；如大量缺苗，则应详细记载缺苗面积，以便以后计算产量时扣除，但仍需补苗。如要进行移栽，取苗时要力求挑选大小均匀的秧苗，以减少试验材料的不一致；如果秧苗不能完全一致，则可分等级按比例等量分配于各小区中，以减少差异。移栽需按预定的行穴距，保证一定的密度，务必使所有秧苗保持相等营养面积。移栽后多余的秧苗可留在行（区）一端，以备必要时进行补栽。

整个试验区播种或移栽完毕后，应立即播种或移栽保护行。将实际播种情况，按一定比例在田间记载本上绘出田间种植图，图上应详细记下重复的位置、小区面积、形状，每条田块上的起止行号、走道、保护行设置等，以便日后查对。

5. 田间管理

试验田的栽培管理措施可按当地丰产田的标准进行，在执行各项管理措施时除了试验设计所规定的处理间差异外，其他管理措施应保持一致，使对各小区的影响尽可能没有差别。例如，棉花防治棉铃虫试验，每小区的用药量及喷洒要求质量一致，数量相等，并且分布均匀。还要求同一措施能在同一天完成，如遇到特殊情况（如下雨等）不能一天完成，则应坚持完成一个重复。田间管理的措施主要包括中耕、除草、灌溉、排水、施肥、防治病虫害等，各有其技术操作特点，要尽量做到一致，从而最大限度地减少试验误差。

6. 收获与考种

(1)收获及脱粒

收获是田间试验数据收集的关键环节，必须严格把关，要及时、细致、准确，尽量避免差错。收获前要先准备好收获、脱粒用的材料和工具，如绳索、标牌、编织袋或网袋、脱粒机、晒场等。

收获试验小区之前，如保护行已成熟，可先行收割。为了减少边际效应与生长竞争，设计时预定要割去小区边行及两端一定长度的，则亦应照计划先行收割。查对无误后，先将以上两项收割物运走。然后在小区中按计划随机采取作为室内考种或其他测定所用植株样本挂上标牌，写明处理重复号，并进行校对，以免运输脱粒时发生差错，此项工作应在计产收获前一天进行。最后收获计产部分，采取单收单放，挂上标牌，严防混杂。

收获完毕后应严格按小区分区脱粒，分别晒干后称重，还应将作为考种、测定等取样的那部分产量加到各有关小区，以求得小区实际产量。若为品种试验，则每一品种脱粒完毕后，必须仔细清扫脱粒机及容器，避免品种间的机械混杂。

为使收获工作顺利进行，避免发生差错，在收获、运输、脱粒、日晒、贮藏等工作中，必须专人负责，建立验收制度，随时检查核对。

有时为使小区产量能相互比较或与类似试验的产量比较，最好能将小区产量折算成标准湿度下的产量。

(2)考种

考种是将取回的考种样本，进行植物形态的观察、产量结构因子的调查，或收获物重要品质鉴定的方法。考种的具体项目可因作物种类不同、试验任务不同而做不同选择。如玉米可考察穗长、穗粗、穗粒数、千粒重、穗行数、秃尖等指标；黄瓜可考察单株结瓜数、单株产量、单瓜重、瓜长、瓜粗、瓜把长等指标；苹果则可考察果色、单果重、硬度、一级果或二级果比率、坐果率等指标。

考种结果的正确与否，主要取决于两方面：一是要认真仔细测量数据，力求准确；二是要合理取样，提高样本的代表性。

8.4.2.2 田间试验的观察记载和测定

为了对田间试验结果进行全面解释，除了获得产量结果及相关考种结果外，往往在作物生长期进行相关项目的观察记载和测定。

1. 田间试验的观察记载

在作物生长发育过程中根据试验目的和要求进行系统的、正确的观察记载，掌握丰富的第一手材料，为得出规律性的认识提供依据。因试验目的不同，观察记载项目也有差异，田间试验常见观察记载项目有：

(1)气候条件的观察记载　正确记载气候条件，注意作物生长动态，研究二者之间的关系，可以进一步探明作物产量、品质变化的原因，得出正确的结论。一般观察记载的气象资料有：①温度资料，包括日平均气温、月平均气温、活动积温、最高和最低气温等；②光照资料，包括日照时数、晴天日数、辐射等资料；③降水资料，包括降水量及其分布、雨天日数、蒸发量等；④风资料，包括风速、风向、持续时间等；⑤灾害性天气，如旱、涝、风、雹、雪、冰等。气象资料可在试验田内定点观测，也可以利用当地气象部门的观测结果进行分析。

(2)试验地资料的观察记载　试验地一般须观察记载试验地的地形、土壤类型、土层深度、地下水位、排灌条件、前茬作物种类及产量、土壤养分含量(一般为氮、磷、钾)、土壤 pH 值、土壤有机质、土壤含盐量等。

(3)田间农事操作的记载　任何田间管理和其他农事操作都在不同程度上改变作物生长发育的外界条件，因而也会引起作物的相应变化。因此，应详细记载试验过程中的农事操作，如整地、施肥、播种、灌排水、中耕除草、防治病虫害等，将每一项操作的日期、方法、数量等记录下来，有助于正确分析试验结果。

(4)作物生育动态的观察记载　作物生育动态的观察记载是田间试验观察记载的主要内容。因此在试验过程中，要观察作物的各个物候期(或生育期)、形态特征、生物学特性、生长动态等，有时还要作一些生理、生化方面的测定，以研究不同处理对作物内部物质变化的影响。

(5)主要经济性状的观察记载　有时为了进一步对作物产量的形成进行分析，常需对作物的主要经济性状进行观察记载。其观察记载的主要内容有：①主要形态特征，如大白菜的开展度、叶片数、叶片大小等；黄瓜的果条大小、果肉厚度、果肉质地等；②与熟性及产量形成有关的性状，如甘蓝的结球率、抽薹率、单株重、单球重等；小麦的穗粒数、单位面积穗数、千粒重等；③有关产量如经济产量、生物学产量等。

田间试验的观察记载必须有专人负责，要注意：①要有代表性，一般采用随机原则进行抽样；②要有统一标准，以便进行比较；③观察记载要及时且不能间断，以保证资料的完整性；④要严肃认真，避免差错而影响资料的精确性。

2. 田间试验的抽样

(1)田间试验的取样方法

田间试验的基本取样方法主要有：顺序取样法、典型取样法和随机取样法等。

①顺序取样法　又称机械抽样或系统抽样，是按照某种既定的顺序抽取一定数量的抽样单位组成样本。例如，先将所有总体单位进行编号，每隔一定距离依次抽取。田间常用的对角线式、棋盘式、分行式、平行线式、Z 字形式等(图 8-4-3)都属于顺序抽样一类。

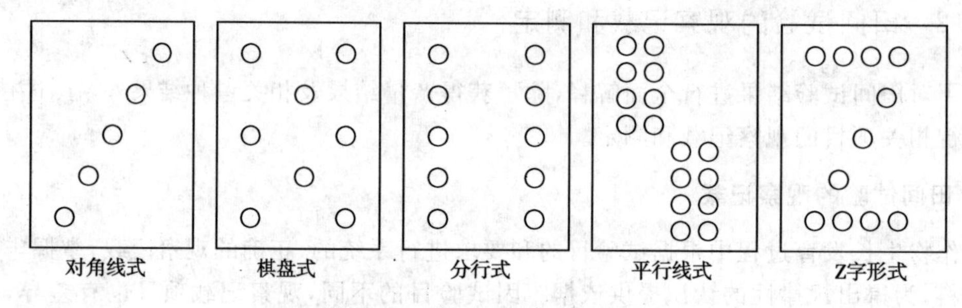

图 8-4-3　常用的顺序抽样方式

②典型取样法　也称代表性取样，按调查研究目的从总体内有意识地选取一定数量有代表性的抽样单位。例如，小麦田间测产时，如果全田块生长起伏较大，可以在目测基础上，选择有代表性的几个地段上取点测产。

③随机取样法　也称等概率抽样，在抽取样本时，总体内各单位均有同等机会被抽取。简单随机取样法是先将总体内各单位进行编号，然后用抽签法、随机数字法抽取所需数量的抽样单位组成样本。除了简单随机取样法外，随机取样方法还有一系列衍生方法，如分层取样法、整群取样法、多级取样法等。

(2)取样要求

田间试验通常需要进行土壤、植株、肥料或农药样品分析测定，这些样品的取样要求如下：

①土壤分析取样　农作物、蔬菜试验地基础土样一般取耕作层(0～20 cm)，肥力较均匀的可用系统取样法，如棋盘式法和对角线式法等，肥力差异较大或准确度要求较高的试验可用分层取样法，先将试验地划分为若干区，在每个区中取若干点。长期试验可按土壤剖面层次采集土样，并分层分析。

果园土壤样品的采集一般依果园面积大小、地形及肥力差异而定。对于面积小、地势平坦、肥力差异小的果园，可采用对角线取样法，一般采 5～10 个点；对于面积大、地势平坦、肥力不太均匀的果园，可采用棋盘式采样法，一般采 10～15 个点；而对于山地或坡地果园，可采用蛇形式取样法，一般采1～20个点。果园土壤采样深度一般分为两层，即10～20 cm和20～40 cm。

②植物分析取样　植物取样往往是损伤性取样，取样量大的试验应另设取样区。取样方法多作典型取样法，如作物生长障碍诊断应取具有典型症状植株。植物分析取样的时间和部位往往因试验任务和作物种类不同而异，具体可参看相关书籍。

3. 田间试验的项目测定

在田间试验过程中有些性状资料需进行室内测定，如土壤养分、植株养分、植物的某些生理生化性状等都需在室内进行测定。取样测定的要点是：①取样方法要合理；保证样本有代表性；②样本容量适当，保证分析测定结果的精确性；③分析测定方法要标准化，所需仪器要经过标定，药品要符合纯度要求，操作要规范化。

8.4.3　任务实施

任务实施的场地：多媒体教室，试验田。

设备用具：投影仪、白板或黑板、卷尺，小气候观测仪器、天平、台秤。

实施步骤：

(1)教师讲授主要内容；

(2)教师演示操作过程；

(3)抽查学生操作，其他学生指出问题，教师予以评价；

(4)将学生分成若干小组；

(5)分小组完成观测工作，教师给予评价；

(6)完成任务工单中的任务。

8.4.4　拓展提高

现代农业气象业务名词注释

1. 现代农业：关于现代农业的概念、内涵和特征，有许多观点，不尽统一。通常认为现代农业，是指在现代、在世界范围内处于先进水平的农业形态。具体是指用现代工业力量装备的、用现代科学技术武装的、以现代管理理论和方法经营的，生产效率达到现代世界先进水平的农业。相对于传统农业，现代农业强调“高产、优质、高效、生态、安全”。现代农业的核心是科学化，特征是商品化，方向是集约化，目标是产业化。现代农业所体现的科学发展观表现在其为资源节约、高效利用、和谐发展、可持续发展特征的绿色产业。

2. 大农业：大农业涵盖农、林、牧、渔以及农产品储运加工业。其中农业包含大宗(粮棉油作物)农业、特色农业、设施农业、都市农业、观光农业、市场导向型农业等；林业包含果业；畜牧业包含规模化饲养和农区畜牧业；渔业包含水产养殖和海洋捕捞等。

3. 重大农业气象灾害：某一层级的重大农业气象灾害是指发生范围在该层级所辖3个行政区域以上，或发生范围虽不足3个行政区，但对农业造成重大影响和危害的气象灾害。

4. 农用天气预报:农用天气是指对整个农业生产活动和作物生长过程影响较大的天气现象和天气过程。农用天气预报是从农业生产需要出发,在天气预报、气候预测、农业气象预报的基础上,结合农业气象指标体系、农业气象定量评价技术等,预测未来对农业有影响的天气条件、天气状况,并分析其对农业生产的具体影响,提出有针对性的措施和建议,为农业生产提供指导性服务的农业气象专项业务。

5. 大宗粮棉油作物:大宗粮棉油作物是指小麦、水稻、玉米、棉花、大豆、油菜等种植面积较大,在我国农业生产中处于重要地位的农作物。

任务8.5　农业气象试验数据的整理与统计分析

8.5.1　任务概述

【任务描述】

田间观察记载和室内考种中，所获得的不少数据，通过统计、整理，可使数据条理化、系统化，以便找出规律。最后获得的试验结果，一般都要写一份试验总结。我们把表达试验全过程的文字材料称试验报告，或称试验总结。

【任务内容】

(1)农业气象试验数据的整理与统计分析；

(2)农业气象试验的总结。

【知识目标】

(1)熟悉平均数、百分数、变异幅度、统计表、统计图等；

(2)熟悉农业气象试验数据的整理与统计分析方法；

(3)熟悉农业气象试验总结的内容。

【能力目标】

(1)会农业气象试验数据的初步整理；

(2)能对农业气象试验的数据进行统计分析；

(3)能编写农业气象试验的总结。

【素质目标】

(1)树立为农服务的专业思想；

(2)培养学生团结协作的精神；

(3)提高学生自主学习的能力。

【建议课时】

10课时，其中包括实训6课时。

8.5.2　知识准备

8.5.2.1　农业气象试验数据的整理与统计分析

1. 农业气象田间试验资料的整理

田间观察记载和室内考种中，所获得的不少数据，通过统计、整理，可使数据条理化、系统化，以便找出规律。在整理过程中，首先要对原始数据加以复查，看看有无明显的错误数字，若数字过高或过低，就要寻找原因。比如，因工作疏忽，称错、量错、数错、登记错等，发现后就要重新称、量，予以更正。无法更正的错误，应将此类数据除去，作为缺区处理。比如，因人畜危害或其他特殊原因造成某区产量过低，应将区数据除去，作为缺区处理。

对资料的整理是多方面的，常用的有平均数、百分数、变异幅度、统计表、统计图等。这些有助于对试验结果进行初步判断。

(1)平均数

在统计中算术平均数常用于表示统计对象的一般水平，它是描述数据集中程度的一个统计量。既可以用它来反映一组数据的一般情况，也可以用它进行不同组数据的比较，以看出组与组之间的差别。用平均数表示一组数据的情况，有直观、简明的特点，所以在日常生活中经常用到，如平均速度、平均身高、平均产量、平均成绩等等。

例如，调查某作物甲、乙两个品种的生育期，各观察 3 个重复，得到原始数据如下：

甲生育期(d)：102、100、101；乙生育期(d)：105、106、104。

为了比较两品种的生育期，就需应用平均数加以整理。

甲生育期＝(102＋100＋101)/3＝101 d

乙生育期＝(105＋106＋104)/3＝105 d

甲的生育期平均为 101 d，乙平均为 105 d，甲比乙早熟 4 d。

(2)百分数

试验资料整理中经常用百分数整理资料，以比较两个或几个数字的大小。

例如，在一个 2 次重复的品种试验中，甲、乙(对照)两个小麦品种的产量是：

甲：第一重复 0.86 kg/m^2，第二重复 0.88 kg/m^2，平均 0.87 kg/m^2，

乙：第一重复 0.81 kg/m^2，第二重复 0.83 kg/m^2，平均 0.82 kg/m^2，

甲比乙增产(百分数)$=\frac{0.87-0.82}{0.82}\times 100\%=6\%$。

(3)变异幅度

有些性状和事物，其量的大小，不适于用平均数表示，可用最小数和最大数表明其特点，这就是“变异幅度”。如某小麦品种经良种法配套试验，适宜的播种量范围为每亩 7.5～10 kg，这就是用变异幅度表示。

变异幅度既能表示某性状量的大小或多少，又可体现变异程度和变动的范围。因此，可以根据变异幅度，判断某个品种的稳产性或某个性状的整齐度。例如，甲小麦品种在多年多点试验结果，单位产量的变异幅度为 0.81～0.83 kg/m^2，乙品种为 0.78～0.85 kg/m^2，可见甲品种较乙品种稳产。

2. 农业气象田间试验数据的统计分析

任何一项试验结果都包含有试验处理的作用和一些被称为偶然因素所引起的试验误差的作用。因此，必须对试验结果进行统计分析，以便从试验结果中分别定量估算出处理作用后误差作用的大小(估算的方法依试验设计和资料性质不同而异)，并比较出各处理的作用有无意义或称是否显著。下面按田间试验设计分别介绍其统计分析方法。

(1)对比排列试验结果的统计分析

对比排列试验，由于处理为顺序排列，不能正确地估计出无偏的试验误差，因而试验结果

的统计分析，一般采用百分比法，即设 CK（对照）的产量（或其他性状）为 100，然后将各处理产量和对照相比较，求出其百分数。这种方法比较简单，容易掌握，但因不能正确估计误差，难以进行假设检验和作出统计推断。

例如，有一水稻品种适应性试验，有 A、B、C、D、E、F 六个品种，再加一个对照品种，采用对比法设计。各小区面积为 15 m^2，重复 3 次，所得产量结果列于表 8-5-1，试作适应性结果分析。

首先计算各品种的产量总和与平均值，以及全试验区对照的平均产量，列于表 8-5-1 中。

表 8-5-1　水稻品种比较试验（对比法）的产量结果与分析

品种名称	各重复小区产量(kg)			总和(kg)	平均(kg)	对邻近 CK 的百分比(%)	理论产量(kg/m^2)
	Ⅰ	Ⅱ	Ⅲ				
A	9.0	9.0	10.0	28.0	9.33	94.91	0.640
CK	9.5	9.5	10.5	29.5	9.83	100.0	0.674
B	10.0	10.0	10.0	30.0	10.0	101.69	0.685
C	11.0	12.0	11.0	34.0	11.33	107.93	0.727
CK	10.5	11.0	10.0	31.5	10.5	100.0	0.674
D	10.0	11.5	10.0	31.5	10.5	100.0	0.674
E	11.5	11.5	12.0	35.0	11.67	116.67	0.786
CK	10.0	10.0	10.0	30.0	10.0	100.0	0.674
F	9.5	9.0	8.5	27.0	9.0	90.0	0.607
各区组产量总和	91.0	93.5	92.0	276.5	全试验区 CK 总产量＝91(kg)		
对照区的平均产量	10.0	10.17	10.17	全试验区 CK 平均产量＝10.11(kg)			

计算各小区产量与邻近对照区产量的百分比，即

$$\text{对邻近 CK 的百分比}=\frac{\text{某品种总产量}}{\text{邻近 CK 总产量}}\times 100\%=\frac{\text{某品种平均产量}}{\text{邻近 CK 平均产量}}\times 100\%$$

如：A 品种对邻近 CK 的百分比＝(28/29.5)×100%＝94.91%

依此计算其余品种与其相邻 CK 的百分比。

计算各品种对邻近 CK 的百分比的目的，在于得到一个比较精确的表示各品种相对生产力的指标。根据空白试验证明，一般田块中，各相邻小区土壤肥力相近。因此，将各品种的产量与其毗邻的 CK 产量相比，是一种误差较小的比较，容易反映出品种与 CK 之间真实生产力的差异，相对生产力＞100%的品种，其相对生产力愈高，就愈可能显著地优于对照品种。但决不能认为相对生产力＞100%的所有品种都是显著地优于对照的。因为将品种与毗邻对照相比，只是减少了误差，而不是排除了误差。由于误差的存在，使一般田间试验很难察觉处理间差异在 5%以下的显著性。所以，对于对比法的试验结果，要判断某品种的生产力确优于对照，其相对生产力一般至少应超过对照 10%以上；相对生产力仅超过对照 5%左右的品种都应继续试验再作结论。当然，由于不同试验的误差大小不同，上述标准仅具有参考性质。

将每一品种产量校正到土壤肥力相同情况下的理论产量(kg/m^2)，具体计算方法为：首先应算得对照区的总产量，再计算出对照的理论产量，最后用各品种的相对生产力乘以对照的理

论产量，即得各品种的理论产量。如表 8-5-1 中：

$$对照区的总产量=29.5+31.5+30=91(kg)$$

$$对照的理论产量=\frac{总产}{面积}=\frac{91}{15\times 9}=0.674(kg/m^2)$$

A 品种理论产量$=0.674\times 94.91\%=0.640(kg/m^2)$

B 品种理论产量$=0.674\times 101.69\%=0.685(kg/m^2)$

C 品种理论产量$=0.674\times 107.94\%=0.727(kg/m^2)$

……依此类推。计算结果列于表 8-5-1 中。

在田间试验中相对生产力＞100％的品种，并不一定反映出该品种的真实生产力，可能由于机会造成，故需对相对生产力＞100％的品种进行 t 检验。检验方法采用配偶成对法。现用本例中 E 品种进行检验。

首先列出 E 品种与相邻对照区产量的比较表，如表 8-5-2 所示。

表 8-5-2　对比法的成对分析法

重复	E(x_1)	CK(x_2)	$d=(x_1-x_2)$	d^2
Ⅰ	11.5	10	1.5	2.25
Ⅱ	11.5	10	1.5	2.25
Ⅲ	12	10	2.0	4
总和	35	30	5	8.5

①求差数的平均数

$$\overline{d}=\frac{5}{3}=1.67$$

②求差数的标准差

$$S=\sqrt{\frac{\sum d^2-\frac{\left(\sum d\right)^2}{n}}{n-1}}=\sqrt{\frac{8.5-\frac{(5)^2}{3}}{3-1}}=0.289$$

③求差数平均数的标准差

$$S_{\overline{d}}=\frac{S}{\sqrt{n}}=\frac{0.289}{\sqrt{3}}=0.167$$

④计算 t 值

$$t=\frac{\overline{d}}{S_{\overline{d}}}=\frac{1.67}{0.167}=10$$

⑤查 t 值表，并作出判断。查 t 值表（表 8-5-14），确定 E 与其邻近对照间产量差异是否显著。本例有三次重复，则自由度为 2，查得 $t=9.925(a=0.01)$。计算 $t=10>9.925_{t0.01}$，说明 E 品种与相邻对照品种产量差异非常显著，也就是说，品种 E 确实具有较高的生产能力。用同样的方法可检验 B、C 两个品种是否具有较高的生产能力。

(2)间比法试验结果的统计分析

间比法排列设计是为了克服对比法排列设计对照区占地过多的缺点。各个小区的位置也采用顺序排列，其试验结果也采用简单的百分率的统计分析方法。

例如，有 12 个小麦新品系的比较试验，另加一个标准品种 CK，采用间比法排列设计，每隔4个处理设一个对照，小区计产面积为11.1 m^2，重复4次，各小区产量列于表8-5-3，试作分析。

具体分析步骤如下：

先将各品系(包括CK)在各重复的小区产量相加得小区产量总和，再折合成每平方米的产量。

然后计算各品系的理论对照标准$\overline{CK}$。$\overline{CK}$为前后两个对照产量的平均数，如：

A、B、C、D品种的$\overline{CK}$=(0.6306+0.7095)/2=0.6700(kg/m^2)

E、F、G、H品系的$\overline{CK}$=(0.7095+0.6869)/2=0.6982(kg/m^2)

……

表8-5-3 小麦品系比较试验(间比法)的产量结果

品系	小区产量(kg)				小区产量总和(kg)	每平方米产量(kg/m^2)	相邻两个对照平均值(kg/m^2)	与相邻CK的百分比(%)
	Ⅰ	Ⅱ	Ⅲ	Ⅳ				
CK1	6.5	7.0	7.0	7.5	28.0	0.6306	—	—
A	6.5	6.5	7.0	7.0	27.0	0.6081	0.6700	90.76
B	6.5	7.0	7.0	7.0	27.5	0.6194	0.6700	92.66
C	7.0	7.5	7.5	8.0	30.0	0.6757	0.6700	100.84
D	7.5	8.0	8.0	9.0	32.5	0.7320	0.6700	109.74
CK2	7.5	8.0	7.5	8.5	31.5	0.7095	—	—
E	7.0	7.5	8.0	8.5	31.0	0.6982	0.6982	100.00
F	8.0	9.0	8.5	9.0	34.5	0.7770	0.6982	111.29
G	6.5	7.0	7.5	7.5	28.5	0.6419	0.6982	91.94
H	7.0	7.5	7.5	7.5	29.5	0.6644	0.6982	95.16
CK3	7.0	8.0	7.5	8.0	30.5	0.6869	—	—
I	7.0	7.5	7.5	9.	30.0	0.6757	0.6644	101.69
J	7.5	8.5	8.0	9.0	33.0	0.7432	0.6644	112.88
K	8.0	8.5	8.5	9.5	34.5	0.7770	0.6644	116.95
L	7.0	7.5	7.5	8.0	30.0	0.6757	0.6644	101.69
CK4	7.0	7.0	7.0	7.5	28.5	0.6419	—	—

计算各品系产量与相邻CK产量的百分数，即得各品系的相对生产力，如：

$$\text{品系 A 的相对生产力}=\frac{0.6081}{0.6700}\times 100\%=90.76\%$$

$$\text{品系 B 的相对生产力}=\frac{0.6194}{0.6700}\times 100\%=92.66\%$$

以此类推，计算的结果列于表8-5-3中。

以上分析结果表明，相对生产力超过对照10%以上的品系有F、J、K三个。

如果需对相对生产力超过对照10%以上的品系进行差异显著性检验时，也采用成对的t检验法。

(3)互比法实验结果的统计分析

在互比法试验设计中，每一重要重复仅有一个对照区，因此，处理与处理、处理与对照之间，都可以相互比较。实验结果的统计分析方法也比较简单。

例如，有一个引种抗干热风小麦品种比较试验，参加实验品种 7 个，对照品种 1 个，采用交错互比排列法。小区面积 16.67 m^2，4 次重复，实验所得产量结果列于表 8-5-4，试作分析。

表 8-5-4　小麦抗干热风品种比较结果

品种名称	小区产量(kg)					理论产量	与对照的
	Ⅰ	Ⅱ	Ⅲ	Ⅳ	平均	(kg/hm^2)	百分比(%)
A	14.8	14.3	15.1	14.0	14.6	8758.25	132.7
B	15.9	15.2	16.1	15.5	15.7	9418.12	142.7
C	13.0	12.6	13.7	11.9	12.8	7678.46	116.4
D	15.9	15.3	15.0	14.0	15.1	9058.16	137.2
E	12.9	12.1	13.9	11.2	12.6	7558.49	114.5
F	9.3	8.8	9.7	8.4	9.1	5458.91	82.7
G	14.9	14.2	15.6	13.5	14.6	8758.25	132.7
CK	11.2	10.8	11.2	10.8	11.0	6598.68	100.00

首先算出每个品种的小区平均产量，并折算成每公顷产量，在计算各个品种与对照品种产量的百分率，即得各个品种的相对生产力。如：

$$\text{A 品种的相对生产力}=\frac{8758.25}{6598.68}\times 100\%=132.7\%$$

其他品种按上述方法计算。

上述分析表明，引进的 7 个品种中除 F 品种外，其余 6 个品种相对生产力都超过对照 10%以上，其中 B 品种增产幅度最大，达 42.7%。但为了证明相对生产力超过对照品种 10%的品种确有显著抗干热风的性能，则需进行显著性检验——t 检验。

由于互比排列试验中各个品种没有对照相邻，因此，进行 t 检验时，不能采用成对的检验法，而是采用不成对的 t 检验法。现以 A 品种与对照的差异为例作显著性检验。将两品种产量结果列于表 8-5-5。

表 8-5-5　t 检验计算表

重复	A	CK	$A_i-\overline{A}$	$CK_i-\overline{CK}$	$(A_i-\overline{A})^2$	$(CK_i-\overline{CK})^2$
Ⅰ	14.8	11.2	0.2	0.2	0.04	0.04
Ⅱ	14.3	10.8	−0.3	−0.2	0.09	0.04
Ⅲ	15.1	11.2	0.5	0.2	0.25	0.04
Ⅳ	14.0	10.8	−0.6	−0.2	0.36	0.04
总和	58.2	44.0			0.74	0.16
平均	14.6	11.0				

分别计算两个品种的离均差及其平方和，列于表 8-5-5 中。并计算标准差，如：

$$S=\sqrt{\frac{\left[\sum_{i=1}^{n}(A_{il}-\overline{A})^2+\sum_{n=1}^{n}(CK_i-\overline{CK})^2\right]\left(\frac{1}{n_A}+\frac{1}{n_{CK}}\right)}{n_A+n_{CK}-2}}$$

$$=\sqrt{\frac{(0.74+0.16)\left(\frac{1}{4}+\frac{1}{4}\right)}{4+4-2}}$$

$$=0.2739$$

计算 t 值，如：

$$t=\frac{\overline{A}-CK}{S}=\frac{14.6-11.0}{0.2739}=\frac{3.6}{0.2739}=13.14$$

用自由度 $=n_A+n_{CK}-2=4+4-2=6$ 查 t 分布表，$a=0.01$ 时，t 值为 3.71。

分析结果：$t=13.14>3.71_{t0.01}$，表示两个品种差异显著。

显然，互比法试验结果的统计分析比较粗糙，它没有考虑重复间土壤肥力的差异，只有在土壤差异不大时应用。必要时还应采用方差分析方法。但由于这种方法分析简便，目前应用仍然不少。

(4)随机区组试验结果的统计分析

试验中每个观测值有时不只受一个系统原因的影响，也可能受两个或两个以上系统原因的影响，因而这类数据可以按两向或更多向分类的方差分析进行。随机区组设计的试验结果统计分析就是两向分类的方差分析。在这里可将处理看作 A 因素，区组看作 B 因素，其剩余部分则为试验误差。设试验有 k 个处理，n 个区组，各部分平方和与自由度的计算如下式：

矫正数 $C=T^2/(n\times k)$

总平方和 $SS=\sum_{1}^{n}X^2-C$；总自由度 $=nk-1$

处理平方和 $SS=(\sum_{i}^{k}T^2/n)-C$；处理自由度 $=k-1$

区组平方和 $SS=(\sum_{1}^{n}T_r^2/k)-C$；区组自由度 $=n-1$

误差平方和 $SS=$ 总平方和－处理平方和－区组平方和

误差自由度 $=(n-1)(k-1)$

式中：x——各个变量；n——区组数；k——处理数；T_i——处理总和；T_r——区组总和；T——全实验区总和。

例如，有一单因子随机区组实验，实验处理 5 个，4 个区组，小区计产面积 26 m²，所得产量结果见表 8-5-6。

表 8-5-6 单因子随机区组实验结果 单位：kg

处理	小区产量				产量总和(T_i)	产量平均(X_i)
	1	2	3	4		
A	13.4	13.4	12.9	12.6	52.3	13.075
B	13.4	12.2	13.4	11.6	50.5	12.55
C	11.4	10.3	10.4	9.6	41.7	10.425
D	10.3	10.3	10.4	9.6	40.5	10.125
E(CK)	11.3	10.3	9.8	9.6	41.3	10.325
各区组总和 T_r	59.8	57.1	56.9	52.6	226.4	
各区组平均 X_r	11.96	11.42	11.38	10.25		11.321

首先将各处理在各区组的小区产量相加得 T_i，再除以 n 得 X_i，将各区组的各处理小区产量相加得 T_r，再除以 k 得 X_r；将全试验各小区产量相加得 T，再除以 nk 得 X。然后，按下列步骤分析：

自由度和平方和的分解

总自由度 $=nk-1=(4\times5)-1=19$

处理自由度$=k-1=5-1=4$

区组自由度$=n-1=4-1=3$

误差自由度$=(n-1)(k-1)=(4-1)(5-1)=12$

矫正数$C=T^2/(n\times k)=(226.4)^2/(4\times5)=2562.848$

$$总平方和\ SS=\sum_{1}^{nk}x-C$$
$$=(13.4^2+13.4^2+12.9^2+\cdots+9.6^2)-2562.848$$
$$=39.832$$

$$处理平方和\ SS=(\sum_{1}^{k}T_i{}^2/n)-C$$
$$=(52.3^2+50.6^2+41.7^2+40.5+41.3^2)/4-2562.848$$
$$=32.272$$

$$区组平方和\ SS=(\sum_{1}^{n}T_r^2/k)-C$$
$$=(59.8^2+57.1^2+41.7^2+56.9^2+52.6^2)/4-2562.848$$
$$=5.316$$

误差平方和 SS = 总 SS－处理 SS－区组 SS

$=39.832-32.272-5.316$

$=2.244$

方差分析和 F 检验:将上述结果列入表 8-5-7,并由平方和除以自由度而得各变异来源方差值。

处理间方差值:32.272/4=8.063

区组间方差值:5.316/3=1.772

误差方差值:2.244/12=0.187

处理间 F 值:处理间方差值/误差方差值=8.063/0.187=43.13

区组间 F 值:处理间方差值/误差方差值=1.772/0.187=9.416

查 F 检验表(表 8-5-15),F 检验值列于表 8-5-7 中。

表 8-5-7 方差分析表

变异来源	自由度	平方和	方差值	F	F	
					0.05	0.01
处理间	4	32.272	8.063	43.14	3.26	5.14
区组间	3	5.316	1.772	9.416	3.49	5.95
误差	12	2.244	0.187			
总变异	19	39.832				

F 检验结果说明:(1)区组间 F 值 9.416$>F_{0.01}$检验值,4 个区组的土地的肥力有显著差异,区组作为局部控制的一项手段,在这项实验中对减少误差有相当的效果;(2)处理间 F 值 43.14$>>F_{0.01}$检验值,5 个处理的总体平均数有显著差异。但是,到底哪一个处理有显著差异,那些处理没有显著差异,则需进一步做检验才能明了。

处理间比较,可按 t 值法进行检验。

$$t=\frac{\overline{x_1}-\overline{x_2}}{S_d}，则\overline{x_1}-\overline{x_2}=t\times S_d$$

$$S_d=\sqrt{S^2\left(\frac{1}{n}+\frac{1}{n}\right)}=\sqrt{\frac{2S^2}{n}}=\sqrt{\frac{2\times 0.187}{4}}=0.3058$$

式中：S^2——误差方差；n——重复次数。根据误差自由度 12 可查得 $t_{0.05}=2.18$，则：

$$\overline{x_1}-\overline{x_2}=2.18\times 0.3058=0.67(\text{kg})$$

按各处理产值高低的顺序列出表 8-5-8，计算各处理产量平均值的差数，用差异显著标准值(0.67 kg)来衡量处理之间的差异，以“＊”表示差异显著。

表 8-5-8 各处理小区平均产量差异比较

处理	小区平均产量	与下列各处理的平均产量差			
		A	B	C	D
A	13.072				
B	12.66	0.425			
C	10.425	2.65*	2.225*		
D	10.325	2.75*	2.325*	0.1	
E	10.125	2.95*	52.525*	1.3	0.2

(5)拉丁方试验结果统计方法

拉丁方设计的特点是纵横两个方向都设了区组，从而在两个方向上对土壤等差异(指田间试验时)进行局部控制。在资料中，处理数 k=横行区组数，r=纵列区组数，c=重复次数。这样，试验有 k 个处理，便有 $k\times k$ 个观测值。方差分析时，从总变异方差中除分解出处理间方差和误差项方差外，还可分解出纵横两个区组的方差，这就使误差项方差进一步减小。所以拉丁方试验的精确度比随机区组试验更高。

整理拉丁方差试验资料需用两种表格：一是纵横区组两向表(表 8-5-9)；二是各处理的单向分组表(表 8-5-10)。举例说明如下：

有一草莓品种比较试验，5 个品种(A、B、C、D、E)，拉丁方设计，其田间布置与小区产量如表 8-5-9 所示，试作方差分析。

表 8-5-9 草莓品比试验田间布置与小区产量 单位：kg

纵列区组 / 横行区组	Ⅰ	Ⅱ	Ⅲ	Ⅳ	Ⅴ	T_r
Ⅰ	B 9	E 8	C 13	A 11	D 7	48
Ⅱ	E 8	D 8	B 7	C 14	A 8	45
Ⅲ	C 11	A 9	D 8	B 8	E 6	42
Ⅳ	A 8	C 12	E 8	D 7	B 9	44
Ⅴ	D 8	B 6	A 9	E 8	C 13	44
T_c	44	43	45	48	43	$T=223$

此即纵横区组两向表，据此再整理出表 8-5-10。

此即各处理的单向分组表。

表 8-5-10 草莓品比试验各品种的产量 单位:kg

品种 / 产量	A	B	C	D	E
品种总和 T_t	45	39	63	38	38
品种平均 $\overline{S}$	9.0	7.8	12.6	7.6	7.6

①平方和与自由度的分解

$C=\dfrac{T^2}{k^2}=\dfrac{223^2}{5^2}=\dfrac{49729}{25}=1989.16$

$SS_T=\sum x^2-C=113.84$

$SS_c=\dfrac{\sum T_c^2}{k}-C=\dfrac{44^2+43^2+\cdots+43^2}{5}-1989.16=3.44$

$SS_r=\dfrac{\sum T_r^2}{k}-C=\dfrac{48^2+45^2+\cdots+44^2}{5}-1989.16=3.84$

$SS_t=\dfrac{\sum T_t^2}{k}-C=\dfrac{45^2+39^2+\cdots+38^2}{5}-1989.16=91.44$

$SS_e=SS_T-SS_c-SS_r-SS_t=113.84-3.44-3.84-91.44=15.12$

$DF_T=k^2-1=5^2-1=24$

$DF_c=k-1=5-1=4$

$DF_r=k-1=5-1=4$

$DF_t=k-1=5-1=4$

$DF_e=(k-1)(k-2)=(5-1)(5-2)=12$

②F 检验

列表计算各项平方及 F 值于表 8-5-11,并作 F 检验:

表 8-5-11 F 检验

变因	SS	DF	SE	F	$F_{0.05}$	$F_{0.01}$
纵列区组间	3.44	4	0.86	<1		
横行区组间	3.84	4	0.96	<1		
品种间	91.44	4	22.86	18.14**	3.26	5.41
误差	15.12	12	1.26			
总变异	113.84	24				

F 检验表明:不同品种间产量差异极显著,需作多重比较。因未设 CK,可用 LSR 检验。

③多重比较

$$SE_t=\sqrt{\frac{S_e^2}{k}}=\sqrt{\frac{1.25}{5}}=0.50(\text{kg})$$

按 $v=DF_e=12$ 查 SSR 值表(表略,可通过百度搜索在网上查到),得 $k=2$、3、4、5 下的 SSR 值,进而算得 LSR 值列于表 8-5-12,并作多重比较列于表 8-5-13。

表 8-5-12 草莓品种产量比较的 *LSR* 值

k	2	3	4	5
$SSR_{0.05}$	3.08	3.23	3.33	3.35
$SSR_{0.01}$	4.32	4.55	4.68	4.69
$LSRq_{0.05}$	1.54	1.62	1.67	1.68
$LSRq_{0.01}$	2.16	2.28	2.34	2.35

表 8-5-13 草莓品种产量的比较

品种	小区平均产量 $\bar{x}_t$(kg)	差异显著性	
		a=0.05	a=0.01
C	12.6	a	A
A	9.0	b	B
B	7.8	b	B
D	7.6	b	B
E	7.6	b	B

检验表明：品种C的小区平均产量最高，与其余四品种差异均极显著，而其余四品种彼此间差异均不显著。

8.5.2.2 田间试验的总结

农业科学研究工作中，为了创造新品种、探索新技术、观察植物的生育表现等，在田间调查、观察记载、收获计产、室内鉴定和统计分析等完成后，最后获得试验结果，一般都要求写一份试验总结。它是对研究成果的总结和记录，是进行新技术推广的重要手段。我们把表达试验全过程的文字材料称试验报告，或称试验总结。

1. 田间试验总结的主要内容

田间试验总结的主要内容包括以下几个方面：

(1)标题　标题是试验总结报告内容的高度概括，也是读者窥视全文的窗口，因此，一定要下功夫拟好标题。标题的拟定要满足以下几点要求：一是确切，即用词准确、贴切，标题的内涵和外延应能清楚且恰如其分地反映出研究的范围和深度，能够准确地表述报告的内容，名副其实。二是具体，就是不笼统、不抽象。例如内容非常具体的一个标题：《河南省大豆孢囊线虫病的分布特点、寄生范围和危害程度的研究》，若改成《大豆孢囊线虫病的研究》就显得笼统。三是精短，即标题要简短精练，文字得当，忌累赘烦琐。如《豫西地区深秋阴雨低温天气对当地麦茬稻、春稻籽粒灌浆曲线的影响以及不同年份同一水稻品种千粒重变化特点的研究》，显然冗长、啰唆，若改成《灌浆后期的低温天气对豫西水稻千粒重的影响》就显得简练多了。四是鲜明，即表述观点不含混，不模棱两可。五是有特色，标题要突出总结中的独创内容，使之别具特色。

拟写标题时还要注意：一要题文相符，若研究工作不多或仅作了平常的试验，却冠以“XXX 的研究”或“XXX 机理的探讨”等就不太恰当，如果改成“XXX 问题的初探”或“对 XXX 观察”等较为合适；二要语言明确，即试验报告的标题要认真推敲，严格限定所述内容的深度和范围;三要新颖简要,标题字数一般以 9～15 字为宜,不宜过长;四要用语恰当,不宜使用化学式、数学公式及商标名称等;五要居中书写,若字数较多需转行,断开处在文法上要自然,且两行的字数不宜差距过大。

(2)署名 标题下要写出作者姓名及工作单位。个人试验总结应个人署名;集体撰写试验总结,要按贡献大小依次署名。署名人数一般不超过六人,多出者以脚注形式列出,工作单位要写全称。

(3)摘要 摘要写作时要求做到短、精、准、明、完整和客观。"短"即行文简短扼要,字数一般在 150～300 字;"精"即字字推敲,添一字则显多余,减一字则显不足;"准"即忠实于原文,准确、严密地表达论文的内容;"明"即表述清楚明白、不含混;"完整"即应做到结构严谨、语言连贯、逻辑性强;"客观"即如实地浓缩本文内容,不加任何评论。摘要有时在试验总结中也可省略。

(4)正文 正文主要包括以下内容:

①引言主要将试验研究的背景、理由、范围、方法、依据等写清即可。写作时要注意谨慎评价,切忌自我标榜、自吹自擂;不说客套话,长短适宜,一般为 300～500 字。

②材料和方法要将试验材料、仪器、试剂、设计和方法写清楚,力求简洁。材料包括材料的品种、来源、数量;试验设计要写清是随机区组试验还是其他试验,试验地的位置、地力基础、前茬作物等;试验方法要说明采用何种方法、试验过程、观察与记载项目和方法等。

③结果与分析是试验总结的"心脏",其内容包括:一要逐项说明试验结果;二要对试验结果做出定性、定量分析,说明结果的必然性。在写作时要注意:一要围绕主题,略去枝蔓。选择典型、最有说服力的材料,紧扣主题来写;二要实事求是反映结果;三要层次分明、条理有序;四要多种表述,配合适宜,要合理使用表、图、公式等。

④小结写作时要注意:第一,措辞严谨、贴切,不模棱两可。对有把握的结论,可用"证明"、"证实"、"说明"等表述,否则在表述时要留有余地;第二,实事求是地说明结论适用的范围;第三,对一些概括性或抽象性词语,必要时可举例说明;第四,结论部分不得引入新论点;第五,只有在证据非常充分的情况下,才能否定别人结论。有时在总结末尾还要写出致谢、参考文献等内容。

2. 田间试验总结写作的特点和要求

(1)田间试验总结写作的特点

田间试验总结既有情报交流作用,又有资料保留作用。不少试验总结本身就是很有学术价值的科技文献。因此试验总结在写作时要体现以下特点:

①尊重客观事实 写试验总结必须尊重客观事实,以试验获得的数据为依据。真正反映客观规律,一般不加入个人见解。对试验的内容,观察到的现象和所做的结论,都要从客观事实出发,不弄虚作假。

②以叙述说明为主要表达方式 要如实地将试验的全过程,包括方案、方法、结果等,进行解说和阐述。切记用华丽的词语来修饰。

③兼用图表公式 将试验记载获得的数据资料加以整理、归纳和运算,概括为图、表或经验公式,并附以必要的文字说明,不仅节省篇幅,而且有形象、直观的效果。

(2)田间试验总结的写作要求

试验总结报告是科技工作者写作时经常使用的文体,因此,应熟练其写作要求。试验总结报告的写作要求是:

①读者要明确 在动手写试验报告时,要弄清是为哪些人写的,如果是写给上级领导看的,就应该了解他是否是专家。如果不是,在写作时就要尽可能通俗,少用专门术语,如果使用术语则要加以说明,还可以用比喻、对比等手法使总结更生动。如果总结的读者是本行专家,总结就应尽可能简洁,大量地使用专门术语、图、表及数字公式。

②内容要可靠 试验报告的内容必须忠实于客观实际,向告知方提供可靠的报告。无论是陈述研究过程,还是举出收集到的资料、调查的事实、观察试验所得到的数据,都必须客观、准确无误。

③论述要有条理 试验报告的文体重条理、重逻辑性。也就是说只要把情况和结论有条理地、依一定逻辑关系提出来,达到把情况讲清楚的目的即可。

④篇幅要短 试验报告的篇幅不要过长,如果内容过多,应用摘要的方式首先说明主要的问题和结论,同时还应把内容分成章节并用适当的标题把主要问题突出出来。

⑤观点要明确 客观材料和别人的思考方法要与作者的见解严格地区分开。作者要在报告中明确地表示出哪些是自己的观点。

表 8-5-14 附 t 值表

n'	P(2):	0.50	0.20	0.10	0.05	0.02	0.01	0.005	0.002	0.001
	P(1):	0.25	0.10	0.05	0.025	0.01	0.005	0.0025	0.001	0.0005
1		1.000	3.078	6.314	12.706	31.821	63.657	127.32	318.31	636.62
2		0.816	1.886	2.920	4.303	6.965	9.925	14.089	22.327	31.599
3		0.765	1.638	2.353	3.182	4.541	5.841	7.453	10.215	12.924
4		0.741	1.533	2.132	2.776	3.747	4.604	5.598	7.173	8.610
5		0.727	1.476	2.015	2.571	3.365	4.032	4.773	5.893	6.869
6		0.718	1.440	1.943	2.447	3.143	3.707	4.317	5.208	5.959
7		0.711	1.415	1.895	2.365	2.998	3.499	4.029	4.785	5.408
8		0.706	1.397	1.860	2.306	2.896	3.355	3.833	4.501	5.041
9		0.703	1.383	1.833	2.262	2.821	3.250	3.690	4.297	4.781
10		0.700	1.372	1.812	2.228	2.764	3.169	3.581	4.144	4.587
11		0.697	1.363	1.796	2.201	2.718	3.106	3.497	4.025	4.437
12		0.695	1.356	1.782	2.179	2.681	3.055	3.428	3.930	4.318
13		0.694	1.350	1.771	2.160	2.650	3.012	3.372	3.852	4.221
14		0.692	1.345	1.761	2.145	2.624	2.977	3.326	3.787	4.140
15		0.691	1.341	1.753	2.131	2.602	2.947	3.286	3.733	4.073
16		0.690	1.337	1.746	2.120	2.583	2.921	3.252	3.686	4.015
17		0.689	1.333	1.740	2.110	2.567	2.898	3.222	3.646	3.965
18		0.688	1.330	1.734	2.101	2.552	2.878	3.197	3.610	3.922
19		0.688	1.328	1.729	2.093	2.539	2.861	3.174	3.579	3.883
20		0.687	1.325	1.725	2.086	2.528	2.845	3.153	3.552	3.850

续表

n'	P(2)： P(1)：	0.50 0.25	0.20 0.10	0.10 0.05	0.05 0.025	0.02 0.01	0.01 0.005	0.005 0.0025	0.002 0.001	0.001 0.0005
21		0.686	1.323	1.721	2.080	2.518	2.831	3.135	3.527	3.819
22		0.686	1.321	1.717	2.074	2.508	2.819	3.119	3.505	3.792
23		0.685	1.319	1.714	2.069	2.500	2.807	3.104	3.485	3.768
24		0.685	1.318	1.711	2.064	2.492	2.797	3.091	3.467	3.745
25		0.684	1.316	1.708	2.060	2.485	2.787	3.078	3.450	3.725
26		0.684	1.315	1.706	2.056	2.479	2.779	3.067	3.435	3.707
27		0.684	1.314	1.703	2.052	2.473	2.771	3.057	3.421	3.690
28		0.683	1.313	1.701	2.048	2.467	2.763	3.047	3.408	3.674
29		0.683	1.311	1.699	2.045	2.462	2.756	3.038	3.396	3.659
30		0.683	1.310	1.697	2.042	2.457	2.750	3.030	3.385	3.646
31		0.682	1.309	1.696	2.040	2.453	2.744	3.022	3.375	3.633
32		0.682	1.309	1.694	2.037	2.449	2.738	3.015	3.365	3.622
33		0.682	1.308	1.692	2.035	2.445	2.733	3.008	3.356	3.611
34		0.682	1.307	1.091	2.032	2.441	2.728	3.002	3.348	3.601
35		0.682	1.306	1.690	2.030	2.438	2.724	2.996	3.340	3.591
36		0.681	1.306	1.688	2.028	2.434	2.719	2.990	3.333	3.582
37		0.681	1.305	1.687	2.026	2.431	2.715	2.985	3.326	3.574
38		0.681	1.304	1.686	2.024	2.429	2.712	2.980	3.319	3.566
39		0.681	1.304	1.685	2.023	2.426	2.708	2.976	3.313	3.558
40		0.681	1.303	1.684	2.021	2.423	2.704	2.971	3.307	3.551
50		0.679	1.299	1.676	2.009	2.403	2.678	2.937	3.261	3.496
60		0.679	1.296	1.671	2.000	2.390	2.660	2.915	3.232	3.460
70		0.678	1.294	1.667	1.994	2.381	2.648	2.899	3.211	3.436
80		0.678	1.292	1.664	1.990	2.374	2.639	2.887	3.195	3.416
90		0.677	1.291	1.662	1.987	2.368	2.632	2.878	3.183	3.402
100		0.677	1.290	1.660	1.984	2.364	2.626	2.871	3.174	3.390
200		0.676	1.286	1.653	1.972	2.345	2.601	2.839	3.131	3.340
500		0.675	1.283	1.648	1.965	2.334	2.586	2.820	3.107	3.310
1000		0.675	1.282	1.646	1.962	2.330	2.581	2.813	3.098	3.300
∞		0.6745	1.2816	1.6449	1.9600	2.3263	2.5758	2.8070	3.0902	3.2905

注：表头中数字表示概率 P，$P(2)$是双侧的概率，$P(1)$是单侧的概率，n'是自由度。

表 8-5-15　附 F 值表（方差分析用 $P=0.05$）　$r1$（较大均方的自由度）

r2	1	2	3	4	5	6	7	8	9	10	12	14	16	18	20	r2
1	161	200	216	225	230	234	237	239	241	242	244	245	246	247	248	1
2	18.5	19.0	19.2	19.2	19.3	19.3	19.4	19.4	19.4	19.4	19.4	19.4	19.4	19.4	19.4	2
3	10.1	9.55	9.28	9.12	9.01	8.94	8.89	8.85	8.81	8.79	8.74	8.71	8.69	8.67	8.66	3
4	7.71	6.94	6.59	6.39	6.26	6.16	6.09	6.04	6.00	5.96	5.91	5.87	5.84	5.82	5.80	4
5	6.61	5.79	5.41	5.19	5.05	4.95	4.88	4.82	4.77	4.74	4.68	4.64	4.60	4.58	4.56	5

续表

r2	1	2	3	4	5	6	7	8	9	10	12	14	16	18	20	r2
6	5.99	5.14	4.76	4.53	4.39	4.28	4.21	4.15	4.10	4.06	4.00	3.96	3.92	3.90	3.87	6
7	5.59	4.74	4.35	4.12	3.97	3.87	3.79	3.73	3.68	3.64	3.57	3.53	3.49	3.47	3.44	7
8	5.32	4.46	4.07	3.84	3.69	3.58	3.50	3.44	3.39	3.35	3.28	3.24	3.20	3.17	3.15	8
9	5.12	4.26	3.86	3.63	3.48	3.37	3.29	3.23	3.18	3.14	3.07	3.03	2.99	2.96	2.94	9
10	4.96	4.10	3.71	3.48	3.33	3.22	3.14	3.07	3.02	2.98	2.91	2.86	2.83	2.80	2.77	10
11	4.84	3.98	3.59	3.36	3.20	3.09	3.01	2.95	2.90	2.85	2.79	2.74	2.70	2.67	2.65	11
12	4.75	3.89	3.49	3.26	3.11	3.00	2.91	2.85	2.80	2.75	2.69	2.64	2.60	2.57	2.54	12
13	4.67	3.81	3.41	3.18	3.03	2.92	2.83	2.77	2.71	2.67	2.60	2.55	2.51	2.48	2.46	13
14	4.60	3.74	3.34	3.11	2.96	2.85	2.76	2.70	2.65	2.60	2.53	2.48	2.44	2.41	2.39	14
15	4.54	3.68	3.29	3.06	2.90	2.79	2.71	2.64	2.59	2.54	2.48	2.42	2.38	2.35	2.33	15
16	4.49	3.63	3.24	3.01	2.85	2.74	2.66	2.59	2.54	2.49	2.42	2.37	2.33	2.30	2.28	16
17	4.45	3.59	3.20	2.96	2.81	2.70	2.61	2.55	2.49	2.45	2.38	2.33	2.29	2.26	2.23	17
18	4.41	3.55	3.16	2.93	2.77	2.66	2.58	2.51	2.46	2.41	2.34	2.29	2.25	2.22	2.19	18
19	4.38	3.52	3.13	2.90	2.74	2.63	2.54	2.48	2.42	2.38	2.31	2.26	2.21	2.18	2.16	19
20	4.35	3.49	3.10	2.87	2.71	2.60	2.51	2.45	2.39	2.35	2.28	2.22	2.18	2.15	2.12	20
21	4.32	3.47	3.07	2.84	2.68	2.57	2.49	2.42	2.37	2.32	2.25	2.20	2.16	2.12	2.10	21
22	4.30	3.44	3.05	2.82	2.66	2.55	2.46	2.40	2.34	2.30	2.23	2.17	2.13	2.10	2.07	22
23	4.28	3.42	3.03	2.80	2.64	2.53	2.44	2.37	2.32	2.27	2.20	2.15	2.11	2.07	2.05	23
24	4.26	3.40	3.01	2.78	2.62	2.51	2.42	2.36	2.30	2.25	2.18	2.13	2.09	2.05	2.03	24
25	4.24	3.39	2.99	2.76	2.60	2.49	2.40	2.34	2.28	2.24	2.16	2.11	2.07	2.04	2.01	25
26	4.23	3.37	2.98	2.74	2.59	2.47	2.39	2.32	2.27	2.22	2.15	2.09	2.05	2.02	1.99	26
27	4.21	3.35	2.96	2.73	2.57	2.46	2.37	2.31	2.25	2.20	2.13	2.08	2.04	2.00	1.97	27
28	4.20	3.34	2.95	2.71	2.56	2.45	2.36	2.29	2.24	2.19	2.12	2.06	2.02	1.99	1.96	28
29	4.18	3.33	2.93	2.70	2.55	2.43	2.35	2.28	2.22	2.18	2.10	2.05	2.01	1.97	1.94	29
30	4.17	3.32	2.92	2.69	2.53	2.42	2.33	2.27	2.21	2.16	2.09	2.04	1.99	1.96	1.93	30
32	4.15	3.29	2.90	2.67	2.51	2.40	2.31	2.24	2.19	2.14	2.07	2.01	1.97	1.94	1.91	32
34	4.13	3.28	2.88	2.65	2.49	2.38	2.29	2.23	2.17	2.12	2.05	1.99	1.95	1.92	1.89	34
36	4.11	3.26	2.87	2.63	2.48	2.36	2.28	2.21	2.15	2.11	2.03	1.98	1.93	1.90	1.87	36
38	4.10	3.24	2.85	2.62	2.46	2.35	2.26	2.19	2.14	2.09	2.02	1.96	1.92	1.88	1.85	38
40	4.08	3.23	2.84	2.61	2.45	2.34	2.25	2.18	2.12	2.08	2.00	1.95	1.90	1.87	1.84	40
42	4.07	3.22	2.83	2.59	2.44	2.32	2.24	2.17	2.11	2.06	1.99	1.93	1.89	1.86	1.83	42
44	4.06	3.21	2.82	2.58	2.43	2.31	2.23	2.16	2.10	2.05	1.98	1.92	1.88	1.84	1.81	44
46	4.05	3.20	2.81	2.57	2.42	2.30	2.22	2.15	2.09	2.04	1.97	1.91	1.87	1.83	1.80	46
48	4.04	3.19	2.80	2.57	2.41	2.29	2.21	2.14	2.08	2.03	1.96	1.90	1.86	1.82	1.79	48
50	4.03	3.18	2.79	2.56	2.40	2.29	2.20	2.13	2.07	2.03	1.95	1.89	1.85	1.81	1.78	50
60	4.00	3.15	2.76	2.53	2.37	2.25	2.17	2.10	2.04	1.99	1.92	1.86	1.82	1.78	1.75	60
80	3.96	3.11	2.72	2.49	2.33	2.21	2.13	2.06	2.00	1.95	1.88	1.82	1.77	1.73	1.70	80
100	3.94	3.09	2.70	2.46	2.31	2.19	2.10	2.03	1.97	1.93	1.85	1.79	1.75	1.71	1.68	100
125	3.92	3.07	2.68	2.44	2.29	2.17	2.08	2.01	1.96	1.91	1.83	1.77	1.72	1.69	1.65	125
150	3.90	3.06	2.66	2.43	2.27	2.16	2.07	2.00	1.94	1.89	1.82	1.76	1.71	1.67	1.64	150

续表

r2	1	2	3	4	5	6	7	8	9	10	12	14	16	18	20	r2
200	3.89	3.04	2.65	2.42	2.26	2.14	2.06	1.98	1.93	1.88	1.80	1.74	1.69	1.66	1.62	200
300	3.87	3.03	2.63	2.40	2.24	2.13	2.04	1.97	1.91	1.86	1.78	1.72	1.68	1.64	1.61	300
500	3.86	3.01	2.62	2.39	2.23	2.12	2.03	1.96	1.90	1.85	1.77	1.71	1.66	1.62	1.59	500
1000	3.85	3.00	2.61	2.38	2.22	2.11	2.02	1.95	1.89	1.84	1.76	1.70	1.65	1.61	1.58	1000
∞	3.84	3.00	2.60	2.37	2.21	2.10	2.01	1.94	1.88	1.83	1.75	1.69	1.64	1.60	1.57	∞

表 8-5-16　附 F 值表(方差分析用 $P=0.01$)　$n'1$(较大均方的自由度)

n′2	1	2	3	4	5	6	7	8	9	10	12	14	16	18	20	n′2
1	4052	5000	5403	5625	5754	5859	5928	5981	6022	6056	6106	6142	6169	6190	6209	1
2	98.5	99.0	99.2	99.2	99.3	99.3	99.4	99.4	99.4	99.4	99.4	99.4	99.4	99.4	99.4	2
3	34.1	30.8	29.5	28.7	28.2	27.9	27.7	27.5	27.3	27.2	27.1	26.9	26.8	26.8	26.7	3
4	21.2	18.0	16.7	16.0	15.5	15.2	15.0	14.8	14.7	14.5	14.4	14.2	14.2	14.1	14.0	4
5	16.3	13.3	12.1	11.4	11.0	10.7	10.5	10.3	10.2	10.1	9.89	9.77	9.68	9.61	9.55	5
6	13.7	10.9	9.78	9.15	8.75	8.47	8.26	8.10	7.98	7.87	7.72	7.60	7.52	7.45	7.40	6
7	12.2	9.55	8.45	7.85	7.46	7.19	6.99	6.84	6.72	6.62	6.47	6.36	6.27	6.21	6.16	7
8	11.3	8.65	7.59	7.01	6.63	6.37	6.18	6.03	5.91	5.81	5.67	5.56	5.48	5.41	5.36	8
9	10.6	8.02	6.99	6.42	6.06	5.80	5.61	5.47	5.35	5.26	5.11	5.00	4.92	4.86	4.81	9
10	10.0	7.56	6.55	5.99	5.64	5.39	5.20	5.06	4.94	4.85	4.71	4.60	4.52	4.46	4.41	10
11	9.65	7.21	6.22	5.67	5.32	5.07	4.89	4.74	4.63	4.54	4.40	4.29	4.21	4.15	4.10	11
12	9.33	6.93	5.95	5.41	5.06	4.82	4.64	4.50	4.39	4.30	4.16	4.05	3.97	3.91	3.86	12
13	9.07	6.70	5.74	5.21	4.86	4.62	4.44	4.30	4.19	4.10	2.96	3.86	3.73	3.71	3.66	13
14	8.86	6.51	5.56	5.04	4.70	4.46	4.23	4.14	4.03	3.94	3.80	3.70	3.62	3.56	3.51	14
15	8.68	6.36	5.42	4.89	4.56	4.32	4.14	4.00	3.89	3.80	3.67	3.56	3.49	3.42	3.37	15
16	8.53	6.23	5.29	4.77	4.44	4.20	4.03	3.89	3.78	3.69	3.55	3.45	3.37	3.31	3.26	16
17	8.40	6.11	5.18	4.67	4.34	4.10	3.93	3.79	3.68	3.59	3.46	3.35	3.27	3.21	3.16	17
18	8.29	6.01	5.39	4.58	4.25	4.01	3.84	3.71	3.60	3.51	3.37	3.27	3.19	3.13	3.68	18
19	8.18	5.93	5.01	4.50	4.17	3.94	3.77	3.63	3.52	3.43	3.30	3.10	3.12	3.05	3.00	19
20	8.10	5.85	4.94	4.43	4.10	3.37	3.70	3.56	3.46	3.37	3.23	3.13	3.05	2.99	2.94	20
21	8.02	5.78	4.87	4.37	4.04	3.81	3.64	3.51	3.40	3.31	3.17	3.07	2.99	2.93	2.88	21
22	7.95	5.72	4.82	4.31	3.99	3.76	3.59	3.45	3.35	3.26	3.12	3.02	2.94	2.88	2.83	22
23	7.88	5.66	4.76	4.26	3.94	3.71	3.54	3.41	3.30	3.21	3.07	2.97	2.89	2.83	2.78	23
24	7.82	5.61	4.72	4.22	3.90	3.67	3.50	3.36	3.26	3.17	3.03	2.93	2.85	2.79	2.74	24
25	7.77	5.57	4.68	4.18	3.86	3.63	3.46	3.32	3.22	3.13	2.99	2.89	2.81	2.75	2.70	25
26	7.72	5.53	4.64	4.14	3.82	3.59	3.42	3.29	3.18	3.09	2.96	2.86	2.78	2.72	2.66	26
27	7.68	5.49	4.60	4.11	3.78	3.56	3.39	3.26	3.15	3.06	2.93	2.82	2.75	2.68	2.63	27
28	7.64	5.45	4.57	4.07	3.75	3.53	3.36	3.23	3.12	3.03	2.90	2.79	2.72	2.65	2.60	28
29	7.60	5.42	4.54	4.04	3.73	3.50	3.33	3.20	3.09	3.00	2.87	2.77	2.69	2.62	2.57	29
30	7.56	5.39	4.51	4.02	3.70	3.47	3.30	3.17	3.07	2.98	2.84	2.74	2.66	2.60	2.55	30
32	7.50	5.34	4.46	3.07	3.65	3.43	3.26	3.13	3.02	2.93	2.80	2.70	2.62	2.55	2.50	32
34	7.44	5.29	4.42	3.93	3.61	3.39	3.22	3.09	2.98	2.89	2.76	2.66	2.58	2.51	2.46	34

续表

n'2	1	2	3	4	5	6	7	8	9	10	12	14	16	18	20	n'2
36	7.40	5.25	4.38	3.89	3.57	3.35	3.18	3.05	2.95	2.86	2.72	2.62	2.54	2.48	2.43	36
38	7.35	5.21	4.34	3.86	3.54	3.32	3.15	3.02	2.92	2.83	2.69	2.59	2.51	2.45	2.40	38
40	7.31	5.18	4.31	3.83	3.51	3.29	3.12	2.99	2.89	2.80	2.66	2.56	2.48	2.42	2.37	40
42	7.28	5.15	4.29	3.80	3.49	3.27	3.10	2.97	2.86	2.78	2.64	2.54	2.46	2.40	2.34	42
44	7.25	5.12	4.26	3.78	3.47	3.24	3.08	2.95	2.84	2.75	2.62	2.52	2.44	2.37	2.32	44
46	7.22	5.10	4.24	3.76	3.44	3.22	3.06	2.93	2.82	2.73	2.60	2.50	2.42	2.35	2.30	46
48	7.20	5.08	4.22	3.74	3.43	3.20	3.04	2.91	2.80	2.72	2.58	2.48	2.40	2.33	2.28	48
50	7.17	5.06	4.20	3.72	3.41	3.19	3.02	2.89	2.79	2.70	2.56	2.46	2.38	2.32	2.27	50
60	7.08	4.98	4.13	3.65	3.34	3.12	2.95	2.82	2.72	2.63	2.59	2.39	2.31	2.25	2.20	60
80	6.96	4.88	4.04	3.56	3.26	3.04	2.87	2.74	2.64	2.55	2.42	2.31	2.23	2.17	2.12	80
100	6.90	4.82	3.98	3.51	3.21	2.99	2.82	2.69	2.59	2.50	2.37	2.26	2.19	2.12	2.07	100
125	6.84	4.78	3.94	3.47	3.17	2.95	2.79	2.66	2.55	2.47	2.33	2.23	2.15	2.08	2.03	125
150	6.81	4.75	3.92	3.45	3.14	2.92	2.76	2.63	2.53	2.44	2.31	2.20	2.12	2.06	2.00	150
200	6.76	4.71	3.88	3.41	3.11	2.89	2.73	2.60	2.50	2.41	2.27	2.17	2.09	2.02	1.97	200
300	6.72	4.68	3.85	3.38	3.08	2.86	2.70	2.57	2.47	2.38	2.24	2.14	2.06	1.99	1.94	300
500	6.69	4.65	3.82	3.36	3.05	2.84	2.68	2.55	2.44	2.36	2.22	2.12	2.04	1.97	1.92	500
1000	6.66	4.63	3.80	3.34	3.04	2.82	2.66	2.53	2.43	2.34	2.20	2.10	2.02	1.95	1.90	1000
∞	6.63	4.61	3.78	3.32	3.02	2.80	2.64	2.51	2.41	2.32	2.18	2.08	2.00	1.93	1.88	∞

8.5.3 任务实施

任务实施的场地：多媒体教室。

设备用具：投影仪、白板或黑板、统计分析检验表。

实施步骤：

(1)教师讲授主要内容；

(2)教师演示操作过程；

(3)抽查学生操作，其他学生指出问题，教师予以评价；

(4)将学生分成若干小组；

(5)分小组完成观测工作，教师给予评价；

(6)完成任务工单中的任务。

8.5.4 拓展提高

《现代农业气象业务发展专项规划》(节选)

(2009—2015年)

全面提升现代农业气象预报水平，着力提高现代农业气象情报质量，大力推进现代农业气象灾害监测预警与评估，深入开展农业气候区划与农业适应气候变化业务，不断强化现代农业气象观测与试验基础;重点加强现代农业气象服务。

1. 现代农业气象预报

围绕国家粮食安全和现代农业发展的需要,开展多元化、多时效的农用天气、农业年景、作物产量、特色农业产量与品质、土壤墒情与灌溉、牧草产量和载畜量、关键物候期、农林病虫害发生发展气象条件等级等的动态化和精准化预报。为农产品进出口贸易,国内收购、调拨与储运,农业生产管理与决策以及为农民及时提供农业气象预报信息服务。

2. 现代农业气象情报

针对现代农业生产、管理和加工贸易等需求,在完善现有农业气象情报业务的基础上,着重发展全程性、多时效、多目标、定量化的现代农业气象情报业务。包括发展以日、旬(或周)、月、年为周期的基础情报,围绕某项作物生产产前、产中、产后的全程系列化的专项情报,针对设施农业、特色农业、养殖捕捞业等专业门类、专门问题的专题情报等。为农业生产管理提供基础信息,为农民、合作社、农业龙头企业和农业专业大户等提供情报信息服务。

3. 现代农业气象灾害监测、预警与评估

围绕国家粮食安全、农业防灾减灾、农业保险的需要,继续做好主要粮食与经济作物农业气象灾害监测、预警与评估,加强特色农业、设施农业、林业、畜牧业、渔业重大农业气象灾害的监测、预警与评估。粮食与经济作物针对干旱、洪涝、霜冻、冷害等,设施农业针对日光温室低温寡照、积雪、大风、沙尘暴等,林业针对低温冻害、寒害、大风、冰雹等,畜牧业针对黑白灾和转场灾害天气等,渔业针对低压泛塘、低温、大风、海雾等,特色农业依据区域灾害特点等,有针对性地开展农业气象灾害的监测、预警与评估,为农业生产和管理者采取相关防灾减灾措施提供决策依据和咨询服务,为农民及时服务。

4. 农业气候资源利用与农业适应气候变化

围绕现代农业战略布局和可持续发展的需要,做好“三个潜力”(光合生产潜力、光温生产潜力和气候生产潜力)的精细化评价,深入开展大宗粮棉油作物优势区、优质品种布局的精细化农业气候区划,着力开展区域尤其是丘陵山区气候资源、当地特色农产品布局、设施农业类型、水产养殖和林业的优势品种选择,以及牧草产量、品质与畜牧业气候适宜性等有专业特色的精细化区划与评价。深入开展农业气候可行性论证。做好现代农业生产对气候变化的敏感性、脆弱性和适应性分析,逐步开展生态环境、典型生态系统的气象综合监测与评估;为农业气候资源的高效合理开发利用,农业产业带的划分、农业种植制度及农业生产结构调整、作物熟制搭配与品种选择,以及现代农业与农村生态环境应对气候变化等提供决策依据。

(1)精细化农业气候区划与评价

启动并深入开展全国第三次精细化农业气候区划。开展全国光合生产潜力、光温生产潜力和气候生产潜力以及气候资源承载力精细化评价,基本完成包括丘陵山区的精细化农业气候资源综合区划,以及面向单一作物、特色农业、设施农业、林业、畜牧业和渔业等专项的精细化农业气候区划。逐步发展精细化农业气候动态评价业务,为农业生产结构与作物布局以及优势品种选择等提供评价分析报告和依据。

精细化农业气候区划与评价,以常规气象观测、卫星遥感、农业背景、地理信息等资料为基础数据源，在3S集成技术支持下，通过建立气候、遥感与农业信息的耦合模型，获得精细化的农业气候资源时空分布数据集。根据精细化农业气候区划的技术方法、指标体系、农业气候资源分析与农业气候区划模型，利用统一的可以业务化运行的交互式农业气候区划产品制作平台，开展精细化农业气候区划。

精细化农业气候资源区划与评价业务以国家和省级业务单位为主，定期（年或生产周期起始前）和不定期地开展精细化农业气候资源区划评价与分析业务。在两级区划结果的基础上，市、县级业务单位针对当地的特色农业、设施农业、林业、畜牧业和渔业，尤其针对丘陵山区的复杂农业气候类型，根据需要和可能开展各具特色的精细化农业气候资源区划与评价。

(2)农业气候可行性论证与辅助决策

着力开展农业气候可行性论证，提出辅助决策建议。依据《气候可行性论证管理办法》，针对当地农业工程建设和政府决策的需要，开展种植基地建设、种植制度调整、新品种引进、重大耕作栽培措施和灾害防御措施的选择，以及特色农业、设施农业、林业、畜牧业和渔业的发展与规划等方面的气候适宜性、风险性分析以及可能产生的影响的评估，提供农业气候可行性论证专题报告和决策咨询报告。

根据用户对于农业品种和结构调整等气候可行性论证项目的需求，选择相关因子和指标，利用历史气候资料和未来气候变化情景预测，以精细化农业气候资源区划为基础，编制农业气候可行性论证专题报告和决策咨询报告。由定性分析逐步发展到指标判别和定量分析，不断提高农业气候可行性论证专题报告和决策咨询报告的科技含量和权威性。

根据当地农业工程建设和政府决策的需要，农业气候可行性论证与辅助决策，由国家、省、市、县各级气象主管机构按照《中华人民共和国气象法》与相关管理办法实施。

(3)气候变化对农业的影响和适应性分析

大力加强气候变化对农业的影响和适应性分析。根据气候要素和农业气象灾害、农作物产量和农业耕作措施等信息，大力开展现代气候变化对我国农业生产影响的诊断分析、未来气候变化对农业生产力布局、种植结构、粮食生产及农业生产成本影响评估和不同气候情景下的影响预估。针对不同区域的影响特点提供农业生产长期适应和应对气候变化对策，形成气候变化农业影响与适应评估报告等业务产品，为各级政府在农业生产规划、布局和应对措施方面提供科学依据，也为政府间气候变化专门委员会(IPCC)评估报告和我国《气候变化国家评估报告》提供素材，为国家农业发展规划提供决策建议。

开展气候变化对农业的影响以及农业的适应性分析，主要采用IPCC评估报告中使用的技术与方法，利用适合亚洲区域的气候模式和作物模型，模拟未来不同地区气候变化可能对农业产生的影响，同时模拟农业气象灾害变化的新特点、新规律。通过调整措施后的模拟结果和成本效益分析，确定未来可选择的适应措施。对不同适应措施进行模拟和成本效益分析比较，以选择适应对策。

国家级业务单位承担气候变化对农业的影响和适应性分析，从一种或多种大宗粮棉油作物起步，逐步拓展到气候变化对农、林、牧、渔等的影响，以及农业对气候变化的敏感性、脆弱性和适应性分析。在必要和有条件的省级业务单位也可选择当地一项或多项有针对性的目标探索开展。

(4)生态环境的气象监测与评估

发展并完善生态环境的气象监测与评估业务。发展基于多种先进成熟的植被初级生产力

(NPP)估测模型、生态系统监测评估模型和综合集成评估指标,建立生态环境气象监测评估业务平台,逐步开展生态质量气象监测评估,开展以植被为基础的陆地典型生态系统(森林、草地、湿地等)、重大生态环境问题(草场与湿地退化等)、生态脆弱区(三江源、农牧交错带等)的综合或专项监测评估业务,定期或不定期发布生态环境气象监测评估报告和科学决策专报。

生态环境的气象监测与评估,以气候变化为背景,天气气候条件为驱动因子,卫星遥感为主要技术手段,综合集成多种NPP估测模型和森林、草地等生态系统模型以及生态质量监测评估指标,利用生态监测评估业务平台和"生态气象评价指数",逐步开展陆地典型生态系统、重大生态环境问题、生态脆弱区的综合或专项定量监测与评估。

生态环境的气象监测与评估,主要在国家和省级业务单位开展。国家级主要开展年度、季节的陆地生态系统综合监测评价,森林、草地等典型生态系统的定期监测与评价,必要时开展不定期的生态环境问题和生态脆弱区的监测评估;省级抓住重点,突出特色,开展定期与不定期的典型生态系统、突出生态环境问题、主要生态脆弱区等的监测评估。

5. 现代农业气象观测与试验

围绕大农业发展和现代农业气象业务需求,调整农业气象观测与试验站布局和任务。针对不同的区域特点,设置不同类型的农业气象观测站和试验站,配备现代化的观测与试验分析设备,修订观测规范,制定技术标准,强化质量控制,加强观测试验资料信息化,建立农业气象观测试验基本保障系统,形成现代农业气象观测与试验体系。重点增强对种植业主产区的粮棉油作物、经济作物、土壤水分以及牧区的牧草、林区的林业等观测与试验。逐步加强特色农业产区、设施农业集中连片地区、重点水产养殖区的农业气象观测试验业务。为服务现代农业发展提供实时、科学、翔实的农业气象观测信息与试验研究支撑。

(1)农业气象观测

大力夯实现代农业气象观测基础。根据现代农业和现代农业气象业务发展需求,着力做好农业气象观测布局与任务的调整。调整并优化与现代农业科学化、商品化、集约化、产业化发展相适应的农业气象观测站网布局;根据大农业与农业应对气候变化的需要,调整农业气象观测任务,包括调整作物观测、土壤水分观测、农田小气候观测、物候观测、二氧化碳排放观测,以及针对特色农业、设施农业、林业、畜牧业、渔业等需要,改进部分观测项目以及观测方法和观测频次。

农业气象观测站网布局及任务的调整、优化,应在保持现有农业气象观测站网格局基本稳定的前提下,以充分满足国家与地方需求,分级布局以及站网能代表区域农业特色和兼顾平衡分布为原则,适当增加粮食主产区、后备产区、优势产业带的农作物国家级农业气象观测站,建立完善牧区、林区、生态敏感区和脆弱区的国家级农业气象观测站。以现有农业气象土壤水分观测站点为基础,适当增加南方地区土壤水分观测站点,吸纳部分省级土壤水分观测站点,加快自动土壤水分观测系统建设,形成全国自动土壤水分观测网。

改进农业气象观测仪器和手段,加快农业气象观测现代化建设。对现有农业气象基本观测仪器设备进行更新,配备先进的农田小气候、设施农业小气候、生长量、生长状况、土壤状况等观测设备,尤其是自动化遥测设备。新仪器、先进观测设备的列装,根据不同观测需求,分类、分级配置。加快建立现代农业气象观测设备保障体系。坚持引进与自主研发相结合,坚持保障体系与设备列装同步推进,确保现代化观测仪器装备效益的充分发挥。

农业气象观测任务由市、县级业务单位承担。国家级和省级农业气象观测站网分别由国家和省实施管理。未纳入农业气象观测站网的其他县级气象站，为满足本地业务服务需要，可在上级组织指导下，开展简明、科学、实用的农业气象观测，为本地所用，并向上级提供农业气象信息。

(2)农业气象试验

积极推进农业气象试验站的发展，提升农业气象试验能力。根据现代农业气象业务服务、科研发展的要求，调整与优化农业气象试验站布局，调整试验任务，加强基础设施建设，充分发挥农业气象试验站的试验、示范、推广功能。根据农业气象试验要求，建设试验场地，加强实验室建设，配备基本试验设施与仪器设备，综合改善试验基础条件。建设具有自主知识产权的农业气象试验分析仪器研发体系，建立试验设备保障体系。

依据国家和地方农业结构和作物布局变化，结合农业与农业气候区划以及站点代表性和站点基础状况等方面的因素，在现有农业气象试验站的基础上，分级分区规划农业气象试验站布局。国家级农业气象试验站主要体现国家主体功能区划和国家农业总体布局的需要，区分种植业、特色农业、设施农业、林业、畜牧业和渔业等类型分类设置，全国总数在50个左右，同时进行观测项目与试验任务的调整；省级农业气象试验站，由各省根据基本条件和本省农业生产的特点和特色农业、设施农业等需求，有针对性地布局建设。

分期分批有序推进农业气象试验站基础条件建设，逐步列装自动化监测、遥感、遥测等观测试验仪器设备，强化农业气象试验站的现代农业气象指标的试验获取能力，加强农业气象试验站对业务产品、观测手段、观测方法等的业务中试、评估、验证，开展农业气象灾害防御技术引用、试验、示范和推广应用，使农业气象试验站的发展切实适应现代农业气象业务服务与科研发展的需要。

(3)农业气象移动观测与野外调查

大力开展农业气象移动观测和野外调查。以了解、掌握面上农业生产状况、农业气象灾害、病虫害等以及应急服务的需要为目标，开展农业气象灾害的应急调查及农作物长势、种植面积、播种或收获进度、土地利用动态等观测。除配备常规观测设备仪器外，需分级、分区、分类配备机载设备、车载设备、新型便携式设备等农业气象移动观测与野外调查设备；建立移动观测与野外调查资料处理与传输平台，提高农业气象移动观测与野外调查能力。

根据农业气象移动观测、野外调查与应急业务服务需要，对机载设备与无人机、车载设备、新型便携式设备等，选择试点试验，建立、完善相应的技术方法与流程，逐步推广应用。

农业气象移动观测与野外调查在四级业务单位开展，其中国家级发展机载设备及无人机平台，加强省级移动观测与野外调查能力，配置移动观测车及相应的车载设备，建立资料处理与传输平台，市、县级根据业务服务需要，从配置一些简单的移动观测与野外调查设备起步，逐步提高移动观测与野外调查能力。

(4)农业气象遥感监测

深入发展农业气象遥感监测，提高农业气象立体化监测能力。进一步为国家级和省级农业气象业务单位配备数字视频广播系统(DVBS)的卫星遥感接收处理软硬件设备，引进或组织开发遥感资料分析软件，建设卫星遥感资料接收处理和分析系统，综合天基遥感与地面信息开展农业气象宏观监测；建立和发展地球观测组织(GEO)中国农业气象对地遥感监测系统，实时为现代农业气象业务提供科学、可靠的遥感监测数据源，定期或及时发布作物长势、面积、产量和干旱、洪涝、冻害等农业气象遥感监测分析业务产品。

选择农业气象遥感开展较好、技术力量较强的省(区、市),配备热红外辐射计、红外光谱仪、土壤温湿度测量系统、植物冠层分析仪等遥感监测产品的地面验证设备,试点开展遥感监测地面真实性检验,主要农业气象灾害、作物长势、作物估产、作物分类等遥感监测方法、指标、模型等监测试验,建立地面特征样方及业务服务系统,实现农业气象遥感定量化、动态化监测。通过引进、组织开发等方式,研制与推广卫星遥感信息共享平台,建立卫星遥感资料接收处理和分析软件平台,进一步推广应用。

国家级和省级业务单位开展农业气象遥感监测应用业务;市、县级适用上级业务单位下发的农业气象遥感监测分析产品,同时协助上级单位进行遥感监测产品的地面真实性检验。

(5)农业气象观测规范完善与信息化处理

修改、完善农业气象观测规范,组织制定特色农业、设施农业、养殖业等观测规范,加强农业气象观测的标准化、信息化。重点是在分析评估基础上重新修订、补充完善现有观测项目、观测方法、观测频次、数据标准等,对新增观测项目以及使用现代化仪器进行观测的项目,尽快制定其仪器标校方法、观测方法、数据标准及业务流程等。修订、完善现行农业气象观测规范要充分吸收农业气象观测一线和业务服务单位的意见,积极稳妥地进行。

研究、制定便于信息化和信息传输的现代农业气象观测数据行业标准,完善农业气象观测数据上传方法与流程,建立新的农业气象观测资料上传系统;建立质量控制体系,实现农业气象观测资料的实时上传与质量控制;利用新制定的农业气象数据标准,对有效的历史农业气象观测资料,进行信息化处理,并建立专用数据库。

农业气象观测规范和农业气象观测数据标准及传输流程的修订、完善,主要由国家级农业气象业务管理部门负责;对于农业气象观测规范未能包含的观测项目的观测方法和数据标准,省级业务管理部门可以根据本省情况自行制定,上报上级备案,力求各地一致,利于资料共享。历史农业气象观测资料的信息化和数据库建库基础工作主要由省级业务管理部门组织市、县级完成。

6. 现代农业气象服务业务

强化决策农业气象服务,提高农业气象决策服务意识,增强决策农业气象服务的主动性、敏感性、综合性和时效性;针对农村、农民等农村社会公众的需求,开发精细化的农业气象服务产品,加强对各种农事活动的气象指导,强化农业气象服务的针对性和时效性;针对农村种养大户、农村合作组织、农业龙头企业等专业用户的需求,开展特色农业、设施农业、林业、畜牧业、渔业等大农业生产的专业农业气象服务;发展、完善现代农业气象服务系统,建立农业气象服务信息发布平台,推进农村气象综合信息服务站和农村气象信息员队伍建设。

附录：

实训指导书

实训项目 1.1　农业气象观测与试验实习要求

1. 概述

农业气象观测，就是对农业市场环境中物理要素和生物要素的观察、测量和记载。物理要素包括气象要素和有关的土壤要素。生物要素包括各种作物、林木、畜禽和鱼类的生长发育状况、产量形成以及病虫害等。农业气象试验是研究和解决农业生产中需要和存在的气象问题及其对策所进行的试验。农业气象观测与试验应包括的内容：

①物候观测；②气象要素观测；③农业小气候观测；④土壤状况观测；⑤农业气象调查；⑥农业气象田间试验；⑦农业气象模拟试验；⑧农业气象实验室试验；⑨资料的处理和分析方法；⑩观测方法和试验仪器的研究。

2. 农业气象观测与试验的基本原则和要求

农业气象观测与试验的基本原则是：平行观测和平行分析。农业气象观测必须遵守平行观测的基本原则，即在进行生物生长、发育状况观测的同时，还要对其生长和生存的环境进行同步观测，使资料具有可比性。

农业气象观测与试验的基本要求是：①必须遵循平行观测和平行分析的原则；②采取点面结合的方法；③及时为农业生产服务；④建立健全观测、试验工作的规章制度；⑤由专人负责，并相对稳定；⑥维护好观测试验地段。

3. 农业气象观测、试验制度

（1）严格按照技术方法和有关规定进行观测、试验，遵守操作程序，严禁伪造涂改记录，保证获取的资料准确完整。

（2）观测时必须携带观测簿，深入田间认真观测记载，观测结果及时计算。不缺测、不漏测。

（3）认真维护试验田和观测地段（环境），严防人畜破坏，观测植株失去代表性要重新选择；试验田或观测地段（环境）遭到破坏，无法继续进行观测、试验要立即报告，并尽量设法补救。

（4）观测中遇有难以判断的问题，应请示老师。

（5）观测结束要及时制作报表，认真抄录、计算、预审，试验结果要客观分析，防止主观片面。

（6）农业气象观测要先预习，然后看老师演示，熟悉操作程序后，经过考核合格方可正式值班。

（7）农业气象观测、试验人员要相对稳定，以保证观测、试验资料的准确性、连续性；观测值班可实行几个发育期换一班的长班制，也可按作物分工，分主班副班互相检查校对，认真填写观测日记。交班时要详细交代观测、试验中的有关事项。

4. 教学要求

本课程实习共 46 学时。

每次实习后要写出实习报告，步骤应完整，数据详细。

本实训成绩单列。

成绩包括平时成绩 50%，期末考核 50%。平时成绩包括出勤、提问、实习报告、上课的表现等。期末考核主要考评操作能力。

实训项目2.1　作物发育期观测及生长状况测定

【实习目的】

(1)掌握农作物发育期观测方法；

(2)学习农作物发育期观测规范；

(3)熟悉农作物发育期观测的步骤；

(4)掌握农作物生长状况观测方法。

【主要仪器设备】

米尺

【实习内容】

(1)作物疑难发育期辨认；

(2)分作物发育期观测；

(3)作物生育状况评定；

(4)农作物高度观测；

(5)农作物密度观测。

【实习步骤】

具体操作方法参见任务2.1。

1. 发育期观测

(1)根据作物情况拟定观测计划；

(2)选定观测地点；

(3)测点选定；

(4)选择观测植株；

(5)发育期的确定；

(6)发育期观测记录填写。

实训项目表2-1-1　发育期观测记录

观测日期(月-日)	发育期	观测总株数	进入发育期株茎数						生长状况评定	观测员	校对员
			第1次观测	第2次观测	第3次观测	第4次观测	总和	所占比例(%)			

续表

观测日期（月-日）	发育期	观测总株数	进入发育期株茎数						生长状况评定	观测员	校对员
			第1次观测	第2次观测	第3次观测	第4次观测	总和	所占比例(%)			
备注											

2. 农作物生长状况观测

(1)根据作物生长情况确定测定时期和项目；

(2)生长高度测定：

1)选定测量地点；

2)选择测量植株测量植株高度；

3)记录测量结果。

实训项目表 2-1-2　植株生长高度测定记录表

测量日期（月-日）								
发育期								
株(茎)号	1	2	3	4	1	2	3	4
1								
2								
3								
4								
5								
6								
7								
8								
9								
10								
合计								
总和								
平均								
备注								

(3)植株密度的测定

1)选定测量地点；

2)根据播种方式选择测量方法；

3)测量植株密度；

4)记录测量结果。

实训项目表 2-1-3　植株密度测定记录

测定日期(月-日)	发育期	测定项目	测点				总和	1 m内行、株(茎)数	1 m^2 面积内株茎数	订正后 1 m^2 面积内株茎数
			1	2	3	4				

3. 生长状况评定

(1)评定时间

各发育普遍期进行。

(2)评定方法

以整个观测地段全部作物为对象，划分苗类进行评定。

(3)评定标准

生长状况优良为一类，较好或中等为二类，较差为三类。

【实习注意事项】

(1)两人一组，按时观测；

(2)注意尽量不踩坏田间作物；

(3)随观测随记录，记录要完整。

【实习报告要求】

(1)选定各组观测地点，并作标记；

(2)观测计算发育期百分率，确定发育期；

(3)完成实习报告。

实训项目 2.2　作物生长量的测定

【实习目的】
(1)熟悉主要作物叶面积测定、干物质重量测定程序;
(2)掌握主要作物叶面积、干物质重量测定方法。
【主要仪器设备】
(1)恒温干燥箱;
(2)电子天平:感量 0.1 g、载重 1～2 kg;
(3)电子天平:感量 0.01 g、载重 100～200 g;
(4)求积仪、叶面积仪;
(5)塑料薄膜、剪刀、纱布袋 40 个;
(6)牛皮纸袋:若干个,供灌浆速度测定用;
(7)牛皮纸标签:与纱布袋数量相同。
【实习内容】
(1)农作物叶面积测定;
(2)干物质重量测定。
【实习步骤】
具体操作方法参见任务 2.2。

1. 叶面积测定

(1)各作物按规定的方法取样;
(2)面积(系数)法测点叶面积;
(3)叶面积仪测定叶面积。

2. 干物质重量测定

(1)将样本作物分器官分别放入挂上标签经过称重的布袋内称取鲜重;
(2)样本烘干、称重;
(3)计算结果;
(4)填写测定记录。
【实习注意事项】
(1)两人一组,按时观测;
(2)注意尽量不踩坏田间作物;
(3)随观测随记录,记录要完整。
【实习报告要求】
(1)选定各组观测地点,并作标记;
(2)生长状况观测和评定;
(3)完成实习报告。

实训项目 2.3　作物产量结构分析

【实习目的】

(1)熟悉主要作物有关产量因素测定内容和方法；

(2)掌握主要作物产量结构分析方法。

【主要仪器设备】

(1)天平：感量 0.1 g，载重 1000 g 和感量为 0.5～1 g，载重 5～10 kg 的天平各一台；

(2)收获、脱粒、晾晒、加工所必需的工具；

(3)皮尺、直尺。

【实习内容】

(1)主要作物有关产量因素测定；

(2)主要作物产量结构分析。

【实习步骤】

具体操作方法参见任务 2.3。

1. 主要作物有关产量因素测定

(1)取样；

(2)分不同作物测定有关产量因素；

(3)记录测定结果。

2. 产量结构分析

(1)明确分析项目和方法；

(2)按步骤分析作物产量结构；

(3)记录填写。

【实习注意事项】

(1)两人一组，按时观测；

(2)注意随观测随记录；

(3)记录要完整。

【实习报告要求】

(1)详细记录观测项目和内容；

(2)完成实习报告。

实训项目 2.4 农业气象灾害与病虫害观测调查

【实习目的】
(1)熟悉主要农业气象灾害观测内容和方法;
(2)掌握主要病虫害观测方法;
(3)掌握农业气象灾害和病虫害调查方法。
【主要仪器设备】
米尺、放大镜。
【实习内容】
(1)农业气象灾害观测;
(2)病虫害观测;
(3)农业气象灾害与病虫害调查。
【实习步骤】
具体操作方法参见任务 2.4。

1. 农业气象灾害的观测

(1)根据作物生长状况和农业气象灾害发生情况确定观测的时间和地点;
(2)观测的项目和方法参见任务 2.4;
(3)计算和记载。

2. 病虫害的观测

(1)根据作物生长状况和病虫害发生情况确定观测的时间和地点;
(2)观测的项目和方法参见任务 2.4;
(3)计算和记载。
【实习注意事项】
(1)两人一组,按时观测;
(2)选定各组观测地点,并作标记;
(3)记录要完整。
【实习报告要求】
(1)报告内容完整;
(2)记录工整,数据齐全。

实训项目 3.1　物候观测与分析

【实习目的】

(1)熟悉物候观测内容和方法；

(2)掌握物候分析方法。

【主要仪器设备】

米尺、高枝剪、望远镜。

【实习内容】

(1)植物发育期观测；

(2)动物活动初、终期的观测；

(3)气象水文现象的初、终期观测。

【实习步骤】

具体操作方法参见任务 3.1。

(1)根据植物生长情况选择物候观测点；

(2)自然物候观测对象和观测植株的选定，可选苹果、杏、梨、柳、杨、椿、国槐、洋槐、丁香等作为观测对象，并确定观测植株；

(3)确定观测时间；

(4)观测和记载。

【实习注意事项】

(1)两人一组，按时观测；

(2)注意随观测随记录；

(3)记录要完整。

【实习报告要求】

(1)观测记录植物、动物及物象物候期；

(2)完成实习报告。

实训项目表 3-1-1　木本植物物候观测记录

物候期名称 \ 树种								
芽膨大期								
芽开放期								
展叶	始期							
	盛期							
花序或花蕾出现								

续表

物候期名称＼树种									
开花	始期								
	盛期								
	末期								
第二次开花									
果实或种子成熟									
果实或种子脱落	始期								
	末期								
叶变色期	始变								
	全变								
落叶期	始期								
	末期								
备注									

实训项目 4.1　烘干称重法测定土壤湿度

【实习目的】

(1)熟悉测定土壤水分的方法；

(2)熟悉烘干称重法测定土壤湿度的程序；

(3)有关土壤水分的计算；

(4)熟悉其他土壤水分状况项目的测定。

【主要仪器设备】

(1)土钻、盛土盒、刮土刀、提箱。

(2)托盘天平、烘箱、高温表。

盛土盒盒身，盒盖应标上号码，号码一致，每年第一次取土前应称量盛土盒的重量，以克为单位，取一位小数。天平要定期送往计量部门检定。

【实习内容】

(1)烘干称重法测定土壤湿度；

(2)其他土壤水分状况项目的测定；

(3)有关土壤水分的计算。

【实习步骤】

1. 烘干称重法测定土壤湿度

(1)下钻地点的确定：把观测地段分为 4 个小区，并作上标志。每次取土各小区取一个重复。

(2)钻土取样：垂直顺时针向下钻，按所需深度，由浅入深，顺序取土。

(3)称盒与湿土共重：土样取完带回室内，擦净盛土盒外表的泥土，然后校准天平逐个称量，以克为单位，取一位小数，然后复称检查一遍。

(4)烘烤土样：在核实称重无误后，打开盒盖，盒盖套在盒底，放入烘箱内烘烤。烘烤温度应稳定在 100～105℃，7～8 h。

(5)称盒与干土共重：烘烤完毕，断开电源，取出土样并迅速盖好盒盖，进行称重。

(6)计算土壤重量含水率：即土壤含水量占干土重的百分比。

先算出各个深度每个重复的土壤重量含水率，再求出各个深度 4 个重复平均值，均取一位小数。

2. 有关土壤水分的计算

(1)土壤相对湿度

计算公式：

$$R=\frac{w}{f_c}\times 100\%$$

(2)土壤水分贮存量

①土壤水分总贮存量：

$$v=\rho\times h\times w\times 10$$

②土壤有效水分贮存量：

$$u=\rho\times h\times (w-w_k)\times 10$$

详见 4.1.2 节。

【实习注意事项】

(1)两人一组,按时观测；

(2)选定各组观测地点,并作标记；

(3)记录要完整。

【实习报告要求】

(1)报告内容完整；

(2)记录工整,数据齐全。

实训项目 4.2 田间持水量的测定

【实习目的】

掌握田间持水量测定方法。

【主要仪器设备】

(1)烘干称重法测定土壤湿度所需的工具一套；

(2)米尺、水桶、秤。

【实习内容】

田间持水量测定。

【实习步骤】

具体操作方法参见任务 4.2。

(1)测定场地的准备；

(2)灌水前土壤湿度的测定；

(3)灌水与覆盖；

(4)测定土壤湿度；

(5)确定田间持水量。

【实习注意事项】

(1)两人一组,按时观测；

(2)选定各组观测地点,并作标记；

(3)记录要完整。

【实习报告要求】

(1)报告内容完整；

(2)记录工整,数据齐全。

实训项目4.3 凋萎湿度的测定

【实习目的】

熟悉凋萎湿度的方法。

【主要仪器设备】

(1)玻璃容器:直径 3 cm,高 10 cm,容积约 70 cm^3 的玻璃容器 90 个左右,并标好号码用于栽培植物;

(2)培养皿或瓷盆:用于指示作物的先期发芽;

(3)配制营养液的氮、磷、钾肥;

(4)指示作物的种子,数量为播种所需要的 2～3 倍;

(5)烘干称重法测定土壤湿度所需仪器一套(土钻除外);

(6)石蜡和蜡纸、细沙;

(7)土壤筛(孔径 3 mm);

(8)阿斯曼通风干湿表。

【实习内容】

凋萎湿度的测定。

【实习步骤】

具体操作方法参见任务 4.3。

(1)准备土样;

(2)指示作物的种子先期发芽;

(3)配制营养液;

(4)装培养料;

(5)播种;

(6)观察植物萎蔫情况;

(7)测定土壤湿度;

(8)确定凋萎湿度。

【实习注意事项】

(1)两人一组,按时观测;

(2)选定各组观测地点,并作标记;

(3)记录要完整。

【实习报告要求】

(1)报告内容完整;

(2)记录工整,数据齐全。

实训项目 5.1　牧草发育期及生长状况观测

【实习目的】

认识常见牧草，掌握牧草发育期观测方法。

【主要仪器设备】

米尺。

【实习内容】

(1)观测地段、观测标准地选定；

(2)牧草种类辨认；

(3)牧草物候期观测。

【实习步骤】

1. 观测地段

牧草观测地段应选在能代表当地地形、地势、气候、土壤、牧草种类和生产水平等且避开河流、牧道的天然割草场、放牧场或人工草场上，面积一般 1 hm^2 左右，形状为正方形或长方形，四周设有保护围栏的一块草地，选定后不要轻易变动，以保证观测资料的连续性。

2. 观测牧草种类和观测植株

观测的牧草应该是能代表该地区草场类型，牲畜喜食或能刈割、产量较高或品质优良，富含各种营养物质的主要草种。当牧草出苗后，在观测地段划分的四个观测区内，每个区每种牧草选有代表性的植株 10 株。灌木或半灌木每种选择 5 株。标记为发育期观测植株。

3. 观测方法

自牧草出苗(或返青)后，按各种牧草的发育顺序，观测、记载标记的植株主茎进入发育期特征的株数占观测总株数的百分率。如果标记植株的主茎被损坏，则参考旁枝出现的特征。各种牧草的出苗、拔节、籽粒成熟、黄枯等发育期不进行百分率统计，只目测估计，前两个发育期目测估计≥50％的日期，后两个发育期目测估计≥80％的日期。

4. 观测发育期及其特征

具体特征和方法参见任务 5.1。

【实习注意事项】

(1)两人一组，按时观测；

(2)选定各组观测地点，并作标记；

(3)记录要完整。

【实习报告要求】

(1)报告内容完整；

(2)记录工整，数据齐全。

实训项目 6.1 空气温度、湿度观测

【实习目的】

(1)掌握阿斯曼通风干湿表的使用方法;

(2)掌握干湿法测定空气温度、湿度;

(3)使用湿度查算表进行湿度查算。

【主要仪器设备】

阿斯曼通风干湿表、湿度查算表、测杆、卷尺、蒸馏水、水杯、专用吸管、纱布、细棉线绳、墨水、自记纸、绑绳、铅笔(自备)。

【实习内容】

(1)通风干湿表测量空气温湿度;

(2)使用湿度查算表进行湿度查算。

【实习步骤】

具体操作方法参见任务 6.1。

1. 选择地段

2. 测点布置

3. 空气温度、湿度观测

在观测前需要把通风干湿表挂在测杆上上发条进行通风暴露一段时间以适应环境,通常要暴露 10 min 以上,使温度表感应部分与环境空气之间的热量交换达到平衡。

在进行干湿表读数前约 4 min 时按下列步骤完成读数前的准备工作:

(1)湿润湿球纱布:用橡皮囊吸满蒸馏水(水温应同当时气温相近),管口向上,轻捏橡皮囊,使玻璃管中水面升到离管口约 1 cm 处,将玻璃管插入湿球感应球部的护管中,8~10 s 后抽出。每湿润一次纱布,白天可维持 8~10 min,夜间可维持 20 min。

(2)上发条通风:上发条使通风器的风扇开始转动通风,上发条时不要上得过满,以免折断发条。

(3)悬挂:将通风干湿表悬挂在测杆的横钩上,干湿表的感应球部处在所要测量的高度。当所测的高度在 100 cm 或以上时,通风干湿表通常采用垂直悬挂,当所测的高度在 100 cm 以下时,通风干湿表通常采用水平悬挂,以便于进行观测读数。

(4)读数:在完成上述步骤后,应等待 4 min 左右,让通风干湿表充分感应测量高度空气的温度、湿度状况。之后即可对干湿表进行读数,先读干球,再读湿球。读数时切忌用手接触双重护管,身体也不要与仪器靠得过近。当风速大于 4 m/s(约 3 级风)时,应将防风罩套在通风器的迎风面上,防风罩的开口部分顺着风扇旋转的方向。

在一次观测中,一个通风干湿表可以用来观测几个不同高度的空气温度、湿度。当一个高

度观测完毕，移到另一高度时，要让其适应环境约 1 min 后才能进行读数。在观测读数时注意一定要待温度表的示数稳定后才能读数，并且在整个观测过程中要保持通风器的匀速通风，如果通风器风扇转速有所减慢，就要再加上发条。此外，湿球纱布应保持洁白，注意及时更换。

(5)空气湿度查算

由通风干湿表读取干球温度和湿球温度后，可以直接由《湿度查算表》查出水汽压、相对湿度和露点温度。

例如：通风干湿表的干球温度为 15.7℃，湿球温度为 14.1℃，利用《通风干湿表空气相对湿度查算表》查算空气相对湿度。

干湿差 $\Delta t=t-t'=15.7-14.1=1.6$℃

查算表中湿球温度 t' 没有 14.1℃，采用靠近法，因 14.1 靠近 14.0，故查 $t'=14.0$℃

查算表中干湿差 Δt 没有 1.6℃，采用内插法，因 1.6℃ 处在 1.5～2.0 之间，故首先查 1.5℃和 2.0℃。

$t'=14.0$℃，$\Delta t=1.5$℃时，$r=85\%$；

$\Delta t=2.0$℃时，$r=80\%$；

Δt 相差 $2.0-1.5=0.5$℃时，r 相差 5%；

Δt 相差 $1.6-1.5=0.1$℃时，r 相差 $5\%\div 5=1\%$；

$t'=14.0$℃，$\Delta t=1.6$℃时，$r=85\%-1\%\times 1=84\%$。

因此，通风干湿表干球温度 15.7℃，湿球温度 14.1℃时，相对湿度为 84%。

【实习注意事项】

(1)两人一组，按时观测；

(2)选定各组观测地点，并作标记；

(3)记录要完整。

【实习报告要求】

(1)报告内容完整；

(2)记录工整。

实训项目 6.2　农田小气候观测

【实习目的】

(1)掌握农业小气候观测的原则和要求、观测程序等；

(2)熟练农业气象仪器的使用。

【主要仪器设备】

照度计、阿斯曼通风干湿表、曲管地温表、地面温度表、地面最高温度表、地面最低温度表、轻便三杯风向风速表和空盒气压表等仪器各一台。

测杆、卷尺、演草纸(自备)、铅笔(自备)、直尺(自备)。

【实习内容】

(1)农田小气候观测计划的拟定；

(2)农田小气候要素的观测。

【实习步骤】

1. 观测项目的确定

常用的农业小气候要素主要包括以下五个方面。可根据需要确定观测项目。

(1)表征辐射的特征量：辐照度、光照度、日照时间、光照时间等。

(2)表征热量的特征量：空气温度、土壤温度、水温等。

(3)表征水汽的特征量：水汽压、相对湿度等。

(4)表征空气运动的特征量：风向、风速等。

(5)植物生长发育状况：发育期、株高、种植密度等。

(6)天气状况：云况、日光状况、天气现象等。

日光状况指云遮蔽日光的程度，用以下符号表示：

⊙2 表示太阳视面上没有云迹；

⊙1 表示太阳视面被薄云遮蔽，但地物影子清晰边界明显；

⊙0 表示太阳视面被密云遮蔽，地物影子模糊不清；

Ⅱ 表示太阳视面完全被乌云遮蔽，不见太阳踪迹，地物没有影子。

2. 观测高度和深度

根据观测目的确定所要观测的农业小气候要素的观测高度，一般在垂直方向上设置 3～7 个高度。

空气温、湿度观测高度通常是 20 cm、50 cm、150 cm、200 cm、2/3 株高处和作物层顶等。

土壤温度观测深度通常是 0 cm、5 cm、10 cm、15 cm、20 cm、30 cm、40 cm、50 cm 等。

风观测高度通常是 20 cm、2/3 株高处和作物层顶 1 m 处等。

辐照度、光照度观测高度通常是地面、2/3 株高处和作物层顶(此处观测值可用裸地 1.5 m 处的替代)等。

3. 仪器选择

根据观测目的和观测项目，选择所要使用的仪器。

4. 观测地段的选择

观测地段必须能够独立地反映出本地区典型的农业小气候特征。

5. 测点的布置

在观测地段内，通常要设置多个测点。测点的多少一方面要考虑重复设测点便于取平均值；另一方面要考虑农业小气候系统内的小气候要素分布得不均匀性。主要测点要选择在地段中央最有代表性的地方，因为边缘的测点受边行效应影响较大，其代表性较差。其他测点以主要测点为中心在观测地段内均匀分布，且与边缘的距离应在 2 m 以上，如果观测地段与周围环境差异性较大，则测点与边缘的距离要加大到 3～5 m。

6. 仪器安装

仪器安装要符合仪器的特点，以避免相互干扰和便于观测为原则。测辐射和光照的仪器必须水平安装，并避免遮蔽；测温、湿度的仪器要避免辐射影响，测风的仪器要安装在上风向。一般要南低北高，东西相互不影响。

7. 观测时间

根据观测目的确定观测时间。选择合适的季节、生育期和天气背景进行观测。观测时间除全天的连续自动观测外，通常采用定时观测。一般在一昼夜内进行 24 次、12 次、8 次或 4 次观测。观测日以 20:00 为日界，即以 20:00 为开始、终止观测的时间。

8. 观测步骤及程序

观测时应根据观测项目设计出具体的观测步骤，并且同步观测的几个测点均应采用相同的观测步骤。通常以正点观测时间前 10 min 开始，至正点观测时间后 10 min 结束。一次观测的持续时间一般不超过 20 min。

如果同步观测的几个测点不能同步观测，就要根据观测目的和观测项目之地设计出具体的观测程序。为了消除时间误差，一般采用往返观测法，各观测项目的数据均取时间正点前后 2 次观测记录的平均值，使各个观测项目的观测时间都统一平均到时间正点上。

【实习注意事项】

(1)五人一组，按时观测；

(2)选定各组观测地点，并作标记；

(3)记录要完整。

【实习报告要求】

(1)报告内容完整；

(2)记录工整，数据齐全。

实训项目 7.1　农气测报系统安装及参数配置

【实习目的】

(1)熟悉农业气象测报业务系统用户管理;

(2)掌握农业气象测报业务系统参数设置、数据库维护。

【主要仪器设备】

计算机、农业气象测报系统。

【实习内容】

(1)农业气象测报业务系统用户管理;

(2)农业气象测报业务系统参数设置、数据库维护。

【实习步骤】

1. 系统的安装

(1)下载 AgMODOS_Setup_版本(日期). exe 系统完全安装包程序。

(2)运行 AgMODOS_Setup_版本(日期). exe 程序。显示"欢迎"信息,提示当前安装的版本信息,点击【下一步(N)】按钮。

(3)输入用户信息,可以直接点击【下一步(N)】按钮。

(4)选择安装包。农气测报系统提供源代码,若需要同时安装系统源代码(程序),在"程序功能"栏下选中"源代码"复选框(√),系统源代码大约 14MB 大小。点击【下一步(N)】按钮。

(5)选择安装文件夹(路径)。安装程序默认的位置 C:\ProgramFiles\AgMODOS。

建议选择不同的位置,键入新的路径,如 D:\AgMODOS。点击【下一步(N)】按钮。

(6)安装快捷方式文件夹。系统默认的快捷方式文件夹为 AgMODOS,另外,安装包将在桌面上创建 AgMODOS 快捷方式。点击【下一步(N)】按钮。

(7)准备安装系统。提示 AgMODOS 安装版本、安装文件夹和快捷方式文件夹信息,确定后点击【下一步(N)】按钮。提示安装文件的进程。

(8)提示安装成功信息。点击【完成(F)】按钮。

2. 系统管理

(1)用户管理

1)用户登录注册

①首次使用

首次使用,使用系统初始默认的高级管理员(Admin)身份登录。

②用户登录注册

2)用户权限管理

点击【增添】按钮建立用户表,分配用户的使用系统资源(数据操作)的权限。

(2)参数的配置

1)测站信息的设置

本地台站信息包括台站名称、区站号、经度、纬度、海拔高度、所属省份以及台站的人员信息，在观测数据的管理和应用中，经常使用这些信息。首次使用必须设置本站的基本信息。

2)测站土盒参数的设置

首次使用或更换、新增土壤测墒用的土盒时，必须进行本项设置。

3)农业气象观测数据极值初始化

首次使用必须进行各类观测数据极值的初始化工作，在进行观测数据录入过程中，其极值将被新的观测数据动态更新。

4)修改观测参数

系统默认的参数是根据《农业气象观测规范》制定的，本地对于作物、土壤、物候和畜牧的观测有特殊规定或需求时，可以修改这些参数，包括作物观测参数、植物动物名称、植物物候期、牧草名称、牧草发育期、灾害名称、气象水文现象。

A. 作物参数

B. 其他的参数

【实习注意事项】

(1)两人一组，按时观测；

(2)注意随观测随记录；

(3)记录要完整。

【实习报告要求】

(1)报告内容完整；

(2)记录工整，数据齐全。

实训项目 7.2　农气簿创建及数据输入

【实习目的】
(1)掌握农气簿的创建方法;
(2)掌握数据的录入、修改、删除。
【主要仪器设备】
计算机、农气测报系统。
【实习内容】
(1)记录簿管理;
(2)观测数据的管理。
【实习步骤】
具体操作方法参见任务 7.2。

1. 创建农气簿

(1)登录编辑系统;
(2)创建作物观测记录簿;
①新增簿记录;
②修改簿记录;
③删除簿记录。

2. 观测数据的管理

(1)观测数据的录入;
(2)观测数据的浏览;
(3)观测数据的修改。
【实习注意事项】
(1)三人一组,共同完成;
(2)建立记录簿全,录入内容完整;
(3)备份文件按要求上交存放。
【实习报告要求】
(1)报告内容完整;
(2)记录工整,数据齐全。

实训项目 7.3　观测数据服务与安全管理

【实习目的】

(1)熟悉观测数据服务的内容；

(2)掌握数据安全管理方法。

【主要仪器设备】

计算机、农气测报系统。

【实习内容】

(1)观测数据服务；

(2)数据安全管理。

【实习步骤】

具体操作方法参见任务 7.2。

1. 观测数据服务

(1)农业气象观测记录年报表的制作：

包括《农作物生育状况观测记录报表》、《土壤水分状况观测记录报表》、《自然物候观测记录报表》和《畜牧气象观测记录年报表》的制作。

(2)农业气象观测记录 N 文件的生成；

(3)农业气象观测数据上传文件的生成；

(4)农业气象观测数据图表分析。

2. 数据库安全管理

(1)数据库备份；

(2)数据库还原；

(3)数据库合并；

(4)数据库清理。

【实习注意事项】

(1)三人一组，共同完成；

(2)生成文件全，格式正确；

(3)备份文件按要求上交存放。

【实习报告要求】

(1)报告内容完整；

(2)记录工整，数据齐全。

实训项目 8.1　农业气象田间试验设计

【实习目的】

(1)了解一般田间试验的种类和基本要求；

(2)了解试验误差来源与控制途径；

(3)熟悉田间试验小区技术；

(4)初步掌握常用的田间试验设计。

【主要仪器设备】

铅笔、直尺、图纸。

【实习内容】

(1)田间试验设计；

(2)田间试验小区技术。

【实习步骤】

(1)确定试验因素:如品种、气象条件等；

(2)划分试验水平:指因素的等级；

(3)设置试验处理:即处理组合,各因素不同水平的组合；

(4)设置重复；

(5)试验小区的面积和形状；

(6)小区的排列:

随机区组设计的步骤为:①按重复次数(N):将试验地划分为 N 个区组,使区组长边与肥力变化方向垂直,以保证区组内土壤条件基本一致;②按试验处理个数(M):将每个区组划分为 M 个小区,小区的长边与肥力变化方向平行,使每个小区包含更多的土壤复杂性;③M 个处理在每个区组内随机排列,以达到无偏估计试验误差的目的。

【实习注意事项】

(1)两人一组,按时观测；

(2)注意随观测随记录；

(3)记录要完整。

【实习报告要求】

(1)绘制试验设计图；

(2)完成实习报告。

实训项目 8.2　农业气象田间试验的实施

【实习目的】

(1)熟悉农业气象田间试验的方法；

(2)熟悉试验地的准备原则和田间区划方法；

(3)熟悉田间试验的观察记载项目。

【主要仪器设备】

米尺、田地。

【实习内容】

(1)田间试验各处理的田间布置；

(2)田间试验相关项目的观察记载和测定。

【实习步骤】

1. 田间试验的布置与管理

(1)种植计划书的编制

旱作试验种植图除必须考虑小区、保护行设置外，还应设置走道。若为水田，小区间必须用田埂隔开，以防肥料串流。

(2)试验地的准备和田间区划

试验地应按试验要求施用基肥，且应施得均匀。试验地在犁耙时要求做到犁耕深度一致，耙匀耙平。

试验地准备工作初步完成后，即可按田间试验计划与种植计划书进行试验地区划。试验地区划主要是确定试验小区、保护行、走道、灌排水沟等在田间的位置。

试验地区划后，即可按试验要求作小田埂，灌排水沟等，最后在每小区前插上标牌，标明处理名称。

(3)种子准备和播种或移栽

①种子准备

在品种试验及栽培或其他措施的试验中，须事先测定各品种种子的千粒重和发芽率。

②播种或移栽

播种时应力求种子均匀，深浅一致，尤其要注意各处理同时播种。

移栽需按预定的行穴距，保证一定的密度，务必使所有秧苗保持相等营养面积。

(4)田间管理

试验田的栽培管理措施可按当地丰产田的标准进行，在执行各项管理措施时除了试验设计所规定的处理间差异外，其他管理措施应保持一致，使对各小区的影响尽可能没有差别。例如，棉花防治棉铃虫试验，每小区的用药量及喷洒要求质量一致，数量相等，并且分布均匀。还要求同一措施能在同一天完成，如遇到特殊情况(如下雨等)不能一天完成，则应坚持完成一个重复。田间管理的措施主要包括中耕、除草、灌溉、排水、施肥、防治病虫害等，各有其技术操作特点，要尽量做到一致，从而最大限度地减少试验误差。

(5)收获与考种

①收获及脱粒：收获是田间试验数据收集的关键环节，必须严格把关，要及时、细致、准确，尽量避免差错。为使收获工作顺利进行，避免发生差错，在收获、运输、脱粒、日晒、贮藏等工作中，必须专人负责，建立验收制度，随时检查核对。

②考种：考种是将取回的考种样本，进行植物形态的观察、产量结构因子的调查，或收获物重要品质的鉴定的方法。

2. 田间试验的观察记载和测定

(1)田间试验的观察记载

1)气候条件的观察记载

①温度资料，包括日平均气温、月平均气温、活动积温、最高和最低气温等；②光照资料，包括日照时数、晴天日数、辐射等资料；③降水资料，包括降水量及其分布、雨天日数、蒸发量等；④风资料，包括风速、风向、持续时间等；⑤灾害性天气，如旱、涝、风、雹、雪、冰等。气象资料可在试验田内定点观测，也可以利用当地气象部门的观测结果进行分析。

2)试验地资料的观察记载　试验地一般须观察记载试验地的地形、土壤类型、土层深度、地下水位、排灌条件、前茬作物种类及产量、土壤养分含量(一般为氮、磷、钾)、土壤 pH 值、土壤有机质、土壤含盐量等。

3)田间农事操作的记载　整地、施肥、播种、灌排水、中耕除草、防治病虫害等，将每一项操作的日期、方法、数量等记录下来，有助于正确分析试验结果。

4)作物生育动态的观察记载　在试验过程中，要观察作物的各个物候期(或生育期)、形态特征、生物学特性、生长动态等，有时还要作一些生理、生化方面的测定，以研究不同处理对作物内部物质变化的影响。

5)主要经济性状的观察记载　有时为了进一步对作物产量的形成进行分析，常需对作物的主要经济性状进行观察记载。

(2)田间试验的项目测定

在田间试验过程中有些性状资料需进行室内测定，如土壤养分、植株养分、植物的某些生理生化性状等都需在室内进行测定。取样测定的要点是：①取样方法要合理；保证样本有代表性；②样本容量适当，保证分析测定结果的精确性；③分析测定方法要标准化，所需仪器要经过标定，药品要符合纯度要求，操作要规范化。

【实习注意事项】

(1)两人一组，按时观测；

(2)注意随观测随记录；

(3)记录要完整。

【实习报告要求】

(1)报告内容完整；

(2)记录工整，数据齐全。

实训项目 8.3　农业气象田间试验数据分析

【实习目的】

(1)熟悉平均数、百分数、变异幅度、统计表、统计图等；

(2)熟悉农业气象试验数据的整理与统计分析方法；

(3)熟悉农业气象试验总结的内容。

【主要仪器设备】

计算器。

【实习内容】

(1)农业气象试验数据的整理与统计分析；

(2)农业气象试验的总结。

【实习步骤】

1. 农业气象田间试验资料的整理

(1)平均数；

(2)百分数；

(3)变异幅度，最小数和最大数表明其变异特点。

2. 农业气象田间试验数据的统计分析

对比排列试验结果的统计分析：

有一水稻品种适应性试验，有 A、B、C、D、E、F 六个品种，再加一个对照品种，采用对比法设计。各小区面积为 15 m^2，重复 3 次，所得产量结果列于实训项目表 8-3-1，试作适应性结果分析。

实训项目表 8-3-1　水稻品种比较试验(对比法)的产量结果与分析

品种名称	各重复小区产量(kg)			总和	平均	对邻近 CK 的百分比(%)	理论产量(kg/m^2)
	Ⅰ	Ⅱ	Ⅲ				
A	9	9	10				
CK	9.5	9.5	10.5				
B	10	10	10				
C	11	12	11				
CK	10.5	11	10				
D	10	11.5	10				
E	11.5	11.5	12				
CK	10	10	10				
F	9.5	9	8.5				
各区组产量总和	91	93.5	92				
对照区的平均产量	10	10.165	10.1685				

(1)计算总和、平均产量;

(2)计算各小区产量与邻近对照区产量的百分比,即

$$对邻近\ CK\ 的百分比=\frac{某品种总产量}{邻近\ CK\ 总产量}\times 100\%=\frac{某品种平均产量}{邻近\ CK\ 平均产量}\times 100\%$$

(3)差异显著性检验

在田间试验中相对生产力>100%的品种,并不一定反映出该品种的真实生产力,可能由于机会造成,故需对相对生产力>100%的品种进行 t 检验。检验方法采用配偶成对法。现用本例中 E 品种进行检验。

【实习注意事项】

(1)四人一组,共同完成;

(2)数据准确,处理方法得当。

【实习报告要求】

(1)报告内容完整;

(2)记录工整,数据齐全。

参考文献

李云雁.2008.试验设计与数据处理[M].北京:化学工业出版社.

山东农学院.1979.怎样做田间试验[M].北京:农业出版社.

王江山.2005.生态与农业气象[M].北京:气象出版社.

魏淑秋.1990.农业应用数理统计[M].北京:北京农业大学出版社.

中国气象局.1993.农业气象观测规范(上、下卷)[M].北京:气象出版社.

中国气象局.2005.生态气象观测规范(试行)[M].北京:气象出版社.

庄立伟.2010.农业气象测报业务系统软件实用手册[M].北京:气象出版社.